结构轻骨料混凝土受剪理论与模型化分析

吴 涛 刘 喜 魏 慧 著

科学出版社

北京

内 容 简 介

本书从结构轻骨料混凝土的材料和构件两个层次，从受剪理论模型和概率理论两方面，通过试验研究与理论分析较系统地研究了典型受剪构件和节点的性能和破坏特点，揭示了受剪破坏机理，提出了受剪分析模型与计算方法，开展了基于概率理论的受剪试验数据分析，提出基于贝叶斯理论的后验概率受剪计算模型，在此基础上提出结构轻骨料混凝土设计方法。相关成果对于全面深入了解该类结构特性、指导工程设计、促进工程应用具有重要的理论意义和工程价值。

本书可供从事相关学科科研工作者、在读研究生、工程人员等学习和参考。

图书在版编目(CIP)数据

结构轻骨料混凝土受剪理论与模型化分析/吴涛，刘喜，魏慧著. —北京：科学出版社，2021.6

ISBN 978-7-03-066796-0

Ⅰ. ①结… Ⅱ. ①吴… ②刘… ③魏… Ⅲ. ①轻集料混凝土-研究 Ⅳ. ①TU528.2

中国版本图书馆 CIP 数据核字（2020）第 220968 号

责任编辑：任加林 / 责任校对：马英菊
责任印制：吕春珉 / 封面设计：东方人华设计部

科学出版社 出版
北京东黄城根北街 16 号
邮政编码：100717
http://www.sciencep.com
三河市骏杰印刷有限公司印刷
科学出版社发行　各地新华书店经销

*

2021 年 6 月第 一 版　　开本：B5（720×1000）
2021 年 6 月第一次印刷　　印张：17 3/4
字数：345 000

定价：148.00 元
（如有印装质量问题，我社负责调换〈骏杰〉）
销售部电话 010-62136230　编辑部电话 010-62139281（BA08）

前　　言

　　轻骨料混凝土是除普通混凝土外用量较大的混凝土。我国自 20 世纪 50 年代开始研究和应用轻骨料混凝土，早期的轻骨料混凝土强度较低，限制了其在结构混凝土中的应用。20 世纪 90 年代以来，随着轻骨料生产工艺的改进，水泥、混凝土制备技术的进步，轻骨料混凝土的制备技术也逐渐成熟。轻骨料混凝土兼有结构材料和功能材料的特点，具有轻质高强、保温隔热性好、节能效果显著、抗裂效果明显、高耐久性、高耐火性、工程综合造价低等优点，是一种具有良好发展前景的绿色建筑材料，但是轻骨料强度较低，易出现断裂，轻骨料混凝土相比普通混凝土更易发生脆性剪切破坏。

　　随着结构混凝土受剪理论及模型化的发展，基于轻骨料混凝土的材料特性的受剪性能及模型化研究成为该类结构混凝土的重要研究内容。开展轻骨料混凝土结构受剪性能与模型化研究，对于全面深入了解该类结构混凝土受剪性能，丰富混凝土结构受剪理论及分析模型，指导工程设计，促进工程应用均具有重要的意义和价值。

　　本书涉及的研究工作先后得到国家自然科学基金项目（51578072、51708036、51878054）、陕西省自然科学基金项目（2016JM5070）以及中铁第一勘察设计院集团有限公司项目（220228190189）资助，本书从材料和构件两个层次，从受剪理论模型和概率理论两个方面，通过试验研究与理论分析，较系统地阐述了典型轻骨料混凝土受剪构件及节点的性能和破坏特点，揭示混凝土构件受剪破坏机理，提出受剪分析模型，开展基于概率理论的受剪试验数据分析，提出基于贝叶斯理论的后验概率受剪计算模型，并在此基础上提出结构轻骨料混凝土设计方法。

　　全书共七章，具体分工如下：吴涛撰写第 1 章、第 4 章、第 5 章，魏慧撰写第 2 章、第 3 章，刘喜撰写第 6 章、第 7 章。除本书课题组外，感谢直接参与本项目研究工作的刘伯权、黄华、邢国华、陈旭、岳志豪、赵天俊、孙艺嘉、刘洋、杨雪。在课题研究中，中铁第一勘察设计院集团有限公司的张海、孙建龙、蔡玉军等给予了大力支持，同时，感谢西安建筑科技大学白国良、史庆轩对本课题研究工作的帮助与指导。

　　受剪理论及模型化一直是混凝土结构基本理论研究的难点和热点。本书对轻骨料结构混凝土受剪性能与模型开展相关研究，但尚有许多工作有待进一步深入和完善。限于作者水平，书中不足望读者给予指正。

吴　涛

2020 年 11 月

目　　录

第1章 绪 论

1.1 轻骨料混凝土结构发展与应用

轻骨料混凝土在土木工程建设中已使用近百年，与普通混凝土相比，兼具结构材料和功能材料的优势[1,2]。轻骨料混凝土一方面能够有效减轻结构自重，降低结构内力，改善结构抗震性能；另一方面可节约钢筋用量，减小基础工程量和造价，具有良好的经济效益，可满足耐久耐火、抗冻抗渗、保温隔热等降低使用功能的要求，节能效果突出，在高层结构、大跨度桥梁、公共建筑、海洋工程等领域具有良好的应用前景。具体特点如图 1.1 所示。

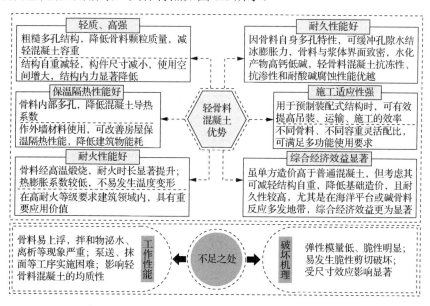

图 1.1 轻骨料混凝土的特点

1.1.1 国外发展与应用

轻骨料被用作建筑材料始于公元前 3000 年，此后罗马人和希腊人将浮石、火山渣等天然轻骨料用于圣索菲亚大教堂、罗马神庙、加尔桥的渡槽、罗马圆形大剧场等古老建筑的建造。Hayden 于 1913 年研制的 LC30～LC35 级膨胀页岩陶粒轻骨料混凝土在船舶制造和桥梁工程中得到较早的应用。自 20 世纪 50 年代开始，随着人造轻骨料加工工艺的完善和混凝土制备技术的进步，美国、挪威、日本等国的轻骨料混凝土研究与应用明显增加，并走在世界的前列[3]。

美国先后修建了几百座轻骨料混凝土桥梁，并拓展至高层、大跨结构建筑典型建筑如图 1.2 所示，如纽约世贸中心（各层楼板均采用钢板-轻骨料混凝土组合楼板）、休斯敦贝壳广场大厦（结构整体采用 LC30～LC40 级膨胀珍珠岩轻骨料混凝土）等。20 世纪 80 年代后期，挪威、日本等近海国家开始关注高强、高性能轻骨料混凝土的相关研究，主要针对配合比设计、制备技术提升、耐久性能改善等。自 1987 年至今，挪威已建成以 Raftsundet 和 Stolma 大桥为代表的 11 座大跨径桥梁，所用轻骨料混凝土强度等级高达 LC60 级，如 Heidrun TLP 浮体石油平台（1996 年）、Hibernia 石油平台（1998 年）、Troll Oil 和 Troll West GBS 石油平台（1995年），充分验证了轻骨料混凝土具有优异的耐久性。另外，日本重点研发具有低吸水率、高强度的超轻高性能结构轻骨料混凝土，并取得显著成果。据访查结果显示，占比约 88%的轻骨料混凝土被用于桥梁工程建设中。

　　　　（a）纽约世贸中心　　　　　　　　　　　　　（b）休斯敦贝壳广场大厦

图 1.2　采用轻骨料混凝土的典型建筑

1.1.2　国内发展历程

我国的骨料生产技术、施工工艺相对落后，轻骨料混凝土的应用和发展受到限制。20 世纪七八十年代，我国学者对人造轻骨料混凝土和轻骨料混凝土结构进行了较为系统的研究，并编制相应的结构设计标准用于指导实际工程。但由于轻骨料强度较低，质量形状差异显著，强度要求仍难以满足工程需要，强度等级限制在 LC40 以下。

20 世纪 90 年代以来，随着材料科学的进步，新型水泥、掺和物材料的出现，特别是轻骨料的突破性发展，强度等级为 LC40～LC60 的轻骨料混凝土制备技术逐步成熟，并得以初步应用，并且由早期的墙体结构、预制构件、桥梁和船舶建造、烟囱和高温窑炉的耐火内衬等拓展到高层、大跨度工业与民用建筑的承重结构中。2002 年《轻骨料混凝土应用技术标准》（JGJ/T 12—2019）[4]的制定促进了轻骨料混凝土的广泛应用。代表性工程有珠海国际会议中心、重庆金鹰财富中心、南京国际展览中心、上海卢浦大桥和天津永定新河大桥等（图 1.3）。这些工程采用的轻骨料混凝土强度等级为 LC30～LC40，均取得了较好的经济效益和使用效果。

（a）珠海国际会议中心　　　（b）重庆金鹰财富中心　　　（c）南京国际展览中心

（d）上海卢浦大桥　　　　　　（e）天津永定新河大桥

图 1.3　国内典型轻骨料混凝土工程

1.2　典型轻骨料混凝土构件受剪研究进展

因材料的离散性和剪切机理的复杂性，结构或构件的受剪问题始终是混凝土基本理论研究的难点。各国学者虽提出了多种剪切理论和计算模型用以阐释其破坏机理和抗剪设计，但始终未形成统一的认识。骨料强度偏低且内部孔隙结构特征复杂综合导致轻骨料混凝土材料或构件抗剪问题突出，其破坏模式与普通混凝土存在差异。目前，我国《轻骨料混凝土应用技术标准》（JGJ/T 12—2019）对该类构件的抗剪设计主要以 20 世纪七八十年代低强度轻骨料混凝土构件试验为依据，是否适用于高强度轻骨料混凝土构件，仍有待商榷，因此，轻骨料混凝土结构或构件的受剪性能研究不足，实际工程应用缺乏可靠依据，影响其应用和推广。

1.2.1　深受弯构件

小剪跨比的深受弯构件在高层建筑转换层、复杂地基基础中得到广泛应用，因跨高比较小，其截面设计与普通受弯构件差异显著。圣维南原理和弹性理论研究表明[5]，深受弯构件斜截面应力分布呈非线性，开裂面存在剪切变形及塑性内力重分布，内部应力状态复杂，属典型的 D 区受力，基于平截面假定和桁架模型的传统截面设计方法已不再适用。

国内外学者针对深受弯构件的破坏机理、承载能力、受剪模型进行了大量的试验研究与理论分析，完成的深受弯构件超过 1000 件，明确了混凝土强度等级、剪跨比、跨高比、腹筋配筋率和配筋形式等对受剪性能的影响。相比普通混凝土深受弯构件，轻骨料混凝土深受弯构件的研究资料有限，各国学者重点关注轻骨料混凝土与普通混凝土构件受剪破坏时的差异性，代表性研究见表 1.1。轻骨料混凝土深受弯构件的受剪分析研究较少，尤其对于高强轻骨料混凝土深受弯构件的性能有待明确。目前仍缺乏充足的试验数据用以明确该类构件的受剪性能。

表 1.1　现有轻骨料混凝土深受弯构件受剪性能研究现状

时间	研究者	研究内容	研究结论
1970 年	Kong 等[6]	完成了 38 根剪跨比为 0.23~0.7、跨高比为 1~3、强度等级为 LC25 的轻骨料混凝土深受弯构件受剪试验，重点研究了 8 种不同腹筋配筋方式对深受弯构件开裂荷载、极限承载力和变形的影响，并采用美国 ACI 318-71 规范对各构件承载力进行计算	采用网格腹筋配筋形式，可有效提高构件的开裂荷载和极限荷载，轻骨料混凝土深受弯构件的受剪承载力与同等级参数的普通混凝土基本相同。且美国规范 ACI 318-71 的计算结果较为保守，未合理考虑腹筋配筋形式的影响
1996 年	Kong 等[7]	开展了 24 根强度等级为 LC35 的轻骨料混凝土深受弯构件受剪试验，结合桁架模型传力机制，研究了不同纵筋锚固长度对斜杆强度的影响，并对满足压杆受力平衡的锚固长度进行了分析	由于纵筋锚固部分双向受压，且采用各国规范所得构件承载力计算结果较为保守，故可适当减小纵筋锚固长度，建议取构件高度的 1/3
1995 年	Ahmad 等[8]	进行了不同混凝土强度等级、剪跨比、腹筋配筋率等参数情况下，轻骨料混凝土深受弯构件的剪切变形性能研究，试验中除剪跨比为 3 的无腹筋试件发生斜拉破坏外，其他试件均发生斜压和剪压破坏	随轻骨料混凝土强度等级的提高，构件变形能力和延性均有所降低，且低跨跨比构件（a/h_0=1 和 2）较高剪跨比构件（a/h_0=3）延性降低更加显著，适当配置腹筋对提升构件延性有一定帮助
2009 年	Yang 和 Mun[9]	考虑骨料粒径对深受弯构件受力性能的影响，完成了 6 根轻骨料混凝土连续深受弯构件受剪性能试验，并与普通混凝土构件进行对比	轻骨料混凝土构件的剪切破坏面不受混凝土种类及粗骨料最大粒径的影响，斜裂缝宽度随轻骨料粒径的增大而减小，但较普通混凝土的裂缝宽度大。欧洲规范对轻骨料混凝土深受弯构件受剪承载力计算结果偏于不安全，美国规范 ACI 318-08 计算结果对全轻混凝土构件偏于安全，但对砂轻混凝土偏于不安全

续表

时间	研究者	研究内容	研究结论
2010 年	Yang[10]	开展了 16 根不同截面高度(h=400~1000mm)的 LC30 级、剪跨比为 0.5 和 1 的轻骨料混凝土深受弯构件受剪性能试验，并将试验结果与 ACI 318-08、EC2、CSA 等规范推荐的拉-压杆模型预测结果进行对比	轻骨料混凝土深受弯构件的尺寸效应较普通混凝土构件更加显著，小剪跨比情况下，CSA 规程预测结果随构件截面高度增加偏于不安全，表明轻骨料混凝土构件受剪的尺寸效应不容忽视
2009 年	何丹[11]	进行了 12 根强度等级为 LC20、剪跨比为 1~3 的页岩陶粒混凝土深受弯构件的受剪性能试验	因混凝土强度等级较低，难以反映高强度轻骨料混凝土深受弯构件受剪性能
2012 年	吴涛等[12]	完成了集中荷载作用下 8 根剪跨比为 0.26~1.04、跨高比为 2 和 3 的 LC40 页岩陶粒轻骨料混凝土简支深受弯构件受剪性能试验，系统分析了该类混凝土深受弯构件的破坏形态与破坏机理、荷载-跨中挠度曲线、钢筋应变等，对比分析了典型抗剪模型的适用性	除剪跨比为 1.04、跨高比为 3 的试件发生了剪压破坏，其余试件均发生斜压破坏；采用拉-压杆模型计算该类试件受剪承载力较为合理，而我国《混凝土结构设计规范（2015 年版）》（GB 50010—2010）计算结果与拉-压杆模型计算结果相比较为保守，尤其是对跨高比小于 2 的深受弯构件

1.2.2　框架节点

国内外学者针对框架梁柱中节点受剪性能进行了大量的试验研究和理论分析[13,14]，因其影响因素众多，包括混凝土强度等级[15]、节点几何尺寸[16]、轴压力[17]、水平箍筋[18]及柱纵向钢筋等，同时节点区属于应力紊乱区，破坏机理复杂，抗剪模型难以统一。诸多学者根据节点不同的破坏机理，提出相对应的受剪计算方法，典型的有基于斜压杆破坏机理的软化桁架模型、软化拉-压杆模型及简化拉-压杆模型等，均取得相应的研究成果。

20 世纪七八十年代，Forzani 等[19]、Bertero 等[20]进行轻骨料混凝土与普通混凝土框架中节点的对比试验。其研究均表明：在单调荷载作用下，轻骨料混凝土节点性能与普通混凝土节点类似，可满足抗震设计的要求；但在反复荷载作用下，轻骨料混凝土节点较普通混凝土节点抗剪性能明显劣化，脆性更加显著，主要是该类节点剪切变形显著，在梁纵筋屈服后不满足刚性节点的假定。国内徐晓霖等[21]研究结果基本与之类似：由于裂缝穿过骨料，节点开裂面较光滑，传递剪力的能力降低；轻骨料混凝土节点内梁主筋的黏结滑移性能比普通混凝土差，建议增加节点区水平箍筋，改善节点抗剪能力和钢筋锚固性能，限制节点区的剪切变形。Monti 等[22]将轻骨料混凝土边节点的受力性能与普通混凝土节点进行了对比，研究表明：轻骨料混凝土边节点受力性能与普通混凝土类似。但由于施工工艺及生产技术的影响，上述研究所采用的轻骨料混凝土强度较低，节点受力性能较差，以致后续开展研究较少。我国规范[4]和美国 ACI 352R-02 规范[23]为满足延性设计要求，均对轻骨料混凝土在地震区的使用给出严格的强度限制条件，即强度等级限制在 LC40 以下。近年，Decker 等[24]针对延性问题开展 6 个混凝土强度为 55MPa 的轻骨料混凝土框架中节点的低周反复荷载试验，结果表明：节点的延性和耗能与普通混凝土相近，能够满足地震区的使用要求。由于骨料强度、类型以及混凝土强度的不同，在对轻骨料混凝土框架节点的受剪承载力计算和设计上仍存在较多争议。

1.3　结构轻骨料混凝土剪切破坏特征

1.3.1　材料层次

通常情况下，普通混凝土发生界面破坏，断裂面避开骨料，穿过界面区和水泥浆体。而轻骨料混凝土中骨料处于三相围压状态，且因吸水返水特性影响，增强了骨料原有强度，骨料强度与水泥浆体强度接近，故断裂面径直穿过骨料，发生骨料破坏。Lo 和 Cui[25]在试验中指出轻骨料混凝土内部微裂缝源于水泥浆体，且微裂缝未被骨料阻断，直接进入骨料或是沿着骨料-浆体界面区发展。

Gerritse[26]的研究表明：在普通混凝土中，骨料强度高于砂浆强度，应力主要通过骨料和界面区传递，且由于骨料的抗拉强度高于骨料周围界面区的抗拉强度，骨料与界面区发生分离，断裂面避开骨料沿着界面区发展［图 1.4（a）］。对于轻骨料混凝土，骨料强度低于砂浆强度，应力主要通过砂浆传递，导致骨料和砂浆均受到横向应力，由于界面区强度高于轻骨料强度，断裂面穿过轻骨料形成［图 1.4（b）］。但 Bogas 和 Gomes[27]的试验表明：对于砂浆强度较低或者龄期较短的轻骨料混凝土，当骨料强度较高时，断裂面同时呈现出破碎骨料和完整骨料。

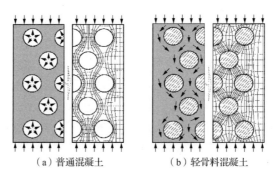

（a）普通混凝土　　　　　　（b）轻骨料混凝土

图 1.4　受压时应力传递机制

混凝土的开裂与各相的性质及各相之间的相互作用密切相关。其中，界面区的性质对混凝土开裂尤为重要，随着水灰比的增大，界面区孔隙率增大，导致该区域微裂缝的产生和发展。相对光滑的圆形骨料对裂缝的产生和发展所起的阻碍作用非常小。水泥浆体对裂缝的产生和发展也有重要的影响。研究表明，过渡区与其周围水泥浆体间的强度差距越大，过渡区中越容易产生微裂缝。

1.3.2 构件层次

1. 梁式构件

梁式构件剪力传递机理如图 1.5 所示。无腹筋构件的剪力 V_c 由受压区的剪力 V_{cz}、销栓作用引起的纵筋上的剪力 V_d 和骨料间咬合应力 V_a 三部分组成 [图 1.5 （a）]，对于有腹筋构件 [图 1.5 （b）]，还需考虑腹筋的抗剪贡献 V_s。20 世纪 60 年代，骨料咬合力对结构或构件抗剪性能的影响逐渐引起各国学者的注意，典型代表有 Moe、Fenwick 和 Paulay、MacGregor、Taylor、Walters、Kani 等[28-33]，其研究一致认为：剪应力必须通过骨料咬合力在裂缝间传递才能保证受拉纵筋应力沿跨度方向变化。Kani[33]提出"齿"的概念说明了裂缝间骨料咬合力的存在，通过"拱-齿"模型提出剪切破坏谷，阐释了剪切破坏与剪跨比的关系。Taylor[31]将组成梁抗剪能力的各项进行量化并指出：受压区、骨料咬合、销栓作用分别传递 20%～40%、33%～50%、15%～25%的剪力。Kani 等[33]发现 17%～32%的竖向剪力是在受压区中传递的，而剩下的剪力均由骨料咬合力及销栓作用传递，且有 50%～60%的竖向剪力是通过骨料咬合作用传递的。因此，构件破坏归因于骨料咬合的失效。但针对轻骨料混凝土受力后主要发生骨料破坏的特性而言，骨料咬合力在后期并不存在，且随着混凝土强度等级的提高，骨料破坏和界面破坏同时产生，骨料咬合力从无到有，因此对于轻骨料混凝土梁式构件抗剪机理有待进一步研究。

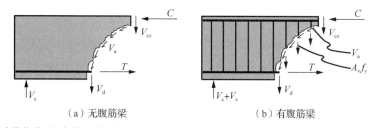

（a）无腹筋梁　　　　　　　　　　（b）有腹筋梁

C 为构件受压区合力；T 为纵筋所受拉力；A_v 为竖向腹筋截面面积；f_y 为竖向腹筋屈服强度。

图 1.5　钢筋混凝土梁式构件抗剪承载力组成

2. 框架节点

钢筋混凝土框架节点承受柱传来的轴力、剪力、弯矩及梁传来的剪力和弯矩 [图 1.6 （a）]，其变形与受力复杂，尤其在水平荷载作用下，节点区两侧的梁端弯矩方向相反，使贯穿节点区的梁筋一侧受拉，一侧受压，以至于梁端传入节点区的剪力占比较大 [图 1.6 （b）、（c）]，其最终破坏类型包括梁端受弯破坏、柱端压弯破坏、梁筋锚固破坏和核心区剪切破坏四种。在水平往复荷载作用下，普通混凝土框架节点中骨料-水泥浆体界面处的强度退化阻断了节点区剪力传递，最终引起破坏，而在轻骨料混凝土中，水泥浆体强度高于骨料强度，二者的破坏几乎同时发生，剪力传递机理存在差异。

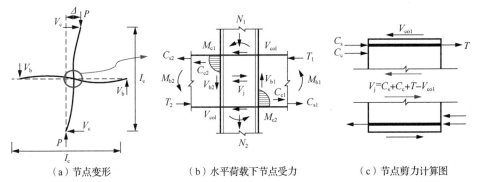

（a）节点变形　　　　　　（b）水平荷载下节点受力　　　　　（c）节点剪力计算图

Δ为节点柱端位移；I_c为柱的计算高度；I_b为梁的计算长度；C_s和C_c分别为梁端钢筋与混凝土所受压力；
T为梁端钢筋所受拉力；V_j为节点核心区剪应力。

图1.6　节点受力图

1.4　本书的结构安排

　　轻骨料混凝土具有轻质高强、保温隔热、耐火耐久性能好等优势，是符合国家产业化和可持续化发展的绿色建筑材料，拥有广泛的应用前景。但是，在剪切荷载作用下结构或构件脆性显著，合理的计算模型与设计方法是应用的前提。

　　本书以轻骨料混凝土的力学性能分析为基础，采用试验研究与理论分析相结合的方法，综合已有构件受剪试验数据库和相应研究成果，系统开展了轻骨料混凝土深受弯构件和框架梁柱中节点受剪性能研究，明确剪切破坏机理与各影响因素显著性，基于宏观、细观不同尺度建立受剪分析模型，并将概率方法与机理方法进行统一，提出基于贝叶斯理论的后验概率受剪计算模型，在此基础上给出轻骨料混凝土构件受剪设计方法。

　　第1章介绍了轻骨料混凝土的特点、国内外工程应用概况，以及轻骨料混凝土深受弯构件和框架中节点的受剪研究进展，分析了轻骨料混凝土材料和构件的剪切破坏特征，明确了现有研究与工程应用不足及本书主要研究的关键科学问题。

　　第2章针对轻骨料及轻骨料混凝土的物理力学性能展开研究，主要包括轻骨料的分类及物理力学性能，轻骨料混凝土配合比设计及物理性能、抗压性能、抗拉性能、弹性模量及单轴受压本构关系等，为后续试验研究与模型计算提供材料性能依据。

　　第3章介绍轻骨料混凝土构件受剪性能试验，分析各影响因素对构件受剪承载力的影响。重点关注深受弯构件受剪破坏机理与尺寸效应作用及框架中节点在往复荷载作用下滞回曲线、耗能延性、刚度退化等特征参数的变化，为后续受剪模型的分析提供试验资料。

第 4 章从宏观拉-压杆模型出发，介绍压杆有效系数试验研究工作，对比分析轻骨料混凝土与普通混凝土受压开裂软化效应的差异，考虑轻骨料混凝土自身特性与尺寸效应影响，修正并建立轻骨料混凝土深受弯构件拉压杆系列模型、基于断裂力学的能量损失平衡模型、基于强度理论的 Tan-Tang 和 Tan-Cheng 模型等的分析全过程，通过与试验结果对比验证了模型的准确性和修正建议的合理性。

第 5 章基于受力平衡、变形协调与本构模型，从细观尺度机理模型出发，采用转固角软化桁架模型、修正压力场理论、软化拉-压杆模型等精细化分析方法进行轻骨料混凝土深受弯构件和框架节点受剪计算，给出具体的修正建议。

第 6 章引入贝叶斯后验概率分析方法，基于深受弯构件和框架节点试验数据库，考虑影响因素显著性，对已有受剪模型再识别，建立基于贝叶斯理论的后验受剪分析概率模型，将概率模型与机理模型进行统一。

第 7 章在试验研究与理论分析的基础上，提出与现行规范相协调的深受弯构件与框架节点受剪设计方法。

参 考 文 献

[1] Cui H Z, Lo T Y, Memon S A, et al. Analytical model for compressive strength, elastic modulus and peak strain of structural lightweight aggregate concrete [J]. Construction and Building Materials, 2012, 36: 1036-1043.

[2] Barbosa F S, Farage M C.R, Beaucour A-L, et al. Evaluation of aggregate gradation in lightweight concrete via image processing [J]. Construction and Building Materials, 2012, 29: 7-11.

[3] Smadi M, Migdady E. Properties of high strength tuff lightweight aggregate concrete [J]. Cement and Concrete Composites, 1991, 13（2）: 129-135.

[4] 中华人民共和国住房和城乡建设部. 轻骨料混凝土应用技术标准: JGJ/T 12—2019[S]. 北京: 中国建筑工业出版社, 2019.

[5] Jung-woong P, Daniel K. Strut-and-Tie model analysis for strength prediction of deep beams[J]. ACI Structural Journal，2007, 104（6）: 657-666.

[6] Kong F K, Robins P J, Cole D F. Web reinforcement effects on lightweight concrete deep beams[J]. ACI Journal Proceedings, 1970, 67（12）: 1010-1018.

[7] Kong F K, Teng S, Singh A, et al. Effect of embedment length of tension reinforcement on the behavior of lightweight concrete deep beams [J]. ACI Structural Journal, 1996, 93（1）: 21-29.

[8] Ahmad S H, Xie Y, Yu T. Shear ductility of reinforced lightweight concrete beams of normal strength and high strength concrete [J]. Cement and Concrete Composites, 1995, 17（2）: 147-159.

[9] Yang K H, Mun J H. Effect of aggregate size on the shear capacity of lightweight concrete continuous beams [J]. Journal of the Korea Concrete Institute, 2009, 21（5）: 669-677.

[10] Yang K H. Tests on lightweight concrete deep beams [J]. ACI Structural Journal, 2010, 107（6）: 663-670.

[11] 何丹. 陶粒混凝土梁斜截面受力性能研究[D]. 长沙: 长沙理工大学, 2009.

[12] 吴涛, 刘喜, 王宁宁, 等. 高强轻骨料混凝土深受弯构件受剪性能试验研究[J]. 土木工程学报, 2014, 47（10）: 40-48.

[13] 唐九如. 钢筋混凝土框架节点抗震[M]. 南京: 东南大学出版社, 1989.

[14] 框架节点专题研究组. 低周反复荷载作用下钢筋混凝土框架梁柱节点核心区抗剪强度的试验研究[J]. 建筑结构学报, 1983, (6): 1-17.

[15] 王肇民, 邓洪洲, 董军. 高层巨型框架悬挂结构体系抗震性能研究[J]. 建筑结构学报, 1999, (1): 23-30.

[16] Dovich L M, Wight J K. Effective slab width model for seismic analysis of flat slab frames [J]. ACI Structural Journal, 2005, 102 (6): 868-875.

[17] Canbolat B B, Wight J K. Experimental investigation on seismic behavior of eccentric reinforced concrete beam-column-slab connections [J]. ACI Structural Journal, 2008, 105 (2):154-162.

[18] 吴涛. 大型火力发电厂钢筋混凝土框排架结构抗震性能及设计方法研究[D]. 西安: 西安建筑科技大学, 2003.

[19] Forzani B, Popov E P, Bertero V V. Hysteretic behavior of lightweight reinforced concrete beam-column subassemblages [R]. Berkeley: Earthquake Engineering Research Center, University of California at Berkeley, 1979: 15-45.

[20] Bertero V V, Popov E P, Forzani B. Seismic behavior of lightweight concrete beam-column subassemblages [J]. ACI Journal Proceedings, 1980, 77 (1): 44-52.

[21] 徐晓霖, 唐九如. 钢筋轻骨料混凝土框架节点的试验研究[J]. 南京工学院学报, 1988, (6): 72-79.

[22] Monti G, Nuti C. Cyclic tests on normal and lightweight concrete beam-column sub-assemblages [C]//Proceedings of the Tenth World Conference on Earthquake Engineering, 1992, 6: 3225-3228.

[23] ACI Committee 352. Recommendations for design of beam-column connections in monolithic reinforced concrete structures (ACI 352R-02) [S]. American Concrete Institute, Farmington Hills, MI, 2002.

[24] Decker C L, Issa M A, Meyer K F. Seismic investigation of interior reinforced concrete sand-lightweight concrete beam-column joints [J]. ACI Structural Journal, 2015, 112 (6): 287-298.

[25] Lo T Y, Cui H Z. Effect of porous lightweight aggregate on strength of concrete [J]. Materials Letters, 2004, 58 (6):916-919.

[26] Gerritse A. Design considerations for reinforced lightweight concrete [J]. International Journal of Cement Composites and Lightweight Concrete, 1981, 3 (1):57-69.

[27] Bogas J A, Gomes A. Compressive behavior and failure modes of structural lightweight aggregate concrete–Characterization and strength prediction [J]. Materials and Design, 2013, 46 (4):832-841.

[28] Moe J. Discussion of ACI-ASCE Committee 326 (1962) [J]. ACI Journal Proceedings, 1962, 59 (9): 1334-1339.

[29] Fenwick R C, Paulay T. Mechanisms of shear resistance of concrete beams [J]. Journal of the Structural Division, ASCE, 1968, 94 (ST10): 2235-2350.

[30] MacGregor J G. Discussion of Kani (1964) [J]. ACI Journal Proceedings, 1964, 61 (12): 1598-1604.

[31] Taylor H P. Investigation of forces carried across cracks in reinforced concrete beams by interlock of aggregates [R]. London: Cement and Concrete Association, 1969.

[32] MacGregor J G, Walters J R V. Analysis of inclined cracking shear in slender reinforced concrete beams[J]. ACI Journal Proceedings, 1967, 64 (10): 644-653.

[33] Kani M W, Huggins M W, Wittkopp R R. Kani on shear in reinforced concrete [M]. Toronto: University of Toronto Press, 1979.

第2章 轻骨料混凝土基本力学性能

2.1 轻骨料的类型及性能

轻骨料作为轻骨料混凝土的重要组成部分,与天然骨料相比具有容重轻、孔隙率高、强度低等特征,其性能在很大程度上影响了轻骨料混凝土的物理力学性能。因原材料和加工方法的不同,不同轻骨料在颗粒形状、表面纹理、矿物组成和孔隙结构等方面存在较大区别,相应的吸水率、筒压强度和体积密度等也存在明显差异。

2.1.1 轻骨料的类型

我国《轻集料及其试验方法 第 1 部分:轻集料》(GB/T 17431.1—2010)[1]规定,堆积密度在 1200kg/m³ 以下的骨料称为轻骨料。轻骨料种类繁多,按形成方式可分为天然轻骨料(浮石、凝灰岩等)、工业废料轻骨料(高炉矿渣、粉煤灰陶粒、自燃煤矸石等)和人造轻骨料(页岩陶粒、黏土陶粒、膨胀珍珠岩等)。如图 2.1 所示,密度较小的轻骨料一般强度较低,通常用于配制非结构用轻骨料混凝土,如保温混凝土等;当轻骨料的孔结构为均匀分布的细孔时,骨料密度较大且强度较高,通常可用于配制结构用轻骨料混凝土。

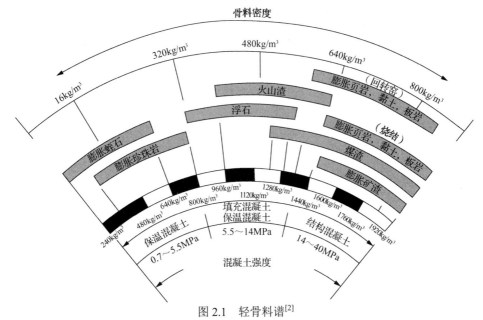

图 2.1 轻骨料谱[2]

人造轻骨料在生产过程中经破碎、粉磨、混合及造粒等一系列工序，可形成分布均匀的细孔，有助于提高轻骨料的颗粒强度。因此，结构用轻骨料混凝土的制备一般采用质量稳定、可靠的人造轻骨料。近年来，随着上海、湖北宜昌等地的轻骨料生产厂家相继批量投产，轻骨料的质量与产量都得到大幅提升，已在国内众多知名工程中得到广泛应用。本书采用的轻骨料均为湖北宜昌生产的页岩陶粒。

2.1.2 轻骨料的物理力学性能

1. 轻骨料性能概述

轻骨料性能不仅影响混凝土的配合比设计，对新拌混凝土及硬化混凝土的性能也有重要影响，其可根据微观结构和加工处理因素取决于以下三类：①孔隙结构的特性，如密度、吸水性、强度、弹性模量和体积稳定性；②暴露条件和加工因素的特性，如粒径、粒形和表面纹理；③化学和矿物组成特性，如强度、硬度、弹性模量和所含有害物质。

（1）粒形和表面纹理

粒形的几何特征包括浑圆、多角、针状和片状等。在骨料强度相近的情况下，形状参数（即表面积与体积之比）较高的骨料制备而成的混凝土的强度较高[3]，如采用多角骨料制备的轻骨料混凝土，其强度易高于球形骨料制备的混凝土。表面纹理是指骨料表面的光滑或粗糙的程度，与骨料硬度、骨料粒径及加工过程中骨料所经受的摩擦作用密切相关。轻骨料的表面纹理形式包括相对光滑、具有细微毛孔的表面以及具有较大的开放性孔隙的高度不规则的表面。对于表面多孔或粗糙的轻骨料，水泥浆体可渗入骨料表面的空腔或孔隙中，两者之间形成"嵌套"作用有利于水泥浆体和骨料在早期形成较强的物理性黏结[4]。骨料颗粒的粒形和表面纹理对骨料与水泥浆的机械咬合作用具有显著影响，且对新拌混凝土性能的影响大于硬化混凝土。

（2）吸水率

轻骨料由于内部多孔结构的存在，其与天然骨料相比吸水率更高，且不同种类的轻骨料吸水率差异较大。根据美国材料与试验协会规范 ASTM C127 推荐的吸水率测试方法测得的轻骨料 24h 吸水率一般在 5%～25%，甚至更高。采用同样方法测得的普通骨料（如侵入火成岩和密实沉积岩）24h 吸水率一般低于 2%。造成这种巨大差异的原因是轻骨料一般通过表面或内部孔隙存储水分，而在普通骨料中只能达到表面湿润。Nadesan 等[5]收集到的数据显示粉煤灰陶粒的 24h 吸水率分布在 0.7%～33.9%，这些结果大多数来自试验研究，而商业用途的粉煤灰轻骨料吸水率普遍在 10%～25%。轻骨料的吸水率与孔隙尺寸及分布特征密切相关，尤其是靠近表面区域的孔隙分布与尺寸。部分轻骨料表面覆有的稳定且不透水的聚合物涂覆层能有效降低轻骨料吸水率，从而减少新拌混凝土的需水量。Lo 和 Cui[6] 在微观结构试验的观测结果表明，采用的膨胀黏土制造的人造陶粒具有 20μm 厚的致密外壳。Kockal 和 Ozturan[7] 在试验中对 18 种烧结粉煤灰轻骨料的 24h 吸水率进行测试，结果显示其吸水率分布在 0.7%～18.4%之间，且轻骨料的吸水率随着烧结温度的升高而降低，同时，在轻骨料烧制过程中加入适量黏合剂（如膨润土和玻璃粉等）也会显著降低轻骨料的吸水率。

（3）孔隙结构

人造轻骨料内部孔隙主要在物料成球后的烧结过程中生成，原材料中某种组分（一般是含碳的物质或者碳酸盐矿物）化学分解释放的气体被熔融态物质束缚在骨料内，使烧结的物料产生膨胀，形成孔隙结构。

通常认为，轻骨料的密度、吸水率、强度、弹性模量和体积稳定性均取决于骨料的孔隙结构，其受孔隙率和孔的形貌特征影响显著。Erdem 等[8] 采用压汞法测得的粉煤灰骨料和砂石骨料的孔隙率分别为 53.7%和 1.62%，粉煤灰陶粒的高孔隙率可归结于烧结过程的不完全致密化。Vargas 等[9] 应用数字图像处理技术对天然骨料、浮石骨料及热膨胀性黏土骨料的孔隙率进行测定。浮石骨料为孔隙连通的泡状岩，骨料内外结构一致，存在直径为 5～2000μm 的孔，吸水率最高。而热膨胀性黏土骨料由于表面存在玻璃釉外层，抑制水分进入骨料，表现为吸水率较低，内部孔隙直径在 100～500μm。天然骨料具有致密的晶体结构，孔径小于 7μm，孔隙率低。比表面积随表面孔隙率的增加而增加，孔隙率与密度相关，轻骨料密度随孔隙率的增大而减小。评价轻骨料孔隙结构的另一重要因素是孔与孔之间的连通性，轻骨料的吸水率随连通性增加而增加。研究表明，轻骨料内部最佳的孔隙结构为均匀分布大量微孔，且应尽量避免大尺寸及高连通性孔隙，此类孔隙结构有助于提高颗粒强度，降低骨料吸水率。

2. 轻骨料物理力学性能研究

按照《轻骨料及其试验方法　第 2 部分：轻集料试验方法》（GB/T 17431.2—2010）[10] 规定的试验方法，对 5 种页岩陶粒的堆积密度、表观密度、空隙率、吸水率和筒压强度等物理力学性能进行测试。

页岩陶粒的物理力学性能实测结果见表 2.1，符合《轻集料及其试验方法　第 1 部分：轻集料》（GB/T 17431.1—2010）[1] 对轻骨料各项性能指标的要求。

表 2.1　页岩陶粒的物理力学性能

轻骨料编号	堆积密度/ （kg/m³）	表观密度/ （kg/m³）	空隙率/%	1h 吸水率/%	24h 吸水率/%	筒压强度/ MPa	粒径/mm
Y1	1019	1933	47	8.1	9.1	13.2	5～14
Y2	869	1538	44	7.0	7.5	10.4	5～16
S1	755	1471	49	8.2	10.1	5.9	5～16
S2	856	1471	42	8.2	10.1	6.2	5～10
S3	860	1512	43	2.2	2.6	6.9	5～16

2.2　轻骨料混凝土的配合比及力学性能

本节从原材料选择、设计方法、设计方案和制备工艺等方面详述轻骨料混凝土配合比设计过程，制备强度等级为 LC40～LC60。同时，对轻骨料混凝土的力学性能开展相关研究，系统分析了干表观密度、水胶比、骨料形态和粒径等因素的影响，为制备稳定、均匀、性能优异的轻骨料混凝土提供参考。

2.2.1　配合比设计

1. 试验原材料

混凝土制备选用如下 5 种材料：①轻骨料：湖北宜昌光大生产的五种高强膨胀页岩陶粒，陶粒形状及表面状态如图 2.2 所示；②细骨料：最大粒径 4mm 的渭河中砂，细度模数为 2.83；③水泥：海螺牌 P.O 42.5 水泥；④辅助胶凝材料：Ⅰ级粉煤灰（表观密度 2.30kg/m³）、S95 矿粉（表观密度 2.85kg/m³）、EM920U 微硅粉（表观密度 2.79kg/m³）；⑤外加剂：BKS-199 聚羧酸性高效减水剂。

（a）1100级圆球形　（b）900级圆球形　（c）800级碎石型　（d）900级碎石型　（e）900级碎石型
　页岩陶粒Y1　　　页岩陶粒Y2　　　页岩陶粒S1　　　页岩陶粒S2　　　页岩陶粒S3

图 2.2　陶粒形状及表面状态

2. 配合比设计方法

借鉴轻骨料混凝土制备技术，参照《轻骨料混凝土技术规程》（JGJ 51—2002）[①]，设计了 LC40～LC60 级轻骨料混凝土配合比方案，以 LC60 级轻骨料混

---

① 现已更新为《轻骨料混凝土应用技术标准》（JGJ/T 12—2019）[11]，本书试验依照《轻骨料混凝土技术规程》（JGJ 51—2002）。

凝土为例，步骤如下：

1）确定试配强度。轻骨料混凝土的试配强度按式（2.1）确定。

$$f_{\text{cu,o}} \geqslant f_{\text{cu,k}} + 1.645\sigma \tag{2.1}$$

式中：$f_{\text{cu,o}}$ 为试配强度；$f_{\text{cu,k}}$ 为抗压强度标准值；σ 为轻骨料混凝土强度标准差。

2）确定水泥及用量。水泥选用 42.5 级普通硅酸盐水泥（P.O 42.5）。设计胶凝材料总量 550kg/m³，粉煤灰取代率为 12%，硅灰取代率为 8%。

3）确定净用水量。轻骨料混凝土的用水量分为净用水量和总用水量，考虑到陶粒的吸水作用，通常用净用水量来表示。掺入减水剂保证拌和物的流动性。根据相关制备技术，水胶比定为 0.26，净用水量为 143kg/m³。

4）确定砂率。当采用松散体积法进行配合比设计，砂率宜控制在 35%～45%。

5）确定骨料质量。粗细骨料质量可分别按式（2.2）、式（2.3）确定。

$$\frac{m_{\text{c}}}{\rho_{\text{c}}} + \frac{m_{\text{f}}}{\rho_{\text{f}}} + \frac{m_{\text{g}}}{\rho_{\text{g}}} + \frac{m_{\text{s}}}{\rho_{\text{s}}} + \frac{m_{\text{a}}}{\rho_{\text{a}}} + \frac{m_{\text{a}} \times w}{\rho_{\text{w}}} + \frac{m_{\text{wn}}}{\rho_{\text{w}}} + \frac{m_{\text{bks}}}{\rho_{\text{bks}}} = 1 \tag{2.2}$$

$$\frac{m_{\text{s}}}{\rho_{\text{s}}} \div \left(\frac{m_{\text{s}}}{\rho_{\text{s}}} + \frac{m_{\text{a}}}{\rho_{\text{a}}} \right) \times 100\% = S_{\text{p}} \tag{2.3}$$

式中：m_{c} 为水泥用量；m_{f} 为粉煤灰用量；m_{g} 为硅灰用量；m_{s} 为细骨料用量；m_{a} 为粗骨料用量；w 为粗骨料 1h 吸水率，取 2.2%；ρ_{w} 为水的密度，取 1000kg/m³；S_{p} 为砂率；ρ_{c} 为水泥表观密度，取 3150kg/m³；ρ_{f} 为粉煤灰表观密度，取 2600kg/m³；ρ_{g} 为硅灰表观密度，取 2700kg/m³；ρ_{s} 为细骨料表观密度，取 2620kg/m³；ρ_{a} 为粗骨料表观密度，取 1512kg/m³；m_{wn} 为净用水量；m_{bks} 为聚羧酸减水剂用量；ρ_{bks} 为聚羧酸减水剂密度，取 1000kg/m³。

将每立方米混凝土中水泥 440kg/m³、粉煤灰 66kg/m³、硅灰 44kg/m³、水 143kg/m³、减水剂 5.5kg/m³ 的用量代入式（2.2）和式（2.3）中，可得到混凝土中粗骨料和细骨料用量，分别为 607kg/m³、701kg/m³。

6）计算干表观密度。按式（2.4）计算的混凝土干表观密度为 1930kg/m³，小于 1950kg/m³，满足容重要求，即

$$\rho_{\text{cd}} = 1.15(m_{\text{c}} + m_{\text{f}} + m_{\text{g}}) + m_{\text{a}} + m_{\text{s}} \tag{2.4}$$

3. 配合比设计方案

为研究陶粒形态和粒径对轻骨料混凝土抗压强度的影响，选择适宜骨料，设计 A 组配合比。按等质量取代法掺入活性矿物掺和料，为保证拌和物的工作性能，砂率采用 45%，配合比设计方案见表 2.2。

表 2.2 A 组轻骨料混凝土配合比

组别	配合比编号	胶凝材料/(kg/m³)				轻骨料/(kg/m³)	砂/(kg/m³)	减水剂/(kg/m³)	水胶比	ρ_d/(kg/m³)	$f_{cu,3}$/MPa	$f_{cu,7}$/MPa	$f_{cu,28}$/MPa
		水泥	粉煤灰	矿粉	硅灰								
A1	Y1-1	440	66	—	44	672	745	4	0.28	1933	35.5	51.0	62.4
	Y2-1	440	66	—	44	558	778	4	0.28	1839	36.0	50.8	63.2
	S1-1	440	66	—	44	503	733	4	0.28	1841	39.8	54.0	66.4
	S2-1	440	66	—	44	531	774	4	0.28	1895	42.3	57.2	70.2
	S3-1	440	66	—	44	548	777	4	0.28	1869	40.4	51.0	65.8
A2	Y1-2	440	—	55	55	682	756	5.5	0.26	1940	35.9	53.2	67.1
	Y2-2	440	—	55	55	566	789	5.5	0.26	1848	36.6	54.2	69.6
	S1-2	440	—	55	55	517	753	5.5	0.26	1859	42.7	55.8	71.2
	S2-2	440	—	55	55	539	785	5.5	0.26	1910	46.2	59.1	74.5
	S3-2	440	—	55	55	558	791	5.5	0.26	1921	46.5	54.0	75.4

注：Y1-1 表示用 Y1 陶粒制备的轻骨料混凝土；ρ_d 为干表观密度；$f_{cu,3}$、$f_{cu,7}$ 和 $f_{cu,28}$ 分别表示 3d、7d 和 28d 的抗压强度。

LC40、LC50 和 LC60 级轻骨料混凝土采用的胶凝材料总量分别为 450kg/m³、500kg/m³ 和 550kg/m³。为研究水胶比对强度的影响，本书设计了 B 组配合比。当粗骨料采用 Y2 时，考虑到圆球形骨料的比表面积较小，砂率取 35%，当粗骨料采用 S1 时，为保证拌和物的流动性，砂率取 45%，当粗骨料采用 S3 时，综合考虑混凝土强度、拌和物工作性能和干密度三种影响因素，砂率取 40%，相应配合比设计方案见表 2.3。

表 2.3 B 组轻骨料混凝土配合比

组别	配合比编号	胶凝材料/(kg/m³)			轻骨料/(kg/m³)	砂/(kg/m³)	减水剂/(kg/m³)	水胶比	ρ_d/(kg/m³)	$f_{cu,3}$/MPa	$f_{cu,7}$/MPa	$f_{cu,28}$/MPa
		水泥	粉煤灰	硅灰								
B1	LC40-Y2-1	360	90	—	671	615	2.2	0.38	1720	34.5	40.8	48.2
	LC40-Y2-2	360	90	—	680	624	2.8	0.36	1740	35.9	43.9	51.2
	LC50-Y2-1	400	100	—	657	603	3	0.34	1754	38.4	45.5	53.7
	LC50-Y2-2	400	100	—	666	611	3	0.32	1776	39.9	48.2	56.1
	LC50-Y2-3	400	100	—	676	620	3.5	0.3	1796	43.6	48.8	57.6
	LC60-Y2-1	440	66	44	656	602	4.8	0.28	1826	46.5	50.2	62.7
	LC60-Y2-2	440	66	44	666	611	5	0.26	1830	46.8	51.6	67.0
	LC60-Y2-3	440	66	44	677	621	6	0.24	1836	46.4	52.1	68.5
B2	LC60-S1-1	440	110	—	499	727	4	0.3	1838	40.2	52.3	62.8
	LC60-S1-2	440	66	44	508	740	4	0.28	1841	42.8	54.0	66.4
	LC60-S1-3	440	66	44	517	753	5.5	0.26	1850	42.4	55.3	69.8
	LC60-S1-4	440	66	44	525	765	6	0.24	1857	46.0	56.0	72.1

续表

| 组别 | 配合比编号 | 胶凝材料/（kg/m³） | | | 轻骨料/（kg/m³） | 砂/（kg/m³） | 减水剂/（kg/m³） | 水胶比 | ρ_d/（kg/m³） | $f_{cu,3}$/MPa | $f_{cu,7}$/MPa | $f_{cu,28}$/MPa |
		水泥	粉煤灰	硅灰								
B3	LC40-S3-1	360	90	—	606	700	2.6	0.4	1824	24.1	31.1	47.2
	LC40-S3 2	360	90	—	615	710	2.7	0.38	1796	31.2	38.2	47.9
	LC50-S3-1	400	100	—	590	682	3.2	0.36	1836	30.4	37.3	52.7
	LC50-S3-2	400	100	—	600	693	3.4	0.34	1807	32.3	40.6	55.7
	LC50-S3-3	400	100	—	608	702	4	0.32	1845	33.8	44.4	56.6
	LC50-S3-4	400	100	—	617	713	4.3	0.3	1832	33.7	44.6	58.1
	LC60-S3-1	440	66	44	598	691	5.3	0.28	1827	41.8	52.1	64.8
	LC60-S3-2	440	66	44	602	695	5.4	0.27	1861	44.1	51.2	68.8
	LC60-S3-3	440	66	44	607	701	5.5	0.26	1871	46.0	52.5	76.7

注：LC40-Y2-1 表示采用 Y2 陶粒制备的 LC40 级混凝土。

4. 轻骨料混凝土制备工艺

制备前应先预湿轻骨料，采用 SJD-60 型单卧轴强制搅拌机进行拌制，拌和过程中加入净水。轻骨料混凝土制备流程如图 2.3 所示。

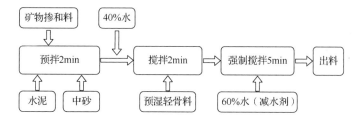

图 2.3　轻骨料混凝土制备流程

2.2.2　抗压强度

1. 试验概况

轻骨料混凝土抗压强度的测定按照《混凝土物理力学性能试验方法标准》（GB/T 50081—2019）的相关规定进行[12]。试验选用 WAW31000 型电液伺服万能试验机加载，每组配合比成型 3 组（每组 3 块）100mm×100mm×100mm 立方体试块，分别用于测量 3d、7d 和 28d 的立方体抗压强度。对 LC40 和 LC50 级轻骨料混凝土，试验加载速率取 6kN/s；对 LC60 级轻骨料混凝土，试验加载速率取 10kN/s。

2. 影响因素分析

（1）干表观密度

轻骨料混凝土干表观密度按《轻骨料混凝土技术规程》（JGJ 51—2002）规定的破碎试件烘干法测定[11]，即将抗压强度试验后试块破碎成粒径为 20～30mm 的小块，取同组破碎样品 1kg，放入烘箱 105～110℃烘干至恒重，具体试验结果见表 2.3。试验测得轻骨料混凝土的干表观密度在 1720～1940kg/m³ 范围内，均不大于 1950kg/m³，且符合 CEB/RILEM 规定的结构轻质混凝土干密度为 1600～2000kg/m³ 的要求[13]。

由图 2.4 可见，轻骨料混凝土的 28d 立方体抗压强度随干表观密度的增加呈线性增长，此结果与其他学者的研究结论一致[14]。

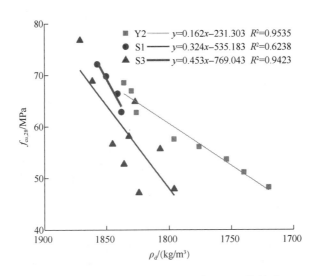

图 2.4　轻骨料混凝土干表观密度与 $f_{cu,28}$ 的关系

（2）水胶比

轻骨料混凝土水胶比与 28d 立方体抗压强度的关系如图 2.5 所示。轻骨料混凝土 28d 立方体抗压强度随水胶比的降低而逐渐增大，这一趋势受骨料类型的影响较小。当水胶比由 0.30 降至 0.26 时，对比 Y2 和 S3 组试块可知，掺入硅灰可有效提高轻骨料混凝土立方体抗压强度的增长速率。同时，轻骨料混凝土中水泥浆体强度较高，与骨料粗糙表面可形成有效机械咬合作用，又因轻骨料具有内养护作用，骨料-浆体界面黏结强度提高，界面区不再是薄弱面。当水胶比由 0.26 降至 0.24 时，Y2 和 S1 组试块的 28d 立方体抗压强度增幅均减小。造成该现象的主要原因是：当水胶比为 0.26 时，轻骨料混凝土中破坏面发生骨料劈裂破坏，继续降低水胶比、提高胶凝材料用量对强度的贡献不大，且当水胶比为 0.24 时，混凝土拌和物的流动性较差，初凝时间较短。研究表明：轻骨料混凝土的强度随着水胶比的降低呈增大趋势，掺入硅灰可有效提高强度的增长幅度，选取水胶比为 0.26 可保证轻骨料混凝土中骨料充分发挥强度贡献，拌和物具有较好的工作性能。

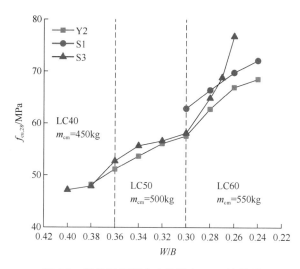

图 2.5　轻骨料混凝土水胶比与 $f_{cu,28}$ 的关系

（3）骨料形态与粒径

图 2.6 给出了骨料类型对轻骨料混凝土抗压强度的影响。由图 2.6 可知：S1-1 和 S3-1 组试块的 28d 抗压强度相比 Y2-1 组分别提高 5.1%和 4.1%，S1-2 和 S3-2 组试块的 28d 抗压强度相比 Y2-2 组分别提高 2.3%和 8.3%，这表明采用碎石型页岩陶粒制备轻骨料混凝土可有效提高其抗压强度。与圆球形页岩陶粒相比，碎石型陶粒比表面积较大，显著增加了骨料与水泥浆体的界面黏结面积，同时，碎石型陶粒表面粗糙多棱角，有利于与水泥浆体形成有效的机械咬合，故制备的轻骨料混凝土的抗压强度较高。

分析图 2.6 中不同骨料的骨料粒径对轻骨料混凝土抗压强度的影响可知：①S2-1 和 S2-2 组试块的 28d 抗压强度分别较 S1-1 和 S1-2 组提高约 5.7%和 4.6%，表明随着碎石型陶粒粒径的减小，陶粒比表面积增大，有效增加了骨料与水泥砂浆的黏结面积，且骨料存在内部缺陷的概率逐渐降低，混凝土拌和物的整体性随之提高；②对比 Y1 和 Y2 型骨料（圆球形页岩陶粒）制备的轻骨料混凝土可见，当水胶比为 0.28 时，Y1-1 和 Y2-1 组试块的抗压强度基本相同，而当水胶比降为 0.26 时，Y1-2 组试块的抗压强度较 Y2-2 组偏低。虽然 Y1 型骨料的筒压强度比 Y2 型骨料的筒压强度高 27%，但随着骨料粒径减小，骨料形状更接近球形，表面更加光滑，导致骨料与水泥砂浆的黏结性能降低，骨料-水泥浆体界面形成薄弱面的概率增大，故采用粒径为 5~14mm 的 Y1 型骨料制备轻骨料混凝土对其抗压强度的提高程度可忽略不计。研究表明：在一定粒径范围内，随着骨料粒径的不断减小，碎石型骨料制备的轻骨料混凝土抗压强度呈增大趋势，而圆球形骨料制备的轻骨料混凝土的抗压强度略有降低。

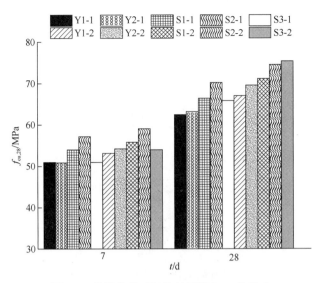

图 2.6　骨料类型对轻骨料混凝土 f_{cu} 的影响

　　图 2.7 为轻骨料混凝土比强度的变化趋势，其中比强度为混凝土立方体抗压强度与其干表观密度的比值。由图 2.7 可见，与圆球形骨料相比，采用碎石型骨料制备的轻骨料混凝土的比强度较高，S3-2 的比强度最高达 39.23（MPa·m³）/t。同时，轻骨料混凝土比强度与抗压强度的变化趋势一致，比强度随抗压强度的提高而增大。研究表明：采用碎石型骨料制备轻骨料混凝土可获得较高的经济效益，且 S3 型骨料（900 级碎石型页岩陶粒）是制备轻骨料混凝土的最适宜粗骨料。

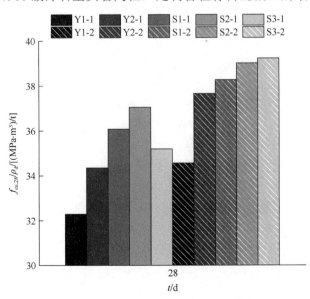

图 2.7　轻骨料混凝土比强度的变化趋势

2.2.3　抗拉强度

由于轴心抗拉试验条件较为苛刻，可采用更简便易测的劈裂抗拉强度来确定混凝土抗拉强度。我国一般采用立方体试件，而美国、日本等一般采用圆柱体试件。

1. 试验概况

（1）配合比设计

参照抗压强度试验结果，选取表 2.3 中三组具有代表性的配合比 LC40-S3-1、LC50-S3-4 和 LC60-S3-3 用于制备 LC40、LC50 和 LC60 级轻骨料混凝土。各组配合比成型 3 个 100mm×100mm×100mm 的立方体试块进行劈裂抗拉强度试验。具体配合比设计见表 2.4。

表 2.4　劈裂抗拉强度试验配合比设计

混凝土强度等级	配合比编号	胶凝材料用量/（kg/m³）			轻骨料用量/（kg/m³）	砂用量/（kg/m³）	减水剂用量/（kg/m³）	水胶比	劈裂抗拉强度/MPa
		水泥	粉煤灰	硅灰					
LC40	LC40-S3-1	360	90	—	606	700	2.6	0.4	1.62
LC50	LC50-S3-4	400	100	—	617	713	4.3	0.3	2.66
LC60	LC60-S3-3	440	66	44	607	701	5.5	0.26	2.76

（2）加载装置及加载制度

轻骨料混凝土劈裂抗拉强度试验按照《混凝土物理力学性能试验方法》（GB/T 50081—2019）相关规定进行。加载装置选用 YA-300 万能试验机，试件顶部和底部采用直径为 75mm 的钢制弧形垫块，垫块长度与试件相同。加载前试块放置时应确保其劈裂承压面和劈裂面应与试块成型时的顶面垂直。且加载时保证上压板与圆弧形垫块均匀接触。试验采用力控制加载，加载速率取 1kN/s。

2. 试验结果及分析

1991 年 Zhang 等[15]的试验表明，轻骨料混凝土的抗拉强度（抗折强度、劈裂抗拉强度）与抗压强度的比值较同强度等级普通混凝土偏低。2010 年 Kockal 等[7]的研究表明，轻骨料混凝土与普通混凝土的劈裂抗拉强度差异较小，普通混凝土的劈裂抗拉强度只比同强度等级轻骨料混凝土的劈裂抗拉强度大 4%～6%。本节试验结果显示：当混凝土强度等级由 LC40 增至 LC50 时，其劈裂抗拉强度随之增长，而当轻骨料混凝土强度等级继续增加，其劈裂抗拉强度逐渐趋于稳定。

2.2.4　弹性模量

弹性模量作为轻骨料混凝土材料重要的性能参数之一，早在 20 世纪 90 年代已被国外学者关注和研究。同时，众多基于普通混凝土提出的半经验半理论弹性模量计算模型已得到国内外研究者的广泛认可，而国内针对轻骨料混凝土弹性模量进行的相关试验和模型化分析较少，仍需进一步研究。

1. 试验概况

（1）配合比及试件设计

选取强度等级为 LC40、LC50 和 LC60 的轻骨料混凝土进行弹性模量试验研究，与劈裂抗拉强度试验中采用的配合比一致，各组预留 3 个 100mm×100mm×300mm 棱柱体试块和 3 个 100mm×100mm×100mm 立方体试块，用于测试混凝土弹性模量和立方体抗压强度。

（2）加载装置

加载装置选用 YA-300 万能试验机（图 2.8）。为避免试件端部与加载装置间摩擦和约束的影响，根据圣维南原理，选取试件中部 100mm 为标距进行量测。将千分表固定于夹具上，在试件左右两侧用于测量加载过程中试件的轴向变形值。试件就位，调整位置以确保试件轴心与球铰中心对齐。

图 2.8　加载装置

（3）加载制度

参照《混凝土物理力学性能试验方法标准》（GB/T 50081—2019），加载主要包含对中、预压和试验三个阶段，加载制度如图 2.9 所示。第一阶段为对中阶段。以 2kN/s 速度加载至轴压强度为 0.5MPa 的初始荷载值 F_0，持荷 90s 后记录测点的变形读数 ε_0；然后连续均匀地加载至应力为 1/3 轴压强度的荷载（F_a），持荷 90s 并记录测点的变形读数 ε_a。测点读数差与平均值的比值不大于 20%，则认为试件已经对中调平，可进入预压阶段；若超过 20%，则需要继续，直至满足要求。第二阶段为预压阶段。以 2kN/s 速度卸载至基准应力 0.5MPa（F_0），持荷 60s；再以相同速度加载至 1/3 轴压强度，持荷 60s。如此反复两次，完成预压。第三阶段为试验阶段。预压完成后，在基准应力 0.5MPa（F_a），持荷 90s 并记录测点的变形读数 ε_0；以同样的速度加荷至 F_a，持荷 90s 并记录测点的变形读数 ε_a。卸除千分表，以 2kN/s 速度加载至破坏，记录破坏荷载。

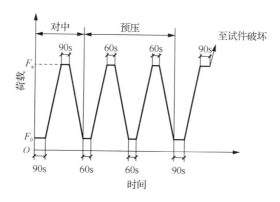

图 2.9　弹性模量试验加载制度

（4）弹性模量计算方法

$$E_c = \frac{F_a - F_0}{A} \times \frac{L}{\Delta n} \qquad (2.5)$$

其中

$$\Delta n = \varepsilon_a - \varepsilon_0 \qquad (2.6)$$

式中：E_c 为弹性模量；F_a 为应力 1/3 轴压强度时的荷载；F_0 为应力 0.5MPa 时的初始荷载；A 为试件承压面积；L 为测量标距；Δn 为最后一次从 F_0 加载至 F_a 时试件两侧变形的平均值；ε_a 为 F_a 时试件两侧变形的平均值；ε_0 为荷载至 F_0 时试件两侧变形的平均值。

2. 试验结果及分析

表 2.5 给出各组试件的弹性模量测定结果。试验测得轻骨料混凝土弹性模量值为 27.98～32.12GPa，相比以往测得的轻骨料混凝土弹性模量值（14～21MPa）偏大。当混凝土强度由 48.7MPa 增至 83.2MPa 时，相应的弹性模量增幅为 14.80%。LC40、LC50 及 LC60 级轻骨料混凝土弹性模量与相同强度等级的普通混凝土相比，分别降低 14%、13.7% 和 10.8%。Carrasquillo 等[16]指出普通混凝土的强度主要由水泥浆体决定，而轻骨料混凝土强度受限于相对薄弱的轻骨料；但两类混凝土的刚度均受到水泥浆体和骨料的影响。本试验轻骨料混凝土弹性模量较大的原因可归结于：①所用骨料和水泥浆体的有效弹性模量较大；②骨料-浆体的界面黏结性能好，实现了骨料与水泥浆材料的协同变形。同时，弹性模量随着混凝土强度等级的增大而提高，但仍低于同强度等级的普通混凝土弹性模量。

表 2.5　弹性模量测定结果

混凝土强度	配合比	f_{cu}/MPa	ρ_d / (kg/m³)	E_c/GPa
LC40	LC40-S3-1	48.7	1859	27.98
LC50	LC50-S3-4	64.4	1874	29.77
LC60	LC60-S3-3	83.2	1894	32.12

3. 模型化分析

（1）收集数据库及模型

为完善轻骨料混凝土弹性模量的模型化分析，共收集国内外 842 组试验数据，其中 796 组数据可用于弹性回归分析，数据概况分别见表 2.6。表 2.7 为收集到的轻骨料混凝土弹性模量的数值模型。

表 2.6　轻骨料混凝土弹性模量数据概况

研究者	E_c/MPa	f_c'/MPa	ρ_{cf} / (kg/m³)	B/mm	H/mm	数据量
Zhang 和 Gjorv[15]	17800～25900	49.7～90.1	1595～1880	100	280	9（9）
Yang 和 Huang[17]	15800～24660	31.5～49.9	2023～2221	100	200	12（12）
Ke 等[18]	15733～28845	24.6～43.6	1513～2071	160	320	25（25）
Ahmad 和 Shah[19]	15240～18960	29.8～51.7	1545～1860	76～152	305～610	7（7）
Almusallam 和 Alsayed[20]	9620～16800	16.6～52.3	1300	150	300	2（2）
Balaguru 和 Foden[21]	14800～20100	22.4～35.1	1684～1810	150	300	5（5）
Chi 等[22]	13300～23100	21.3～48.2	1899～2195	100	200	36（36）
Cui 等[23]	13300～23100	21.3～48.2	1899～2195	100	200	12（12）
Hanson[24]	10480～34956	18.6～73.6	1464～1951	152	305	40（40）
Haque 等[25]	21991～29040	38.0～64.5	1775～1800	100	100	12（12）
Hossain[26]	10000～14500	18.0～36.0	1734～2291	100～150	100～300	8（8）
Kayali 等[27]	24000	65.0	1939	150	300	1（1）
Kluge 等[28]	579～19354	0.7～48.6	689～1922	152	305	29（29）
Nassif 等[29]	13200～17400	22.6～38.4	1756	100	200	12（12）
Richart 和 Jensen[30]	5792～34956	3.2～90.1	1450～2244	152	305	271（271）
Shah 等[31]	13353～19593	29.0～43.0	1882～2046	75	150	6（6）
Shannag[32]	17457～22477	22.5～43.2	2025～2066	100	200	11（11）
Shideler[33]	5723～23511	5.4～63.6	1443～1831	152	305	217（217）
Slate 等[34]	10570～19060	19.0～56.7	1300	102	203	3（3）
Topçu 和 Uygunoğlu[35]	6639～18258	15.9～24.6	1711～1877	150	150	11（11）
Wang 等[36]	11780～18640	23.4～55.5	1869～2029	76	152	6（6）
Wilson[37]	23800～27000	33.6～60.8	1870～1950	152	305	6（6）
李平江和刘异伯[38]	21000～32700	18.5～68.1	1750～1960	—	—	10（10）
程智清[39]	33300～34400	52.0～56.1	1870～1950	—	—	3（3）
王海龙[40]	23500～27700	23.3～34.0	1935～1950	—	—	9（9）

续表

研究者	E_c/MPa	f_c'/MPa	ρ_{cf} /（kg/m^3）	B/mm	H/mm	数据量
叶家军[41]	26300～29300	48.5～72.1	1960～1980	—	—	3（3）
程领[42]	31500～34700	61.7～63.5	—	—	—	3（0）
陈岩[43]	—	39.2～51.8	1836～1920	—	—	9（0）
喻骁[44]	29400～32800	51.0～58.8	1832～1934	—	—	5（5）
李文斌[45]	—	40.8～57.9	1630～1913	—	—	7（2）
曲树强[46]	21000～25000	38.9～42.1	—	—	—	2（0）
王发洲[47]	25200～30800	—	1930～1960	—	—	4（0）
陈连发等[48]	33200～34500	51.9～57.8	—	—	—	3（0）
曾志兴[49]	16300～17600	22.4～30.7	—	—	—	5（0）
张爱军[50]	26900～38400	31.5～48.0	1848～1981	—	—	12（12）
沈泽[51]	16000～23700	38.8～53.4	1658～1784	—	—	11（11）
徐丽丽[52]	25100～35500	38.7～50.8	—	—	—	9（0）
李京军[53]	—	39.6～43.0	—	—	—	6（0）
总计						842（796）

注：f_c' 为混凝土圆柱体抗压强度；ρ_{cf} 为混凝土湿密度；B 为圆柱体试件直径；H 为圆柱体试件高度；"数据量"一列括号内数据表示可用于回归分析的组数。

表 2.7　轻骨料混凝土弹性模量数值模型

研究者	模型	备注
ACI[54]	$E_c = 0.043 \times \rho^{1.5} \times \sqrt{f_c'}$	$f_c' \leqslant 41\text{MPa}$ $1440\text{kg/m}^3 \leqslant \rho \leqslant 2840\text{kg/m}^3$
Slate 等[34]	$E_c = \left(3320\sqrt{f_c'} + 6895\right)\left(\dfrac{\rho}{2320}\right)^{1.5}$	$21\text{MPa} \leqslant f_c' \leqslant 62\text{MPa}$ $1440\text{kg/m}^3 \leqslant \rho \leqslant 1648\text{kg/m}^3$
Smadi 和 Migdady[55]	$E_c = \left(0.03\sqrt{f_c'} + 0.08\right)\rho^{1.5}$	—
Nassif 等[29]	$E_c = 0.036 \times \rho^{1.5} \times \sqrt{f_c'}$	适用于高性能混凝土
Yang 等[56]	$E_c = 8470(f_c')^{1/3}(\rho / 2300)^{1.17}$	$10\text{ MPa} \leqslant f_c' \leqslant 180\text{MPa}$ $1200\text{kg/m}^3 \leqslant \rho \leqslant 4500\text{kg/m}^3$
Almusallam 和 Alsayed[20]	$E_c = 180.9 f_c' + 7770$	仅适用于 $f_c' > 15\text{ MPa}$ 的轻骨料混凝土
Carreira 和 Chu[57]	$E_c = 0.0736(f_c')^{0.3}\rho^{1.51}$	适用于普通、高强 （$7.65\text{MPa} \leqslant f_c' \leqslant 140\text{MPa}$）及轻骨料混凝 土（$23.44\text{MPa} \leqslant f_c' \leqslant 79.29\text{MPa}$）

研究者	模型	备注
Jian 和 Ozbakkaloglu[58]	$E_c = 4400\sqrt{f_c'}\,(\rho / 2400)^{1.4}$	$f_c' \leqslant 120\text{MPa}$ $650\text{kg/m}^3 \leqslant \rho \leqslant 2550\text{kg/m}^3$
Noguchi 等[59]	$E_c = k_1 k_2 \times 3.35 \times 10^4 (f_c' / 60)^{1/3} (\rho / 2400)^2$	k_1 为考虑粗骨料岩石类型的系数；k_2 为考虑矿物掺和料的系数。 $40\text{MPa} \leqslant f_c' \leqslant 160\text{MPa}$ $1600\text{kg/m}^3 \leqslant \rho \leqslant 2800\text{kg/m}^3$
JGJ/T 12—2019[11]	$E_c = 2.02 \rho_d (f_{cu,K})^{0.5}$	强度等级 LC15～LC60， 密度等级 1200～1900
李平江和刘巽伯[38]	$E_c = 2.13 \rho_d (f_{cu,K})^{0.5}$	$26\text{MPa} \leqslant f_{cu,K} \leqslant 68\text{MPa}$ $1750\text{kg/m}^3 \leqslant \rho_d \leqslant 1960\text{kg/m}^3$

（2）建议模型

已有研究指出，相比试件的截面形状和养护方式等因素，轻骨料混凝土的弹性模量受混凝土强度等级和表观密度的影响更为显著。由图 2.10 可见，随着混凝土的强度等级和表观密度的增大，轻骨料混凝土的弹性模量呈明显上升趋势。为进一步明确轻骨料混凝土弹性模量与混凝土强度等级和表观密度的关系，对上述数据库中试验数据进行回归分析，采用式（2.7）对轻骨料混凝土弹性模量进行统计分析，得到计算式（2.8）：

$$E_c = a(f_c')^b (\rho_{cf} / 2250)^c \tag{2.7}$$

$$E_c = 5681.67(f_c')^{0.403} (\rho_{cf} / 2250)^{1.146} \tag{2.8}$$

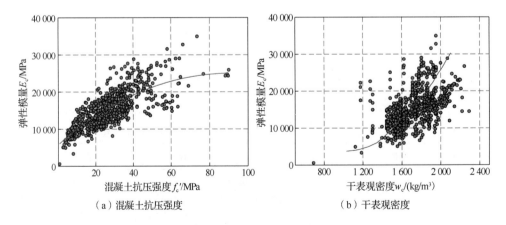

（a）混凝土抗压强度　　　　　　　（b）干表观密度

图 2.10　轻骨料混凝土弹性模量影响因素

由于表 2.6 和表 2.7 中试验数据的主要参数存在差异，计算时需进行参数换算，故采用 $\rho_d = 1.10 \rho_{cf} - 378.5$ 和 $f_c' = 0.842 f_{cu}$ 进行计算。式（2.8）的拟合度为 0.754，

该式适用范围为 $0.7\text{MPa} \leqslant f'_c \leqslant 90.1\text{MPa}$ ，湿表观密度为 $689\text{kg}/\text{m}^3 \leqslant \rho_{cf} \leqslant 2291\text{kg}/\text{m}^3$ 。

（3）数据库数据计算

表 2.8 反映出各模型对数据库数据的分析结果。图 2.11 给出建议式（2.8）的预测结果与试验结果的对比，发现：该模型对数据库中试验结果的预测较为准确，计算值与预测值比值的均值为 1.021，方差为 0.040。

表 2.8　轻骨料混凝土弹性模量数值模型计算结果

模型	ACI[54]	Slate 等[34]	Smadi 和 Migdady[55]	Nassif 等[29]	Yang 等[56]	Almusallam 和 Alsayed[20]
均值	1.025	1.020	1.111	0.859	1.183	0.8734
方差	0.058	0.045	0.055	0.036	0.058	0.252
模型	Carreira[57]	Jian[58]	Noguchi[59]	JGJ/T 12—2019[11]	李平江[38]	建议模型
均值	1.002	0.921	1.033	1.107	1.167	1.021
方差	0.041	0.040	0.052	0.055	0.061	0.040

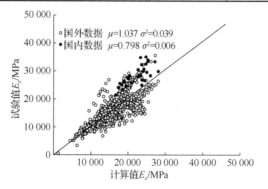

图 2.11　试验结果与建议模型计算结果对比

（4）试验验证

将本节试验数据代入模型中计算，并与实测弹性模量试验值对比，对比结果如图 2.12 和表 2.9 所示，表中均值为模型计算值与试验实测值的比值。基于国内外轻骨料混凝土数据库得到的弹性模量建议模型对本试验结果预测值偏低，其比值平均值为 0.869，这是因为试验采用的轻骨料混凝土强度 $f'_c \geqslant 41\text{MPa}$ ，而数据库中 $f'_c \geqslant 40\text{MPa}$ 的数据样本仅占 16.4%；各类模型中，ACI 规范和我国《轻骨料混凝土应用技术标准》（JGJ/T 12—2019）建议的模型与试验结果吻合较好，预测较为准确。

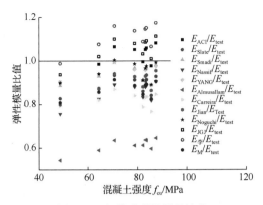

图 2.12　各模型弹性模量比值

表 2.9　本书弹性模量数值模型计算结果

模型	ACI[54]	Slate 等[34]	Smadi 和 Migdady[55]	Nassif 等[29]	Yang 等[56]	Almusallam 和 Alsayed[20]
均值	1.019	0.889	0.943	0.853	0.944	0.612
方差	0.003	0.002	0.002	0.002	0.001	0.001
模型	Carreira[57]	Jian[58]	Noguchi[59]	JGJ/T 12—2019[11]	李平江[38]	建议模型
均值	0.821	0.900	0.952	1.052	1.110	0.869
方差	0.001	0.003	0.002	0.003	0.004	0.0021

2.3　轻骨料混凝土微观结构

在微观层次上，通常将混凝土看作水化水泥浆体相、骨料相及骨料-水泥浆体界面过渡区相组成的多相复合材料，其中，混凝土的力学性能受骨料和水泥浆体间黏结性能影响显著。采用 S-4800 型扫描电镜，对页岩陶粒的微观形貌进行分析，重点观察骨料-浆体的界面过渡区形态，揭示轻骨料混凝土内部各相材料的作用机理。

2.3.1　试样设计及制备

基于前期开展的宏观力学性能研究，制备 1 组普通混凝土试样（MNC）和 3 组轻骨料混凝土试样（MB、MD 和 MPC）进行微观结构分析。采用水泥净浆制备微观试样，防止细骨料对微观形貌的干扰。试样配合比与研究内容见表 2.10。

表 2.10 轻骨料混凝土微观试样配合比

试件编号	水泥/ (kg/m³)	粗骨料/ (kg/m³)	粉煤灰/ (kg/m³)	硅灰/ (kg/m³)	水/ (kg/m³)	研究内容
MNC	360	1010	90	0	180	骨料-浆体界面过渡区
MB	360	606	90	0	180	
MD	440	607	66	44	143	硅灰对骨料-浆体界面过渡区的影响
MPC	484	607	66	0	143	

对轻骨料进行破型处理,选取骨料剖面或表面制成 7~10mm 厚微观试样。制备水胶比为 0.26 的水泥净浆,加入预湿粗骨料后拌和,成型 40mm×40mm×160mm 试件 3 块,24h 后脱模并置于标准条件下养护。达到待测龄期后,采用压力试验机对试件进行劈裂破型,取断裂面中骨料与水泥浆体共存区域制成 7~10mm 厚的微观试样,浸入丙酮中以终止水化。观测前,将试样烘干至恒重,涂抹导电胶带并粘贴试样,采用 E-1045 对试样进行喷金处理以提高导电性,采用 S-4800 型扫描电镜对轻骨料及混凝土微观形貌进行观测。图 2.13 给出了微观结构试验过程。

(a) 微观试样　　　　　(b) 喷金处理　　　　　(c) S-4800 型扫描电镜

图 2.13　微观结构试验过程

2.3.2　页岩陶粒微观形态

图 2.14 为 900 级碎石型页岩陶粒的扫描电镜照片。由图 2.14 可见,陶粒内部呈蜂巢状多孔结构,孔径在 10~60μm 之间,孔与孔之间相互独立,表面覆盖的玻璃釉状致密外壳,陶粒表面与内部微观形貌差异较大。由上述结构特征可见,页岩陶粒整体结构均匀,内部孔隙分布合理,表层覆盖致密外壳,可以从微观层次解释此种颗粒强度高、吸水率低的特性。

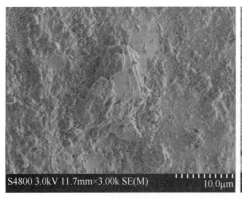 

（a）陶粒表面　　　　　　　　　　　　（b）陶粒剖面

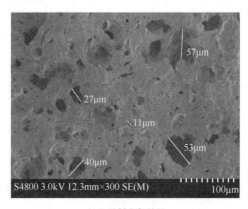

（c）骨料内部结构

图 2.14　900 级碎石型页岩陶粒微观结构

2.3.3　骨料-浆体界面过渡区微观结构

力学性能试验研究发现，C40 普通混凝土的 $f_{cu,3}/f_{cu,28}$ 为 44.6%，LC40 轻骨料混凝土的 $f_{cu,3}/f_{cu,28}$ 为 51.1%，表明轻骨料混凝土早期强度发展较快，为从微观层面解释，对比分析试样 MB 与 MNC 的 SEM 照片，如图 2.15 所示，照片上部为水泥浆体，下部为骨料，轻骨料以其内部封闭密集的孔为特征，而普通骨料内部结构致密。对比图 2.15（a）和（b）可见，轻骨料与水泥浆体间无明显界限，黏结紧密；普通骨料与浆体间有明显间隙，孔径较大，表明良好的界面黏结性能可作为轻骨料混凝土早期强度发展较快的特征之一，与前期力学性能试验结果一致。

由图 2.15（c）与（d）可见，轻骨料混凝土内部微裂纹起源于水泥浆体，贯穿界面并进入轻骨料，微裂纹未被骨料阻断，而是进入骨料，或者沿着界面；普通混凝土内部微裂纹从浆体开始，发展至界面时被骨料阻断，裂缝沿界面延伸，从微观角度解释了普通混凝土与轻骨料混凝土间的破坏机理差异。

对比图 2.15（e）和（f），普通骨料与浆体间的缝隙为 3μm，轻骨料与浆体间黏结性能优于普通骨料。早期研究表明，普通混凝土的界面存在"墙效应"，而

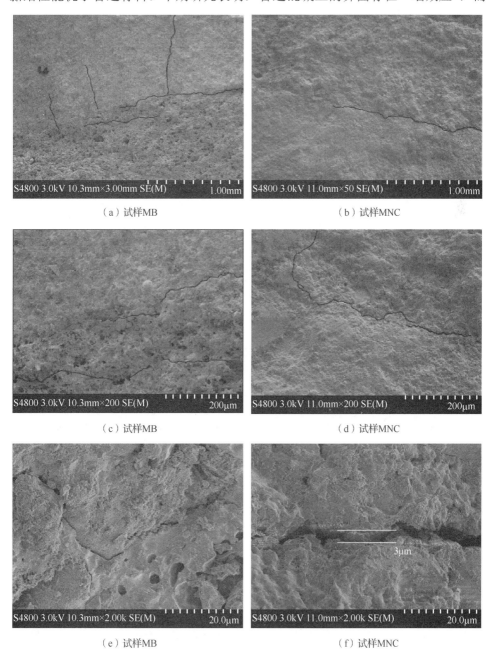

（a）试样MB

（b）试样MNC

（c）试样MB

（d）试样MNC

（e）试样MB

（f）试样MNC

图 2.15　轻骨料混凝土与普通混凝土骨料-浆体界面过渡区微观结构对比

采用表面多孔、吸水率较高的轻骨料制备的轻骨料混凝土不存在"墙效应"[6]。
Bentz 等[60]认为，轻骨料可在混凝土中发挥吸返水特性，起到内养护的作用，从
而有效改善界面区微观结构。对于吸水率较低的轻骨料，其吸返水作用有限，极
大削弱了轻骨料的内养护作用，但其在养护后期提供的养护条件依然优于普通骨
料。因此，认为此种较低吸水率的轻骨料的"墙效应"介于普通骨料与表面多孔、
吸水率较高的轻骨料之间。

2.3.4　硅灰对页岩陶粒-浆体的界面过渡区的影响

力学性能试验表明：硅灰的掺入可显著改善轻骨料混凝土的宏观力学性能。
从微观层次入手，研究硅灰的掺入是否能有效改善界面过渡区，提高页岩陶粒和
浆体之间的机械咬合作用和化学黏结作用，对轻骨料混凝土的界面区研究至关重
要，如图 2.16 所示，MD 和 MPC 分别为掺入硅灰和未掺硅灰的轻骨料混凝土微
观试样。

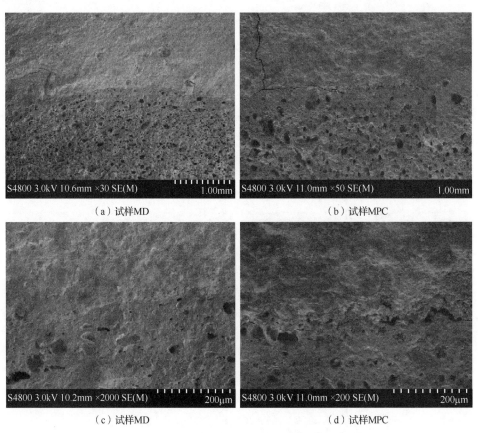

（a）试样MD　　　　　　　　　　　　（b）试样MPC

（c）试样MD　　　　　　　　　　　　（d）试样MPC

图 2.16　硅灰对骨料-浆体界面过渡区的影响

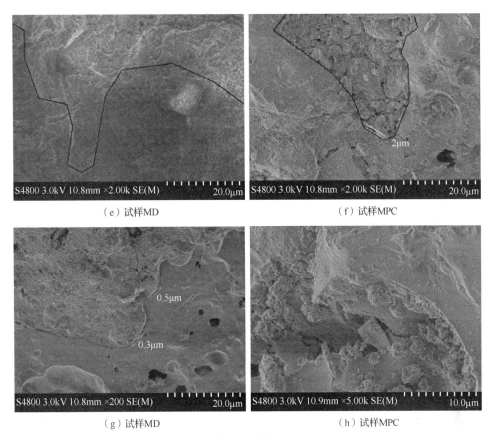

（e）试样MD　　　　　　　　　　　　（f）试样MPC

（g）试样MD　　　　　　　　　　　　（h）试样MPC

图 2.16（续）

由图 2.16（a）～（d）可以看出，低倍率下试样 MD 和 MPC 的界面区微观结构相似，浆体较致密，骨料疏松多孔，且水泥浆体进入骨料内一定深度，机械咬合作用和火山灰反应的化学黏结作用相结合，使骨料与浆体的界面黏结紧密。同时，随龄期的增加，硅灰与氢氧化钙间火山灰反应程度增大，反应产物可有效填充毛细孔，进一步提高了骨料与浆体间黏结强度。

Scrivener 等[61]认为，混凝土内部的毛细管孔径在 10～50nm 范围，当水胶比较大时可达到 3～5μm，但孔径大于 50nm 对混凝土力学性能和抗渗性有不利影响。当放大倍数为 2000 时，对比图 2.16（e）和（f）可以看出：①MD 试样中浆体毛细管几乎不可见，界面区微观结构更加致密；②MD 试样浆体的孔径小于 50nm，MPC 试样浆体的孔径大于 50nm，说明 MD 试样的水泥浆体强度更高。结果表明，掺入硅灰可有效提高骨料和浆体之间的黏结强度。

随着放大倍数的增加，对比图 2.16（g）和（h）可以看出：①试样 MD 的界面区钙矾石层的孔径在 0.1～0.5μm 之间，界面区厚度大约为 4μm，试样 MPC 的界面区钙矾石层的孔径在 1～2μm 之间；②界面区水化产物主要以无定形的水化硅酸钙 C-S-H 为主，且掺入硅灰后，使得界面区更加致密。这说明：硅灰的掺入降低了界面区钙矾石层的孔径，增加了骨料与浆体的化学黏结作用，有效优化界面过渡区微观结构。

2.4　轻骨料混凝土单轴受压应力-应变全曲线

单轴受压应力-应变曲线作为混凝土的基本力学性能之一，对结构的变形和破坏特征分析具有重要意义。目前，对普通混凝土单轴受压应力-应变曲线的研究已较为成熟，但因轻骨料混凝土自身脆性显著，试验难度较大，现有单轴受压应力-应变曲线的试验资料匮乏。本节开展轻骨料混凝土单轴受压本构模型的研究，从破坏特征、传力机理的角度明确轻骨料混凝土的受力机理，建立适用于轻骨料混凝土的本构模型。

2.4.1　试验设计

1. 配合比及试件设计

选取强度等级为 LC40、LC50 和 LC60 的轻骨料混凝土进行单轴受压应力-应变曲线试验研究，每组配合比成型 3 块 100mm×100mm×300mm 的棱柱体试块，进行单轴受压应力-应变曲线试验研究，采用与弹性模量试件同批次混凝土浇筑，养护至 28d 龄期。

2. 加载装置

试验设备选用 YUL1000 电液伺服万能试验机，试验过程中荷载值由设备自带力传感系统测量，轴向位移由位移传感器测量，采用 DH3820 准静态数据采集系统量测，采样频率 10Hz。为避免加载过程中试件发生局部压坏，分别在试件两端 1/3h 范围内安装钢夹具。同时，为避免试验机加载板直接与夹具接触使球铰受力，上下夹具均留有 5mm 间隙，即夹具高度为 95mm。夹具与试件间留有 15mm 缝隙，内嵌 10mm 厚钢板，通过螺栓使钢板与夹具形成整体。将四个位移传感器对称固定于夹具四周，测量试件中部 1/3h 标距内的轴向变形，加载装置及示意图如图 2.17 所示。

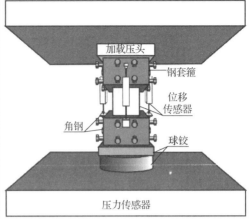

（a）加载装置　　　　　　　　　　　　　　　　（b）加载装置示意图

图 2.17　试验加载装置及示意图

3. 加载制度

为得到完整、稳定的试验曲线，试验采用位移控制加载。考虑到混凝土材料的不均匀性，为准确测量纵向变形量测的准确性，本次试验采取以下措施：①在试件四周对称布置四个位移传感器，采用四个位移传感器读数的平均值确定纵向变形；②以 0.5mm/min 的加载速率进行预加载，加荷至 10kN 时，记录传感器读数，若读数差值与平均值的比值大于 20%，则需重新调整球铰进行物理对中，以保证试件轴心受压，如此反复，直至传感器读数满足要求为止。预加载结束后，即可按照 0.03mm/min 的加载速率单调加载，达到目标位移时停止加载。

2.4.2　试验结果与分析

1. 试验结果

（1）破坏过程

与普通混凝土类似，轻骨料混凝土试件单轴受压破坏过程经历了弹性变形、内部裂缝开展、可见裂缝发展和破坏四个阶段，但各阶段内的破坏机理和破坏现象与普通混凝土存在差别。具体破坏过程如下：

1）弹性变形阶段：加载初期，试件处于弹性变形阶段，混凝土所受应力较小，试件内部微裂缝稳定发展，宏观未表现出明显变形特征。

2）内部裂缝开展阶段：随着荷载继续增大，混凝土内部界面微裂缝以及贯穿骨料的微裂缝不断延伸发展，并逐渐与水泥浆体内裂缝合并，试件发出轻微的噼啪声。

3）可见裂缝发展阶段：当承载力达到峰值后，试件中部出现多条裂缝，迅速发展致表层混凝土剥落，应力不断降低，但应变持续增长。

4）破坏阶段：该阶段试件承载力主要由裂缝间残余黏结力、摩阻力提供，试件应力缓慢减小，应变继续增大，最终破坏形态表现为中部混凝土的压溃。各组试件典型破坏形态如图 2.18 所示。

　　（a）LC40　　　　　　　　（b）LC50　　　　　　　　（c）LC60

图 2.18　各组试件典型破坏形态

（2）单轴受压应力-应变全曲线

单轴受压应力-应变全曲线的形状和特征反映出混凝土的受力情况，图 2.19给出典型轻骨料混凝土应力-应变全曲线。曲线包含四个阶段，各阶段曲线的变形特征如下：

1）OA 段：弹性变形阶段，应力与应变呈线性增长，曲线斜率反映试件的初始刚度，弹性模量较同强度等级普通混凝土略小。

2）AB 段：内部裂缝开展阶段，应力稳定增长而应变增长速率提升，曲线斜率逐渐降低，试件刚度退化。

3）BC 段：可见裂缝发展阶段，相比普通混凝土，轻骨料混凝土内部薄弱面增多，裂缝数量和发展速率增大，达到峰值应力后，应力快速减小，脆性显著。

4）CD 段：破坏阶段，随着应变继续增加，应力缓慢下降，试件承载力主要由裂缝间残余黏结力及摩阻力提供。

图 2.20 对比了不同强度等级轻骨料混凝土单轴受压应力-应变全曲线。不同强度等级的混凝土应力-应变曲线的形状相似，但存在细微差别。随着混凝土强度的提高，曲线上升段斜率增加，线弹性变形段延长，表现为初始弹性模量与峰值弹性模量的差值逐渐减小，峰值点对应的应变值明显增大，而曲线下降段斜率变陡，即应力下降相同幅度时变形越小，试件的脆性特征越明显。

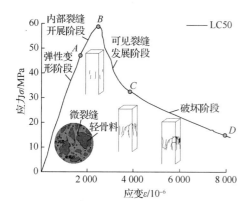

图 2.19　典型轻骨料混凝土应力-应变全曲线

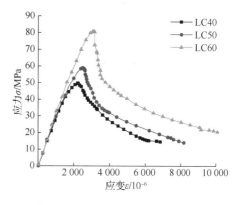

图 2.20　轻骨料混凝土单轴受压应力-应变全曲线

2. 轴心抗压强度与立方体抗压强度换算关系研究

图 2.21 给出轻骨料混凝土轴心抗压强度与标准立方体抗压强度的关系。由图 2.21 可见，随标准立方体抗压强度的提高，轻骨料混凝土的棱柱体轴心抗压强度呈增大趋势，此变化规律与普通混凝土相似。轻骨料混凝土的棱柱体轴的抗压强度与立方体抗压强度比值 f_c / f_{cu} 为 0.870～0.971，略高于普通混凝土的强度比值（0.7～0.92）。

为建立准确的轴心抗压强度 f_c 与标准立方体抗压强度 f_{cu} 的转换关系，收集了 50 组 $f_{cu} \geq 30\text{MPa}$ 的轻骨料混凝土试验数据，见表 2.11。结合本书试验结果，回归分析得到轻骨料混凝土换算关系式（2.9），与我国"轻骨料混凝土技术性能"专题协作小组得到的换算关系（$f_c=0.93f_{cu}$）相近。由图 2.22 可知，拟合公式与试验数据吻合良好，适用于强度大于 30MPa 的轻骨料混凝土。

$$f_c = 0.92 f_{cu}, \quad R_2 = 0.9595 \tag{2.9}$$

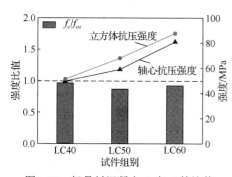

图 2.21　轻骨料混凝土 f_{cu} 与 f_c 的比值

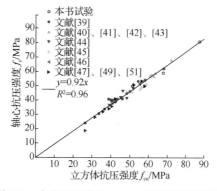

图 2.22　轻骨料混凝土 f_c 与 f_{cu} 的换算关系验证

表 2.11　轻骨料混凝土轴心抗压强度与立方体抗压强度

来源	f_c /MPa	f_{cu} /MPa	比值	骨料特征
本书试验	49.8~80.8	51.3~87.6	0.870~0.922	见 2.2.1 节
李平江和刘巽伯[38]	24.0~62.0	26.4~68.1	0.891~1.052	900 级高强页岩陶粒，筒压强度 9.1MPa，吸水率 1.6%，5~16mm 连续粒级配
程智清[39]	49.6~53.2	52~57.7	0.860~0.975	800 级碎石型膨胀页岩陶粒，筒压强度 6.6MPa，吸水率 3.5%
叶家军[41]	45.1~67.7	48.5~72.1	0.929~0.939	800 级碎石型膨胀页岩陶粒，筒压强度 4.3MPa，吸水率 7.6%
程领[42]	56.2~58.5	61.7~63.5	0.895~0.930	900 级碎石型页岩陶粒，筒压强度 6.1MPa，吸水率 6%，5~16mm 连续粒级配
陈岩[43]	36.8~46.6	39.2~51.8	0.861~1.009	800 级球形页岩陶，筒压强度 6.4MPa，吸水率（1h）3%，5~20mm 连续粒级配
喻骁[44]	45.3~51.0	51~58.8	0.585~0.888	900 级碎石型膨胀页岩陶粒，筒压强度 8.1MPa，吸水率 6.6%（24h）
李文斌[45]	38.0~53.9	41.9~57.9	0.922~0.931	800 级球形黏土陶粒，筒压强度 5.9MPa，吸水率 5.3%（1h），5~20mm 连续级配 1100 级碎石型黏土陶粒，筒压强度 12.2MPa，吸水率 3.3%（1h），5~20mm 连续级配
曲树强[46]	34.0~41.0	38.9~42.1	0.873~0.974	1000 级粉煤灰陶粒，筒压强度 7.75MPa，吸水率 15%
陈连发等[48]	49.8~53.3	51.9~57.8	0.862~0.979	800 级碎石型膨胀页岩陶粒，筒压强度 6.7MPa，吸水率 3.48%（24h），最大粒径 20mm
曾志兴[49]	18.7	26.3	0.711	900 级膨胀珍珠岩粗骨料，颗粒级配为 10~20mm
张爱军[50]	28.1~35.6	31.5~40.4	0.882~0.891	700 级天然浮石骨料，筒压强度 2.98MPa，吸水率 16.44%（1h），5~20mm 连续级配
均值：0.921；方差：0.003					

3. 全曲线特征点分析

表 2.12 列出各组试件应力-应变全曲线特征点数值，其中，峰值应变 ε_c 为混凝土达到峰值荷载时对应的应变；极限应变 $\varepsilon_{0.85}$ 定义为曲线过峰值点后，应力降至 85%峰值应力时所对应的应变值，以 $\varepsilon_{0.85}/\varepsilon_c$ 表征单轴受压轻骨料混凝土的延性特征；初始弹性模量为应力-应变曲线上升段 $0.4f_c$ 处的割线斜率；峰值割线模量为峰值点处的割线斜率。

表 2.12　各组试件应力-应变全曲线特征点数值

试件组别	f_{cu}/MPa	峰值应力 f_c/MPa	峰值应变 ε_c /10^{-6}	极限应变 $\varepsilon_{0.85}$ /10^{-6}	$\varepsilon_{0.85}/\varepsilon_c$	初始弹性模量/MPa	峰值割线弹性模量/MPa
LC40	51.34	49.8	2 210	2 621	1.186	28 613	22 545
LC50	67.92	59.0	2 478	2 757	1.113	29 557	23 806
LC60	87.62	80.8	3 056	3 273	1.071	32 159	26 437

图 2.23 对比了不同强度等级轻骨料混凝土应力-应变全曲线特征点的变化情

况。由图 2.23（a）可知，LC40～LC60 级轻骨料混凝土的峰值应变和极限应变随混凝土强度等级的提高均表现出增大趋势，而极限应变与峰值应变的差值逐渐减小。对比图 2.23（b）发现，初始弹性模量与峰值割线模量均随混凝土强度等级的提高而增大，但二者差值呈现递减趋势，表明曲线上升段的线性特征越发显著。

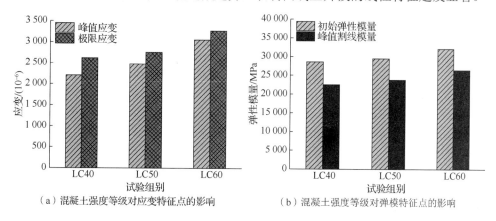

（a）混凝土强度等级对应变特征点的影响　　　　　（b）混凝土强度等级对弹模特征点的影响

图 2.23　混凝土强度等级对应力-应变全曲线特征点的变化

2.4.3　应力-应变本构模型

在复杂结构的设计中，混凝土处于多向应力状态，建立合理、准确的轻骨料混凝土本构模型对于结构的弹塑性分析（包括结构的承载力及位移分析、结构破坏全过程分析等）具有重要意义。近年来，国内外学者对轻骨料混凝土的力学性能开展了广泛而深入的研究，但对其单轴受压本构模型的研究仍比较欠缺。现有模型大多基于普通混凝土试验数据回归分析得到，难以准确描述轻骨料混凝土的破坏特征，计算结果存在安全隐患。本书收集了 4 个典型本构模型，包括 Carreira 模型[57]、Wee 模型[62]、Yang 模型[56]和过镇海模型[63]，采用 MATLAB 软件对各试件应力-应变曲线进行拟合，提出了适用于轻骨料混凝土的单轴受压本构模型。

1. 半经验半理论模型介绍

（1）Carreira 模型

Carreira 等[57]对 43 组普通混凝土（7.65MPa≤f_c'≤139.97MPa）和 12 组轻骨料混凝土（23.44MPa≤f_c'≤79.29MPa）数据进行分析，基于以下原则：①数学表达式简单；②上升段与下降段采用同一表达式；③参数计算较为简便。Carreira 等提出如下全曲线表达式：

$$y = \frac{\beta x}{\beta - 1 + x^{\beta}} \qquad (2.10)$$

式中参数见表 2.13，拟合参数见表 2.14。

表 2.13　Carreira 模型

拟合计算式	特征点取值	关键参数取值
$y = \dfrac{\beta x}{\beta - 1 + x^{\beta}}$	$E_c = 10200(f_c')^{1/3}$ $\varepsilon_c = (0.71f_c' + 168) \times 10^{-5}$	$x = \varepsilon / \varepsilon_c,\ y = f_c / f_c'$ $\beta = 1/[1 - (f_c' / \varepsilon_c E_c)]$

表 2.14　Carreira 模型参数选取

试验组别	试验强度 f_c'/MPa	试验弹模 E_c/MPa	试验峰值应变 ε_c /10^{-6}	参数 β	上升段拟合度 R^2	下降段拟合度 R^2	全段拟合度 R^2
LC40	41.0	27982	2210	2.967	0.9788	0.8646	0.9077
LC50	54.2	29769	2478	3.770	0.9874	0.8645	0.8843
LC60	70.1	32122	3056	3.498	0.9672	0.7739	0.8234

（2）Wee 模型

Wee 等[62]基于 163 个 ϕ100mm×200mm 圆柱体试件的应力-应变全曲线试验结果，对 Carreira 模型进行了修正，给出了适用于 50～120MPa 的单轴受压本构模型建议表达式。该模型为三参数方程，全曲线上升段与下降段均采用同一表达式，具有参数少、形式简单且适用强度范围广等优点。

$$y = \frac{k_1 \beta x}{k_1 \beta - 1 + x^{k_2 \beta}} \tag{2.11}$$

参数选取见表 2.15，拟合参数见表 2.16。

表 2.15　Wee 模型参数选取

拟合计算式	特征点取值	关键参数取值
$y = \dfrac{k_1 \beta x}{k_1 \beta - 1 + x^{k_2 \beta}}$	$E_c = 10200(f_c')^{1/3}$ $\varepsilon_c = 0.00078(f_c')^{1/4}$	$\beta = 1/[1 - (f_c' / \varepsilon_c E_c)]$ 当 $f_c' \leqslant 50$MPa 时，$k_1 = k_2 = 1$；当 50MPa$\leqslant f_c' \leqslant 120$MPa 时，$k_1 = (50/f_c')^3, k_2 = (50/f_c')^{1.3}$

表 2.16　Wee 模型参数汇总

试件组别	β	k_1	k_2	上升段拟合度 R^2	下降段拟合度 R^2	全段拟合度 R^2
LC40	2.967	0.984	1.121	0.9689	0.9544	0.9605
LC50	3.770	0.631	0.891	0.8904	0.9249	0.9169
LC60	3.498	0.794	1.069	0.9100	0.8470	0.8656

（3）Yang 模型

Yang 等[56]提出应力-应变全曲线表达式，即

$$y = \frac{\beta_3 x}{\beta_1 + x^{\beta_2}} \tag{2.12}$$

如图 2.24 所示，该式应满足以下三个几何条件：

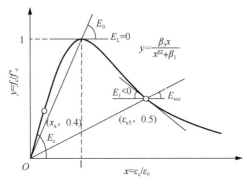

图 2.24　Yang 模型曲线

1）曲线应过原点，即当 $x=0$ 时，$y=0$；

2）曲线过峰值点，即 $x=1$ 时，$y=1$；

3）峰值点切线斜率为 0，即 $x=1$，$\mathrm{d}f_c/\mathrm{d}\varepsilon_c=E_t=0$。

由条件 1）可得 $\beta_1 \neq 0$，由条件 2）可得 $\beta_3=\beta_1+1$，由条件 3）可得 $\beta_2=\beta_1+1$，则全曲线方程简化仅有一个参数 β_1 的方程，即

$$y = \frac{(\beta_1+1)x}{\beta_1 + x^{\beta_1+1}} \tag{2.13}$$

确定参数 β_1 时主要考虑两个原则：当应力小于 $0.4f_c'$ 时试件处于弹性阶段；对于曲线下降段，重点考虑应力下降到 $0.5f_c'$ 时对应的特征。

式（2.13）中参数见表 2.17，拟合参数见表 2.18。

表 2.17　Yang 模型参数选取

拟合计算式	特征点取值	关键参数取值
$y = \dfrac{(\beta_1+1)x}{\beta_1+x^{\beta_1+1}}$	$E_c = 8470(f_c')^{1/3}(w_c/2300)^{1.17}$ $\varepsilon_0 = 0.0016\exp[240(f_c'/E_c)]$ $\varepsilon_{0.5} = 0.0035\exp\{1.2[(10/f_c')(w_c/2300)]^{1.75}\}$	上升段： $\beta_1 = 0.20\exp[0.73(10/f_c')^{0.67}(w_c/2300)^{1.17}]$ 下降段： $\beta_1 = 0.41\exp[0.77(10/f_c')^{0.67}(w_c/2300)^{1.17}]$

表 2.18　Yang 模型参数汇总

试件组别	X_a	0.4	β_1	上升段拟合度 R^2	X_d	0.5	β_1	下降段拟合度 R^2	全段拟合度 R^2
LC40	0.334	0.424	3.683	0.9992	2.028	0.484	2.555	0.9343	0.9571
LC50	0.303	0.376	4.140	0.9874	1.770	0.498	3.380	0.8763	0.8918
LC60	0.336	0.409	4.590	0.9952	1.622	0.501	4.270	0.8125	0.8492

（4）过镇海模型

我国学者过镇海等[63]认为单轴受压应力-应变全曲线的建立应基于具有一定物理意义的特征点，模型曲线如图 2.25 所示。

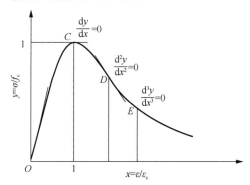

图 2.25　过镇海模型曲线

上升段曲线需满足以下三个条件。

1）曲线过原点，当 $x=0$ 时，$y=0$，表征混凝土处于未受力状态，无变形。

2）曲线一阶导数 dy/dx 单调减小，表征随着荷载的增大，弹性模量逐渐减小。

3）曲线只有一个峰值点 C，即 $\dfrac{dy}{dx}=0|_{x=1, y=1}$，表征混凝土的破坏是内部损伤逐渐积累的过程，损伤达到一定程度时即发生破坏，即为峰值荷载。

对下降段曲线同样需满足以下三个条件：

1）下降段曲线应有一反弯点 D，即 $\dfrac{d^2y}{dx^2}=0|_{x\geq 1}$，表征混凝土内部微裂缝发展为肉眼可见裂缝。

2）曲线应有曲率最大点 E，即 $\dfrac{d^3y}{dx^3}=0|_{x\geq 1}$，表征混凝土裂缝贯通全截面，进入残余承载力阶段。

3）当 x 趋近于无穷大时，y 趋近于 0。

基于上述全曲线几何特征，过镇海提出了分段式全曲线方程，且已被我国《混凝土结构设计规范（2015 年版）》（GB 50010—2010）[64]采用。

上升段：

$$y = ax + (3-2a)x^2 + (a-2)x^3 \tag{2.14}$$

下降段：

$$y = \frac{x}{b(x-1)^2 + x} \tag{2.15}$$

式中：a 为初始弹性模量与峰值割线模量的比值；b 为系数，为根据混凝土强度等级及约束方式确定的参数。

式（2.14）和式（2.15）中的拟合参数见表 2.19。

表 2.19　过镇海模型参数汇总

试件组别	a	上升段拟合度 R^2	b	下降段拟合度 R^2
LC40	1.1078	0.9989	2.287	0.9733
LC50	0.9706	0.9966	3.462	0.9306
LC60	0.8067	0.9933	4.095	0.8663

2. 建议模型

综合分析上述四个模型,可见 Wee 模型和 Yang 模型与 Carreira 模型形式相同,Wee 对模型中的参数 β 进行了修正,而 Yang 对参数 β 赋予一定的物理意义。不同的是,Wee 模型与 Carreira 模型均采用全段式模型,而 Yang 则认为上升段与下降段虽然模型形式一致,但参数 β 需分别根据其相应特征点进行确认,也采用了分段式模型,与过镇海模型一致。因此,结合轻骨料混凝土特性,即已有模型相关参数进行修正,建立了分段式轻骨料混凝土应力-应变全曲线模型,上升段采用过镇海模型,下降段则采用 Wee 模型,既能简化曲线上升段计算,同时能较好地描述曲线下降段变形特征,建议模型表达式如下:

上升段:

$$y = ax + (3 - 2a)x^2 + (a - 2)x^3 \tag{2.16}$$

下降段:

$$y = \frac{k_1 \beta x}{k_1 \beta - 1 + x^{k_2 \beta}} \tag{2.17}$$

式中参数选取见表 2.20,建议模型拟合参数见表 2.21。

表 2.20　建议模型参数选取

拟合计算式	特征点取值	关键参数取值
$y = ax + (3 - 2a)x^2 + (a - 2)x^3$ $y = \dfrac{k_1 \beta x}{k_1 \beta - 1 + x^{k_2 \beta}}$	$E_c = 10200(f_c')^{1/3}$ $\varepsilon_c = 0.00078(f_c')^{1/4}$	上升段: $a = 1.797 E_c / E_p - 1.264$ 下降段: $\beta = 1/[1 - (f_c' / \varepsilon_c E_c)]$ $k_1 = (37.15 / f_c)^{3.062}$　$k_2 = (41.25 / f_c)^{1.544}$

表 2.21　建议模型分段拟合参数汇总

试件组别	a	上升段拟合度 R^2	β	k_1	k_2	下降段拟合度 R^2
LC40	1.1078	0.9989	2.967	0.461	0.808	0.9985
LC50	0.9706	0.9966	3.770	0.201	0.509	0.9915
LC60	0.8067	0.9933	3.498	0.099	0.369	0.9829

3. 模型对比与验证

图 2.26 为各模型拟合曲线与试验曲线的对比，可以看出：Yang 模型和过镇海模型拟合结果与试验曲线上升段吻合良好，而 Carreira 模型和 Wee 模型高估了曲线上升段斜率。对于曲线下降段，不同模型拟合结果的吻合程度差异较大，其中Wee 模型与过镇海模型拟合程度相当，Yang 模型次之，Carreira 模型较差。建议模型拟合曲线与试验曲线吻合良好，曲线上升段与下降段拟合相关系数均高于0.98，因此，该建议模型相比其他模型对轻骨料混凝土单轴受压应力-应变全曲线关系的预测具有一定的优越性与适用性。

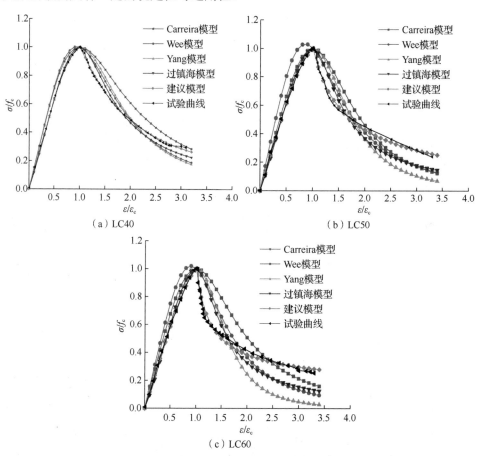

图 2.26　各模型拟合曲线与试验曲线的对比

参 考 文 献

[1] 中华人民共和国国家质量监督检验检疫总局，中国国家标准化管理委员会. 轻集料及其试验方法　第 1 部分：轻集料：GB/T 17431.1—2010[S]. 北京：中国标准出版社，2010.

[2] Litvin A, Fiorato A E. A lightweight concrete for OTEC cold water pipes [J]. Concrete International, 1981, 3: 48-55.

[3] Cui H Z, Lo T Y, Memon S A, et al. Effect of lightweight aggregates on the mechanical properties and brittleness of lightweight aggregate concrete [J]. Construction and Building Materials, 2012, 35: 149-158.

[4] Bentz D P, Garboczi E J. Simulation studies of the effects of mineral admixtures on the cement paste-aggregate interface zone [J]. ACI Materials Journal, 1991, 88（5）: 518-529.

[5] Nadesan M S, Dinakar P. Structural concrete using sintered flyash lightweight aggregate: A review [J]. Construction and Building Materials, 2017, 154: 928-944.

[6] Lo T Y, Cui H Z. Effect of porous lightweight aggregate on strength of concrete [J]. Materials Letters, 2004, 58: 916-919.

[7] Kockal N U, Ozturan T. Effects of lightweight fly ash aggregate properties on the behavior of lightweight concretes [J]. Journal of Hazardous Materials, 2010, 179: 954-965.

[8] Erdem S, Dawson A R, Thom N H. Impact load-induced micro-structural damage and micro-structure associated mechanical response of concrete made with different surface roughness and porosity aggregates [J]. Cement and Concrete Research, 2012, 42（2）: 291-305.

[9] Vargas P, Restrepo-Baena O, Tobón J I. Microstructural analysis of interfacial transition zone（ITZ）and its impact on the compressive strength of lightweight concretes [J]. Construction and Building Materials, 2017, 137: 381-389.

[10] 中华人民共和国国家质量监督检验检疫总局. 轻集料及其试验方法 第 2 部分：轻集料试验方法：GB/T 17431.2—2010[S]. 北京：中国标准出版社，2010.

[11] 中华人民共和国住房和城乡建设部. 轻骨料混凝土技术规程：JGJ 51—2019[S]. 北京：中国建筑工业出版社，2019.

[12] 中华人民共和国住房和城乡建设部，国家质量监督检验检疫总局. 混凝土物理力学性能试验方法标准：GB/T 50081—2019[S]. 北京：中国建筑工业出版社，2019.

[13] CEB, Functional classification of lightweight concrete [M]. Recommendations LC2, 2 ed., RILEM, 1978.

[14] Bogas J A, Gomes A. Compressive behavior and failure modes of structural lightweight aggregate concrete-Characterization and strength prediction [J]. Materials and Design, 2013, 46: 832-841.

[15] Zhang M H, Gjorv Odd E. Mechanical properties of high-strength lightweight concrete [J]. ACI Materials Journal, 1991, 88（3）: 240-247.

[16] Carrasquillo R L, Nilson A H, Slate F O. Properties of high strength concrete subject to short-term loads [C]//Journal Proceedings, 1981, 78（3）: 171-178.

[17] Yang C C, Huang R. Approximate strength of lightweight aggregate using micromechanics method [J]. Advanced Cement Based Materials, 1998, 7: 133-138.

[18] Ke Y, Beaucour A L, Ortola S, et al. Influence of volume fraction and characteristics of lightweight aggregates on the mechanical properties of concrete [J]. Construction and Building Materials, 2009, 23: 2821-2828.

[19] Ahmad S H, Shah S P. Behavior of hoop confined concrete under high strain rates [J]. ACI Structural Journal, 1985, 82: 634-647.

[20] Almusallam T H, Alsayed S H. Stress-strain relationship of normal, high-strength and lightweight concrete [J]. Magazine of Concrete Research, 1995, 47（170）: 39-44.

[21] Balaguru P, Foden A. Properties of fiber reinforced structural lightweight concrete [J]. ACI Structural Journal, 1996, 93（1）: 62-78.

[22] Chi J M, Huang R, Yang C C, et al. Effect of aggregate properties on the strength and stiffness of lightweight concrete [J]. Cement and Concrete Composites, 2003, 25（2）: 197-205.

[23] Cui H Z, Lo T Y, Memon S A, et al. Experimental investigation and development of analytical model for pre-peak stress-strain curve of structural lightweight aggregate concrete [J]. Construction and Building Materials, 2012, 36: 845-859.

[24] Hanson J A. Shear strength of lightweight reinforced concrete beams [C]//Journal Proceedings, 1958, 55（9）: 387-403.

[25] Haque M N, Al-Khaiat H, Kayali O. Strength and durability of lightweight concrete [J]. Cement and Concrete

Composites, 2004, 26（4）: 307-314.

[26] Hossain K M A. Properties of volcanic pumice based cement and lightweight concrete [J]. Cement and Concrete Research, 2004, 34: 283-291.

[27] Kayali O, Haque M N, Zhu B. Some characteristics of high strength fiber reinforced lightweight aggregate concrete [J]. Cement and Concrete Composites, 2003, 25（2）: 207-213.

[28] Kluge R W, Sparks M M, Tuma E C. Lightweight aggregate concrete [C]//Journal Proceedings, 1949, 45（5）: 625-642.

[29] Nassif H H, Najm H, Suksawang N. Effect of pozzolanic materials and curing methods on the elastic modulus of HPC [J]. Cement and Concrete Composites, 2005, 27（6）: 661-670.

[30] Richart F E, Jensen V P. Tests of plain and reinforced concrete made with haydite aggregates [R]. University of Illinois at Urbana ChaMPaign, College of Engineering. Engineering Experiment Station, 1931.

[31] Shah S P, Naaman A E, Moreno J. Effect of confinement on the ductility of lightweight concrete [J]. International Journal of Cement Composites and Lightweight Concrete, 1983, 5（1）: 15-25.

[32] Shannag M J. Characteristics of lightweight concrete containing mineral admixtures [J]. Construction and Building Materials, 2011, 25（2）: 658-662.

[33] Shideler J J. Lightweight-aggregate concrete for structural use [C]//Journal Proceedings, 1957, 54（10）: 299-328.

[34] Slate F O, Nilson A H, Martinez S. Mechanical properties of high-strength lightweight concrete [C]// ACI Journal Proceedings, 1986, 83（4）: 606-613.

[35] Topçu İ B, Uygunoğlu T. Effect of aggregate type on properties of hardened self-consolidating lightweight concrete （SCLC）[J]. Construction and Building Materials, 2010, 24（7）: 1286-1295.

[36] Wang P T, Shah S P, Naaman A E. Stress-strain curves of normal and lightweight concrete in compression [C]// ACI Journal Proceedings, 1978, 75（11）: 603-611.

[37] Wilson H S, Malhotra V M. Development of high strength lightweight concrete for structural applications [J]. International Journal of Cement Composites and Lightweight Concrete, 1988, 10（2）: 79-90.

[38] 李平江, 刘巽伯. 高强页岩陶粒混凝土的基本力学性能[J]. 建筑材料学报, 2004,（1）: 113-116.

[39] 程智清. 高性能页岩轻集料混凝土试验研究[D]. 长沙: 中南大学, 2007.

[40] 王海龙. 轻骨料混凝土早期力学性能与抗冻性能的试验研究[D]. 呼和浩特: 内蒙古农业大学, 2009.

[41] 叶家军. 高强轻集料混凝土构件优化设计与性能研究[D]. 武汉: 武汉理工大学, 2005.

[42] 程领. LC50 轻骨料混凝土配合比设计及性能研究[D]. 长沙: 长沙理工大学, 2013.

[43] 陈岩. 高强轻骨料混凝土配合比设计及性能研究[D]. 长春: 吉林大学, 2007.

[44] 喻骁. 高强页岩陶粒制备及其混凝土性能研究[D]. 重庆: 重庆大学, 2004.

[45] 李文斌. 陶粒轻集料高性能混凝土的试验研究[D]. 西安: 西安建筑科技大学, 2012.

[46] 曲福强. 粉煤灰陶粒混凝土力学性能与板的受力性能试验研究[D]. 呼和浩特: 内蒙古科技大学, 2012.

[47] 王发洲. 高性能轻集料混凝土研究与应用[D]. 武汉: 武汉理工大学, 2003.

[48] 陈连发, 陈悦, 李龙, 等. 高性能轻集料混凝土的力学性能研究[J]. 硅酸盐通报, 2015, 34（10）: 2822-2828.

[49] 曾志兴. 钢纤维轻骨料混凝土力学性能的试验研究及损伤断裂分析[D]. 天津: 天津大学, 2003.

[50] 张爱军. 钢纤维轻骨料混凝土物理力学性能及韧性的试验研究[D]. 呼和浩特: 内蒙古农业大学, 2008.

[51] 沈泽. 钢纤维轻骨料粉煤灰混凝土基本力学性能试验研究[D]. 郑州: 华北水利水电大学, 2015.

[52] 徐丽丽. 纤维轻骨料混凝土力学性能及微观结构试验研究[D]. 呼和浩特: 内蒙古农业大学, 2012.

[53] 李京军. 塑钢纤维轻骨料混凝土力学性能及微观结构试验研究[D]. 呼和浩特: 内蒙古科技大学, 2015.

[54] ACI Committee 318. Building code requirements for structural concrete （ACI318-14）and commentary（318R-14）[S]. American Concrete Institute, 2014.

[55] Smadi M, Migdady E. Properties of high strength tuff lightweight aggregate concrete [J]. Cement and Concrete Composites, 1991, 13（2）: 129-135.

[56] Yang K H, Mun J H, Cho M S, et al. Stress-strain model for various unconfined concretes in compression [J]. ACI Structural Journal, 2014, 111（4）: 819-826.

[57] Carreira D J, Chu K H. Stress-strain relationship for plain concrete in compression [J]. Journal of the American Concrete Institute, 1985, 82（6）: 797-804.

[58] Jian C L, Ozbakkaloglu T. Stress-strain model for normal-and light-weight concretes under uniaxial and triaxial

compression [J]. Construction and Building Materials, 2014, 71: 492-509.

[59] Noguchi T, Tomosawa F, Nemati K M, et al. A practical equation for elastic modulus of concrete [J]. ACI Structural Journal, 2009, 106（5）: 690-696.

[60] Bentz D P, Stutzman P E. Internal curing and microstructure of high-performance mortars [J]. ACI Special Publication, 2008: 81-90.

[61] Scrivener K L, Gartner E M. Microstructural gradients in cement paste around aggregate particles [C]//MRS Proceedings. Cambridge University Press, 1987, 114: 77-88.

[62] Wee T H, Chin M S, Mansur M A. Stress-strain relationship of high-strength concrete in compression [J]. Journal of Materials in Civil Engineering, 1996, 8（2）: 70-76.

[63] 过镇海，张秀琴，张达成，等. 混凝土应力-应变全曲线的试验研究[J]. 建筑结构学报，1982，（1）：1-12.

[64] 中华人民共和国住房和城乡建设部. 混凝土结构设计规范（2015 年版）：GB 50010—2010[S]. 北京：中国建筑工业出版社，2015.

第3章 轻骨料混凝土构件受剪性能试验研究

3.1 深受弯构件剪切破坏机理试验研究

近年来，我国在轻骨料混凝土细长梁抗弯、抗剪性能方面进行了深入研究，部分研究成果已列入《轻骨料混凝土应用技术标准》（JGJ/T 12—2019）[1]，但有关轻骨料混凝土深受弯构件抗剪性能、破坏机理、计算方法方面的工作有待开展。一方面，国内关于轻骨料混凝土深受弯构件抗剪性能的试验研究开展得较少，按照普通混凝土深受弯构件承载力计算方法对深受弯构件进行设计，易造成安全隐患；另一方面，由于剪切问题的复杂性和混凝土材料的离散性，以及尺寸效应影响，国内外未能形成统一的抗剪计算理论[2,3]。因此，本节基于8根不同剪跨比和跨高比的轻骨料混凝土深受弯构件受剪性能试验，系统分析了其破坏过程与破坏形态、影响因素及破坏机理等，为后续计算方法研究提供依据。

3.1.1 试验概况

1. 试件设计

参考我国《混凝土结构设计规范（2015年版）》（GB 50010—2010）[4]和《轻骨料混凝土应用技术标准》（JGJ/T 12—2019），试验共设计8根深受弯构件，长度分为1250mm和1750mm两种，截面尺寸均为130mm×500mm，截面有效高度均为450mm，剪跨比分为0.26、0.52、0.78和1.04四个水平，跨高比分为2和3。所有试件钢筋配置完全相同，纵筋配筋率 ρ 为1.00%，水平腹筋配筋率 ρ_h 为0.80%，竖向腹筋配筋率 ρ_v 为0.39%。各试件参数见表3.1，尺寸及配筋如图3.1所示。

表 3.1　各试件参数

试件编号	剪跨 a/mm	净跨 l_0/mm	剪跨比 λ	跨高比 l_0/h
HSLCB-1	125	1000	0.26	2
HSLCB-2	125	1500	0.26	3
HSLCB-3	250	1000	0.52	2
HSLCB-4	250	1500	0.52	3
HSLCB-5	375	1000	0.78	2
HSLCB-6	375	1500	0.78	3
HSLCB-7	500	1000	1.04	2
HSLCB-8	500	1500	1.04	3

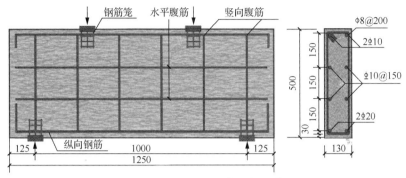

（a）长度为1250mm的试件尺寸及配筋图

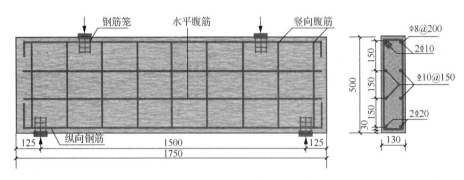

（b）长度为1750mm的试件尺寸及配筋图

图 3.1　各试件尺寸及配筋图（单位：mm）

　　试件采用轻骨料混凝土浇筑，其中轻骨料采用 800 级页岩陶粒，细骨料采用普通砂和淘砂按 3∶1 比例混合配制，水泥为 PO42.5 普通硅酸盐水泥。试件混凝土强度等级为 LC40，配合比见表 3.2。制作轻骨料混凝土的页岩陶粒在搅拌之前，先用水浸泡，使骨料充分浸透润湿。试件浇筑后在室内自然条件下浇水养护 7d，然后自然养护至试验进行。同时，采用同批次混凝土预留 3 个 100mm×100mm×100mm 的标准立方体试块，试块与试件在同等条件下养护，用于测定轻骨料混凝土的立方体抗压强度。

表 3.2　轻骨料混凝土配合比

类别	水泥	普通砂+淘砂	水	减水剂	粉煤灰
设计配合比	1	1.56	1.1	0.4	0.022
1m³ 用量/kg	432	675	475	173	9.5
试验配合比	1	1.68	1.1	0.368	0.022

　　轻骨料混凝土材料力学性能试验结果见表 3.3。试件的纵向受拉筋和水平腹筋采用 HRB400 级钢筋，竖向腹筋采用 HPB300 级钢筋，其力学性能见表 3.4。

表 3.3　试件混凝土材性指标

f_{cu}/MPa	f_{ck}/MPa	f_{tk}/MPa	E_c/（10^4MPa）
40.78	27.30	3.08	2.10

注：f_{cu}为混凝土标准立方体抗压强度；f_{ck}为混凝土轴心抗压强度；f_{tk}为混凝土轴心抗拉强度；E_c为混凝土弹性模量。

表 3.4　钢筋材料力学性能

钢筋级别	d/mm	f_y/MPa	f_u/MPa	E_s/（10^5MPa）
HRB400	20	341	482.7	1.80
HRB400	10	403	638.6	1.98
HPB300	8	449	591.9	2.42

注：f_y为钢筋的屈服强度；f_u为钢筋的极限强度；E_s为钢筋的弹性模量。

2. 加载方案与量测内容

　　试件两端为简支，上部由一台 200t 油压千斤顶通过分配梁进行单调加载，两加载点之间的距离随试件剪跨比的不同而变化。试件加载装置及示意图如图 3.2 所示。试验采用分级加载的方式进行，先以每级 30kN 荷载，持荷 30s，加载至接近初裂；随后改为一级加荷 10kN，持荷 1min，加载至试件初裂荷载；然后，每级加载变为 30kN，持荷时间 2min。接近极限荷载时，构件破坏速度加剧，持荷 5s。

（a）试验加载装置

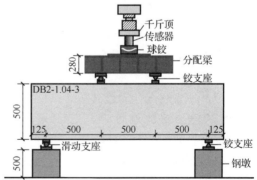
（b）加载示意图

图 3.2　试验加载装置及示意图（单位：mm）

　　量测内容包括：试件跨中及支座处的竖向位移、试件剪压区沿截面高度均匀分布的混凝土应变、底部纵筋、水平腹筋及竖向箍筋的应变。应变片布置如图 3.3 所示。应变测试数据由 7V08 数据采集系统记录。

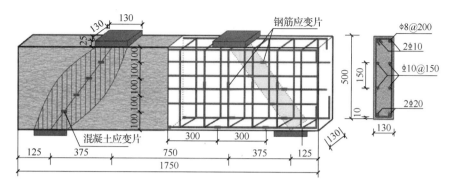

图 3.3　应变片布置图（单位：mm）

3.1.2　试验结果

试件各阶段特征荷载及最终破坏模式见表 3.5。其中，斜向开裂荷载 V_{cr} 定义为试件出现首条斜裂缝或剪跨内斜裂缝高度超过梁高的一半时所对应的荷载[5]。同时，临界斜裂缝荷载 $V_{0.2}$ 定义为任意斜截面裂缝宽度达到 0.2mm 时所对应的荷载为构件临界斜裂缝荷载[6]。由表 3.5 可见，轻骨料混凝土深受弯构件斜向开裂荷载为极限荷载的 20%～30%，临界斜裂缝荷载为极限荷载的 50%～70%。

表 3.5　主要试验结果与构件破坏模式

试件编号	开裂荷载 V_{cr}/kN	临界斜裂缝荷载 $V_{0.2}$/kN	极限荷载 V_u/kN	V_{cr}/V_u	$V_{0.2}/V_u$	破坏模式
HSLCB-1	195	435	655	0.30	0.66	剪切
HSLCB-2	115	270	605	0.19	0.53	剪切
HSLCB-3	130	385	615	0.21	0.63	剪切
HSLCB-4	110	200	575	0.19	0.35	剪切
HSLCB-5	125	260	465	0.27	0.56	剪切
HSLCB-6	105	225	470.5	0.22	0.48	剪切
HSLCB-7	100	190	318.5	0.31	0.60	剪切
HSLCB-8	95	230	360	0.26	0.64	弯剪

3.1.3　破坏过程与破坏形态

各试件虽然参数不同，但从加载到破坏均经历了开裂、临界裂缝、极限三个阶段。根据弯曲效应的影响，破坏形态可分为剪切破坏和弯剪破坏两种，且随着剪跨比和跨高比的增加，试件的弯曲效应逐渐明显，破坏形态逐渐由剪切破坏向弯剪破坏转变。各试件最终破坏的裂缝形态如图 3.4 所示。

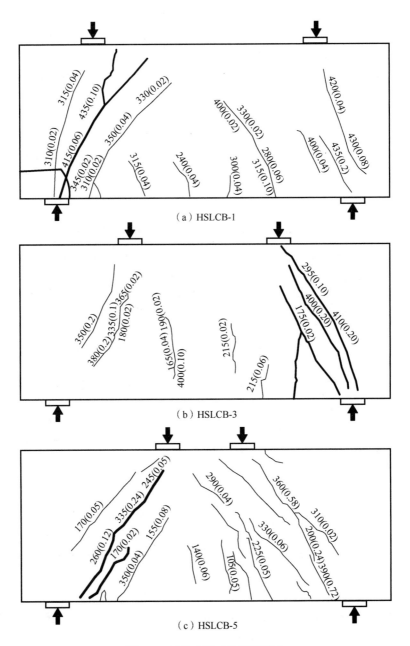

图 3.4 试件破坏时的裂缝形态

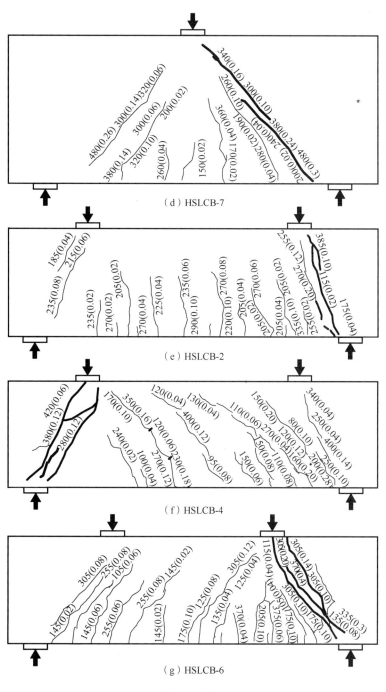

（d）HSLCB-7

（e）HSLCB-2

（f）HSLCB-4

（g）HSLCB-6

图 3.4（续）

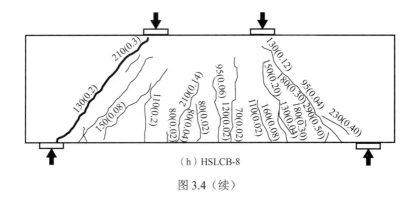

（h）HSLCB-8

图 3.4（续）

1. 剪切破坏

以典型剪切破坏试件 HSLCB-5 为例，其破坏形态如图 3.5（a）所示。破坏过程如下：试件开裂前，剪力主要由混凝土承担，钢筋的应力很小。随着荷载的增加，试件首先在跨中附近出现宽度约为 0.02mm 的竖向弯曲裂缝，随后，荷载持续增大，竖向裂缝很快向上延伸至 $h/2$ 处，且大约在距试件底面 $h/3$ 处出现首条宽度约为 0.04mm 的斜裂缝，并向支座及加载点处延伸，此时认为试件达到斜向开裂状态。根据表 3.5 看出，各试件斜向开裂荷载 V_{cr} 为极限荷载 V_u 的 20%～30%。

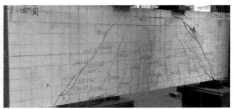

（a）剪切破坏（HSLCB-5）　　　　　（b）弯剪破坏（HSLCB-8）

图 3.5　试件破坏形态

随着荷载的进一步增大，早期形成的弯曲裂缝发展较慢，甚至停止发展，而原有斜裂缝宽度逐渐增加，最大裂缝宽度增至 0.2mm；随着荷载持续增大，斜裂缝迅速沿试件高度方向迅速向加载点延伸，同时在剪跨范围内不断形成新的斜裂缝，试件进入临界斜裂缝阶段。此时，梁端荷载大约为极限荷载的 50%。继续加载，裂缝宽度继续增加，剪跨区内斜裂缝数目明显增多，裂缝最大宽度增至 2mm，且试件发出连续的劈裂声响。最终，伴随着巨大的混凝土压碎声，在加载点附近的受压区混凝土压碎，试件达到极限状态；并在试件沿高度边缘 $h/2$ 处有水平裂缝出现。

2. 弯剪破坏

以弯剪破坏试件 HSLCB-8 为例，其破坏形态如图 3.5（b）所示。与剪切破坏过程相比，发生弯剪破坏的试件在达到临界斜裂缝阶段前，其裂缝形态及其余试验特征与剪切破坏试件基本相似。当进入临界斜裂缝阶段后，试件斜裂缝数目虽然明显增加且布满整个剪跨区，但其宽度增加缓慢，而纯弯段的竖向弯曲裂缝却得以充分发展，持续向上迅速延伸，试件破坏被推迟。临界斜裂缝阶段完成后，继续加载，试件斜截面裂缝和弯曲裂缝继续发展，最终，斜截面骨料被剪断，试件在斜截面发生剪切破坏。

3.1.4　试验结果分析

1. 荷载-跨中挠度曲线

不同剪跨比和跨高比下的荷载-跨中挠度曲线如图 3.6 所示。由于试件破坏的脆性特点及实验室设备限制，荷载-跨中挠度曲线未能提取到下降段。由图 3.6 可见，试件开裂前，荷载-跨中挠度基本呈线性关系，斜截面开裂后，进入非弹性工作阶段。对比可知，对于剪跨比相同的试件，同一荷载对应的跨中挠度随跨高比的增加明显增大，即跨高比为 3 的试件跨中挠度在同一荷载处明显高于跨高比为 2 的试件；对于跨高比相同的试件，同一荷载对应的跨中挠度随剪跨比的增大而增加。因此，剪跨比和跨高比对深受弯构件跨中挠度均有一定的影响。

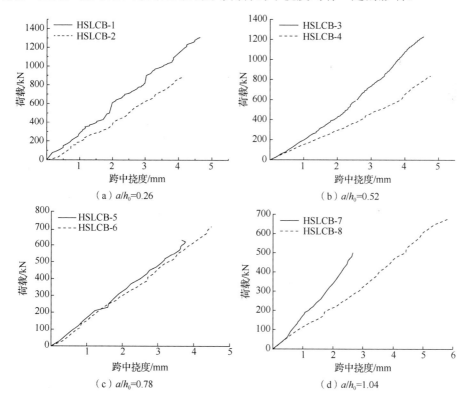

（a）a/h_0=0.26　　　　　　　　（b）a/h_0=0.52

（c）a/h_0=0.78　　　　　　　　（d）a/h_0=1.04

图 3.6　荷载-跨中挠度曲线

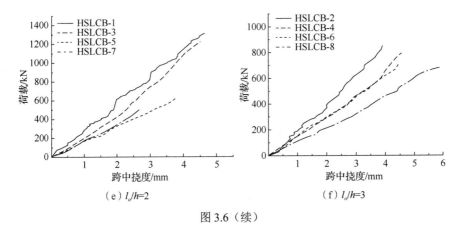

（e）$l_o/h=2$ （f）$l_o/h=3$

图3.6（续）

2．影响因素分析

（1）剪跨比

剪跨比是反映深受弯构件受剪承载力的重要参数，试件典型剪切应力与剪跨比的关系如图3.7所示。由图3.7可见：当跨高比为2时，随着剪跨比从0.26增加至1.04，试件开裂荷载逐渐降低，极限荷载急剧下降；当跨高比为3时，随着剪跨比的增加，试件开裂荷载略有变化，而极限荷载明显降低。因此剪跨比对深受弯构件的受剪承载力（即极限荷载）有显著的影响，而对试件开裂荷载的影响较小。

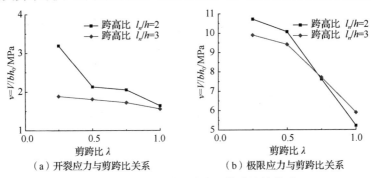

（a）开裂应力与剪跨比关系   （b）极限应力与剪跨比关系

图3.7   试件典型剪切应力与剪跨比的关系

（2）跨高比

图3.8给出了试件典型剪切应力与跨高比的关系。由图3.8可见：对剪跨比为0.26的试件，随着跨高比的增大，试件开裂荷载逐渐减小，极限荷载变化不明显；对于其他构件，跨高比对试件开裂荷载和极限荷载均无显著影响；由于剪跨比不同，试件的开裂荷载和极限荷载有明显区别，说明剪跨比对试件承载力有显著的影响。由图3.8还可以看出，随着跨高比的增加，对于相同剪跨比的试件，两加载点之间距离增大，纯弯段混凝土的范围随之扩大，试件加载过程中表现出的弯曲特征逐渐显著。另外，结合表3.5可得，随着剪跨比和跨高比的同时增大，临界斜裂缝荷载与极限荷载逐渐接近。

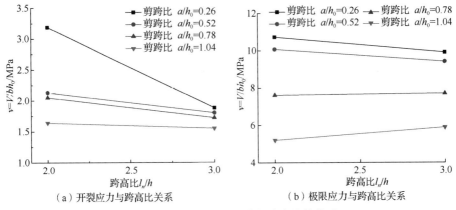

（a）开裂应力与跨高比关系　　　　　（b）极限应力与跨高比关系

图 3.8　试件典型剪切应力与跨高比的关系

3. 钢筋应变

穿越斜裂缝的受拉纵筋、水平腹筋和竖向腹筋的荷载-应变图如图 3.9 所示。从开始加载到出现斜裂缝前，钢筋应变均很小，与荷载近似呈线性关系，说明钢筋对斜裂缝的出现影响较小。斜裂缝出现后，随着外部荷载的增加，穿越斜裂缝的竖向腹筋和水平腹筋应变迅速增大，破坏时部分纵筋和腹筋发生屈服。由图 3.9（a）可见，对于剪跨比大于 0.52 的试件，底部纵筋最终发生屈服，试件弯曲特征趋于明显。由图 3.9（b）和（c）可见，对于试件 HSLCB-1～HSLCB-7，水平腹筋的应变大于竖向腹筋应变，即水平腹筋的作用较竖向腹筋发挥得更充分，且所有腹筋均未达到屈服，最终混凝土压溃，试件发生剪切破坏；对于试件 HSLCB-8，剪跨比为 1.04，跨高比为 3，试件表现出明显的弯曲变形效应，受拉纵筋、水平腹筋和竖向腹筋均发生屈服，强度得到充分发挥，发生了弯剪破坏。

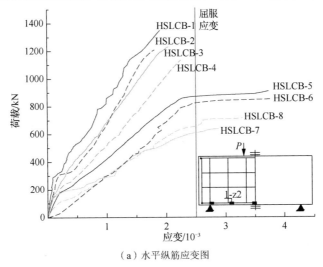

（a）水平纵筋应变图

图 3.9　钢筋荷载-应变图

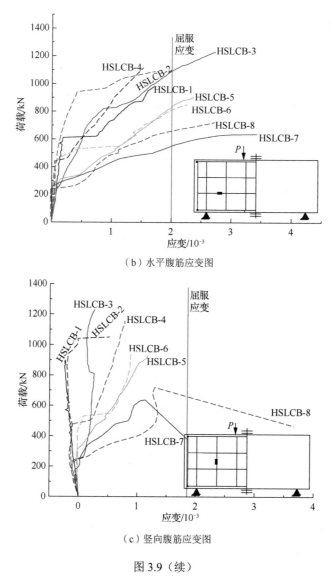

（b）水平腹筋应变图

（c）竖向腹筋应变图

图 3.9（续）

　　我国现行《混凝土结构设计规范（2015 年版）》（GB 50010—2010）[7]规定对于跨高比小于 2 的试件，剪跨比均取 0.25，设计时仅考虑水平腹筋作用，不考虑竖向腹筋作用，且此时水平腹筋作用可得到充分发挥，这一点正好与本次试验结果相符。

　　4. 骨料破坏特征

　　轻骨料混凝土和普通混凝土的配制主要是针对骨料强度和水泥石强度二者平衡问题的研究。对于轻骨料混凝土而言，骨料强度通常低于水泥石的强度，骨料破坏是导致其破坏的主要原因，轻骨料混凝土的骨料破坏模式如图 3.10 所示。但由于本书所选骨料强度较高，也会发生骨料与水泥石的界面破坏。因此，在单调加载时，提高骨料强度有助于轻骨料混凝土深受弯构件受剪承载力的提高。

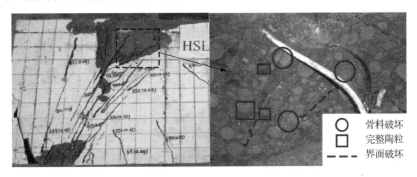

图 3.10　骨料破坏模式

3.2　深受弯构件受剪尺寸效应试验研究

尺寸效应即为强度随构件尺寸的减小而增大的现象。这一现象普遍存在于混凝土结构领域。在大尺寸下，由截面高度变化产生的尺寸效应问题对深受弯构件承载能力影响显著，若不考虑或未能合理考虑尺寸效应影响，会高估深受弯构件的极限受剪承载力，造成安全隐患。在 3.1 节的基础上，本节重点考虑截面高度、剪跨比和加载板宽度的影响，开展了第二批 15 个大尺寸轻骨料混凝土深受弯构件受剪性能试验研究工作，明确不同截面高度下该类试件的开裂荷载和极限荷载的变化趋势，进一步明晰其剪切破坏机理，研究轻骨料混凝土深受弯构件的尺寸效应作用，为后续计算模型和设计方法的建立提供理论参考。

3.2.1　试验概况

1. 试件设计

试验共设计了 15 根 LC60 级大尺寸轻骨料混凝土深受弯构件，根据剪跨比和加载板宽度将试件分为四组，为考虑尺寸效应将各组试件截面高度分为 500mm、800mm、1000mm 和 1400mm 四个水平。由于截面宽度对试件抗剪强度的影响可忽略不计[7]，故取 180mm。为确保加载过程中试件不产生明显的弯曲变形特征，选取纵筋配筋率为 2.4%，同时纵筋端部焊接 25mm 厚钢板，以防止梁端发生黏结锚固破坏。试件水平和竖向腹筋配筋率分别为 0.4% 和 0.34%。此外，为避免加载点及支撑点处发生局部混凝土压碎破坏，分别设置钢筋笼进行加固。试件截面信息、构造及典型试件钢筋骨架如图 3.11 所示，详细设计参数见表 3.6。

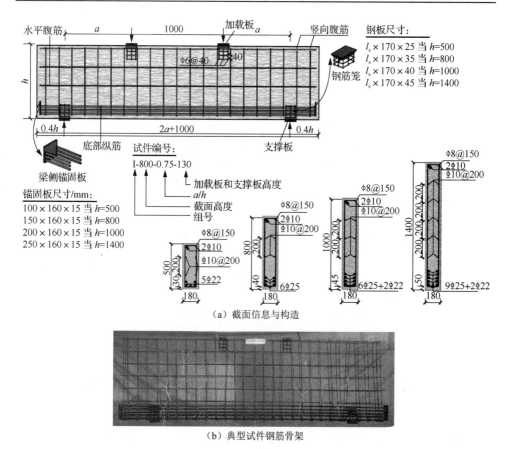

（a）截面信息与构造

（b）典型试件钢筋骨架

图 3.11　试件尺寸及配筋信息（单位：mm）

表 3.6　试件参数

试件编号	$b \times h$	l_0/mm	h_0/mm	a/h	a/h_0	l_0/h	ρ/%	ρ_h/%	ρ_v/%	l_s/mm	f_{cu}/MPa
I-800-0.75-130	180mm×800mm	2200	697.5	0.75	0.86	2.75	2.40	0.40	0.34	130	62.63
I-1000-0.75-130	180mm×1000mm	2500	867.5	0.75	0.86	2.50	2.40	0.40	0.34	130	65.76
I-1400-0.75-130	180mm×1400mm	3100	1240.0	0.75	0.85	2.21	2.40	0.40	0.34	130	62.93
II-500-1.00-130	180mm×500mm	2000	435.0	1.00	1.15	4.00	2.40	0.40	0.34	130	62.61
II-800-1.00-130	180mm×800mm	2600	697.5	1.00	1.15	3.25	2.40	0.40	0.34	130	67.18
II-1000-1.00-130	180mm×1000mm	3000	867.5	1.00	1.15	3.00	2.40	0.40	0.34	130	64.44
II-1400-1.00-130	180mm×1400mm	3800	1240.0	1.00	1.13	2.71	2.40	0.40	0.34	130	64.05
III-500-1.00-200	180mm×500mm	2000	435.0	1.00	1.15	4.00	2.40	0.40	0.34	200	60.63
III-800-1.00-200	180mm×800mm	2600	697.5	1.00	1.15	3.25	2.40	0.40	0.34	200	68.90
III-1000-1.00-200	180mm×1000mm	3000	867.5	1.00	1.15	3.00	2.40	0.40	0.34	200	64.18
III-1400-1.00-200	180mm×1400mm	3800	1240.0	1.00	1.13	2.71	2.40	0.40	0.34	200	64.05
IV-500-1.50-130	180mm×500mm	2500	435.0	1.50	1.72	5.00	2.40	0.40	0.34	130	66.27
IV-800-1.50-130	180mm×800mm	3400	697.5	1.50	1.72	4.25	2.40	0.40	0.34	130	63.78
IV-1000-1.50-130	180mm×1000mm	4000	867.5	1.50	1.73	4.00	2.40	0.40	0.34	130	61.38
IV-1400-1.50-130	180mm×1400mm	5200	1240.0	1.50	1.69	3.71	2.40	0.40	0.34	130	62.44

注：l_0 为净跨；h_0 为截面有效高度；a 为剪跨；a/h_0 为剪跨比；l_0/h 为跨高比；ρ 为纵筋配筋率；ρ_h 为水平腹筋配筋率；ρ_v 为竖向腹筋配筋率。

2. 材料性能

为保证轻骨料混凝土的强度，综合考虑轻骨料上浮影响，轻骨料选取湖北宜昌光大生产的 900 级碎石型页岩陶粒，细骨料采用渭河中砂，粗、细骨料的基本性能指标分别见表 3.7 和表 3.8，轻骨料混凝土配合比见表 3.9。拌和前对页岩陶粒进行充分预湿，避免搅拌过程中骨料吸水影响混凝土强度。

表 3.7　轻骨料基本性能

骨料粒径/mm	堆积密度/（kg/m³）	表观密度/（kg/m³）	筒压强度/MPa	吸水率/%	
				1h	24h
5～16	860	1512	6.9	2.2	2.6

表 3.8　细骨料基本性能

骨料粒径/mm	堆积密度/（kg/m³）	表观密度/（kg/m³）	细度模数	含泥量/%	含水率/%
4	1510	2620	2.56	1.7	1.9

表 3.9　轻骨料混凝土配合比　　　　　　　　　　单位：kg/m³

胶凝材料用量			减水剂用量	轻骨料用量	砂用量	水用量
水泥	粉煤灰	硅灰				
440	66	44	4.2	603	684	148.5

采用浇筑试件的同批次轻骨料混凝土，各试件预留 3 个 100mm×100mm×100mm 混凝土立方体试块，并与试验试件在同等条件养护至试验进行，测得各试件的混凝土抗压强度见表 3.10。

表 3.10　各试件立方体抗压强度试验结果

试件编号	ρ_d /（kg/m³）	f_{cu}/MPa	f_c'/MPa	试件编号	ρ_d /（kg/m³）	f_{cu}/MPa	f_c'/MPa
I-800-0.75-130	1895	62.63	49.48	III-800-1.00-200	1860	68.90	54.43
I-1000-0.75-130	1879	65.76	51.95	III-1000-1.00-200	1865	64.18	50.70
I-1400-0.75-130	1892	62.93	49.71	III-1400-1.00-200	1897	64.05	50.60
II-500-1.00-130	1880	62.61	49.46	IV-500-1.50-130	1874	66.27	52.35
II-800-1.00-130	1901	67.18	53.07	IV-800-1.50-130	1880	63.78	50.39
II-1000-1.00-130	1891	64.44	50.91	IV-1000-1.50-130	1877	61.38	48.49
II-1400-1.00-130	1881	64.05	50.60	IV-1400-1.50-130	1889	62.44	49.33
III-500-1.00-200	1900	60.63	47.90	均值	1884	64.08	50.60

注：f_{cu} 为标准立方体混凝土的抗压强度；f_c' 为圆柱体混凝土的抗压强度，按 $0.79 f_{cu}$ 确定。

　　试件底部纵筋采用直径为 22mm 和 25mm 的 HRB400 级热轧带肋钢筋，水平腹筋采用直径为 10mm 的 HRB400 级热轧带肋钢筋，竖向腹筋采用直径为 8mm 的 HPB300 级钢筋。各类型钢筋均预留 3 根长度为 500mm 的试样用于拉伸试验和弹性模量测定，测得钢筋的力学性能指标见表 3.11。

表 3.11　试验测得钢筋的力学性能指标

钢筋级别	钢筋直径	试件编号	屈服强度 f_y/MPa	$f_{y,mean}$/MPa	极限强度 f_u/MPa	$f_{u,mean}$/MPa	弹性模量 E_s/GPa	屈服应变/10^{-3}
HPB300	8	8-1	444.98	453.48	593.30	604.63	199.27	2.05
		8-2	461.98		619.14			
		8-3	453.48		601.45			
HRB400	10	10-1	463.31	449.94	617.75	599.92	203.65	2.28
		10-2	429.14		572.19			
		10-3	457.37		609.83			
HRB400	22	22-1	431.07	437.66	563.73	566.58	197.04	2.21
		22-2	440.26		564.40			
		22-3	441.66		571.60			
HRB400	25	25-1	423.83	421.46	554.36	557.72	198.27	2.04
		25-2	415.11		558.92			
		25-3	425.44		559.88			

3. 加载装置与加载制度

　　试验采用 300t 油压千斤顶通过分配梁对试件施加对称集中荷载，加载装置由上至下依次为反力梁—油压千斤顶—荷载传感器—球铰—分配梁—铰支座—试验梁。但考虑部分梁（如 I-1000-0.75-130、III-1000-1.00-200、I-1400-0.75-130 和 III-1400-1.00-200）尺寸过大、承载力较高，预估承载力超过单个千斤顶量程限值，故通过采用双千斤顶对称布置进行加载。试验加载装置如图 3.12 所示。

　　由于深受弯构件剪切破坏脆性显著，为确保加载前期观测开裂荷载的准确性及试验后期测得曲线的完整性，选取荷载-位移混合控制加载，具体加载制度如图 3.13 所示。在试件开裂前，以 10kN/min 的加载速率进行加载，每级加载 50kN，持荷 1min；当接近预估开裂荷载时，为准确观测首条斜向裂缝的出现并保证混凝土内部裂缝充分发展，将每级加载降至 30kN/级，持荷增至 3min；试件开裂后，加载速率提升为 30kN/min，每级加载 90kN，持荷 2min。当荷载达到预估承载力的 75%后，改换位移控制加载方式，以 0.5mm/min 的加载速率继续加载，直至试件破坏后停止加载。已有研究显示[8-10]，加载速率对混凝土的尺寸效应存在一定影响，但为便于加载，此试验采用相同加载制度对各试件进行加载。

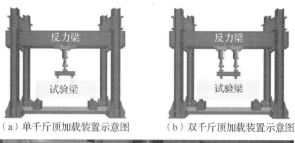

（a）单千斤顶加载装置示意图　　　（b）双千斤顶加载装置示意图

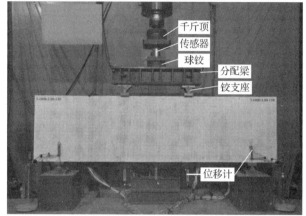

（c）加载装置布置图

图 3.12　加载装置

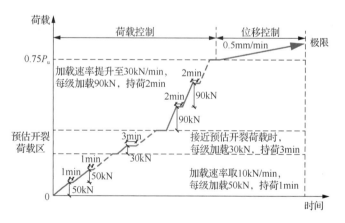

图 3.13　加载制度

4. 量测方案

与第 3.1 节类似，主要量测内容包括：①试件跨中及支座处的竖向位移通过布置的 5 个位移计进行测量；②试件斜截面内混凝土的变形情况通过沿斜压杆对称布置若干混凝土应变片监测；③加载过程中试件的弯曲变形通过沿底部纵筋均匀布置的钢筋应变片监测；④试件剪跨区内的竖向及水平腹筋应变通过均匀布置的钢筋应变片进行量测，目的为明确腹筋对斜截面抗剪的贡献以及验证测得开裂荷载值的准确性；⑤各荷载水平下试件表面裂缝的发展趋势。量测数据由 TDS-602 静态数据采集系统记录，位移计和应变片测点布置如图 3.14 所示。

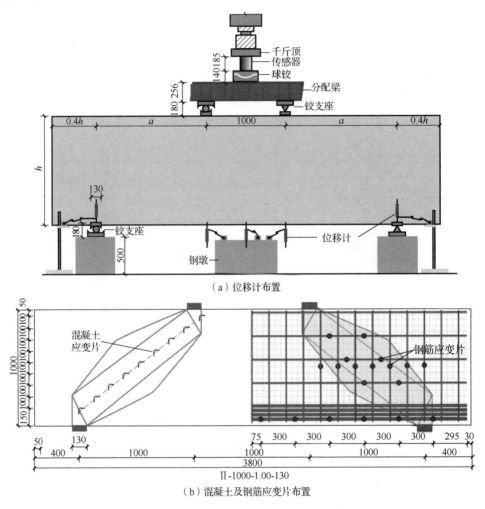

（a）位移计布置

（b）混凝土及钢筋应变片布置

图 3.14　测点布置图（单位：mm）

3.2.2　试验现象与破坏形态

1. 破坏过程

试件破坏过程按照加载的不同阶段分为以下几部分：加载初期，试件处于弹性阶段，混凝土表面无明显变形特征。继续加载，梁底跨中附近出现竖向弯曲裂缝，宽度为 0.02～0.04mm，高度为 5～8mm。此后，弯曲裂缝数目逐渐增多，高度迅速延伸过梁高的一半。当加载至极限荷载的 20%～30%时，试件发出明显的混凝土劈裂声响，剪跨区形成首条斜裂缝，且斜裂缝位置随试件截面高度和剪跨比的增大逐渐向剪跨区内边缘处偏移。持续加载，压杆范围内新增数条平行斜裂缝，但纯弯段内竖向裂缝发展减缓，高度不再延伸，试件处于受力稳定状态。随着荷载持续增加 2～3 级，原有斜裂缝发展停滞，试件进入短暂的能量储蓄阶段。随后储备能量突然释放，斜压杆范围内混凝土劈裂，并伴随新增贯通斜裂缝的出现，宽度为 0.2～0.3mm，试件跨中挠度突增且承载力缓慢增长，充分体现轻骨料混凝土的脆性特征。

当荷载达到预测极限荷载的 75% 后，改换位移控制继续加载，试件剪跨区发出连续的骨料断裂声响，贯通斜裂缝持续增宽形成主斜裂缝，而其余原有裂缝不再发展，新增裂缝数目较少。试件两侧剪跨区内斜裂缝沿跨中对称分布，形成明显的斜压杆传力机制。最终试件沿主斜裂缝发生破坏，破坏现象剧烈，劈裂声响较大，局部混凝土压碎崩落，腹筋及支座处加固钢板外露，试件承载力迅速降至极限荷载的 60%，停止加载。典型试件 Ⅰ-1000-0.75-130 的破坏过程如图 3.15 所示。

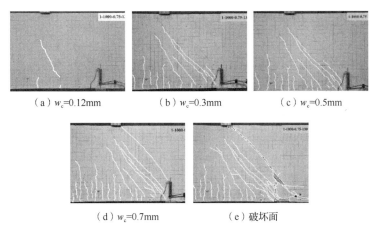

（a）w_c=0.12mm　　　　（b）w_c=0.3mm　　　　（c）w_c=0.5mm

（d）w_c=0.7mm　　　　（e）破坏面

图 3.15　试件 Ⅰ-1000-0.75-130 的破坏过程

2. 破坏形态

本试验中轻骨料混凝土深受弯构件的破坏模式可归纳为两类：剪压破坏和斜向劈裂破坏。同组试件的裂缝分布规律基本一致，与截面高度变化无关，但受剪跨比影响较大。随着剪跨比的增加，斜向压杆倾角减小，拉杆拱机制作用的有效性降低，试件弯曲变形特征逐渐明显，破坏模式由剪压破坏向斜向劈裂破坏过渡。剪压破坏的破坏形态如图 3.16（a）所示，剪压破坏的特征表现为加载点或支座处附近及沿斜向压杆区域发生混凝土局部压碎剥落，穿过破坏面处的腹筋变形明显，并伴随有剧烈的轻骨料混凝土劈裂声响。斜向劈裂破坏的破坏形态如图 3.16（b）所示，其破坏现象相对缓和，破坏面由一条较宽拱形斜裂缝构成，如Ⅳ组试件。各试件的破坏形态见表 3.12。

（a）剪压破坏

（b）斜向劈裂破坏

图 3.16　典型试件的破坏形态

表 3.12　试验结果

试件编号	V_{cr}/kN	V_{ser}/kN	V_u/kN	V_{cr}/V_u	V_{ser}/V_u	$\dfrac{V_{cr}}{f_t bh_0}$	$\dfrac{V_{ser}}{f_t bh_0}$	$\dfrac{V_u}{f_c' bh_0}$	破坏模式
I-800-0.75-130	316.5	447.1	1099.8	0.29	0.41	0.36	0.51	0.18	剪压破坏
I-1000-0.75-130	333.0	532.3	1346.4	0.25	0.40	0.30	0.47	0.17	剪压破坏
I-1400-0.75-130	417.0	750.4	1580.0	0.26	0.47	0.26	0.48	0.14	剪压破坏
II-500-1.00-130	116.4	221.4	673.3	0.17	0.33	0.21	0.40	0.17	剪压破坏
II-800-1.00-130	217.0	293.6	814.1	0.27	0.36	0.24	0.32	0.12	剪压破坏
II-1000-1.00-130	255.5	495.7	923.4	0.28	0.54	0.23	0.44	0.12	剪压破坏
II-1400-1.00-130	291.5	395.9	1121.9	0.26	0.35	0.18	0.25	0.10	剪压破坏
III-500-1.00-200	114.5	218.0	703.2	0.16	0.31	0.21	0.40	0.19	剪压破坏
III-800-1.00-200	206.0	445.5	1066.7	0.19	0.42	0.22	0.48	0.16	剪压破坏
III-1000-1.00-200	254.5	444.0	1117.1	0.23	0.40	0.23	0.40	0.14	剪压破坏
III-1400-1.00-200	344.0	432.4	1368.9	0.25	0.32	0.22	0.27	0.12	剪压破坏
IV-500-1.50-130	104.5	184.5	479.1	0.22	0.39	0.18	0.33	0.12	剪压破坏
IV-800-1.50-130	141.0	303.0	557.2	0.25	0.54	0.16	0.34	0.09	斜向劈裂破坏
IV-1000-1.50-130	175.0	287.7	679.2	0.26	0.42	0.16	0.26	0.09	斜向劈裂破坏
IV-1400-1.50-130	231.7	450.5	880.8	0.26	0.51	0.15	0.29	0.08	斜向劈裂破坏

注：V_{cr} 为斜向开裂荷载；V_{ser} 为服务荷载；V_u 为极限荷载；f_t 为混凝土抗拉强度；b 为试件截面宽度；h_0 为截面有效高度；f_c' 为混凝土圆柱体抗压强度。

　　图 3.17 为各组试件的最终裂缝形态。由图 3.17 可见，随着截面高度的增加，构件剪跨区形成的平行斜裂缝数目增多；加载板宽度的增加，试件预测压杆区域内平行斜裂缝数目增多，压杆宽度范围明显增大，表明斜压杆传力机制的有效性提升。因此，斜向拉杆拱机制的有效性在很大程度上取决于剪跨比和加载板宽度，并且对深受弯构件的受剪尺寸效应影响较大。同时，与普通混凝土相比，轻骨料混凝土试件的破坏面较平整，即易沿骨料发生剪切破坏，脆性明显。

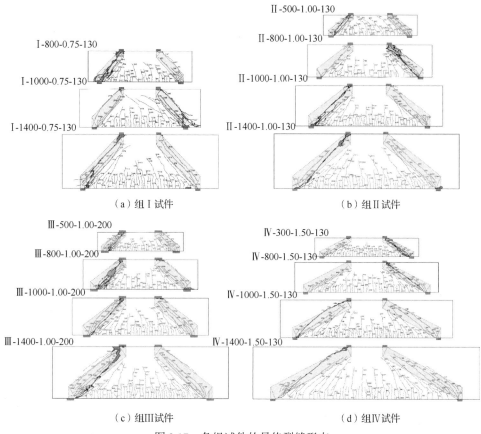

（a）组 I 试件　　　　　　　　　　（b）组 II 试件

（c）组Ⅲ试件　　　　　　　　　　（d）组Ⅳ试件

图 3.17　各组试件的最终裂缝形态

3.2.3　试验结果分析

1.　特征荷载

表 3.12 给出具体试验结果及各特征荷载值。其中斜向开裂荷载 V_{cr} 定义为试件出现首条斜裂缝或剪跨内斜裂缝高度超过梁高的一半时对应的荷载；服务荷载 V_{ser} 定义为试件剪跨区最大斜裂缝宽度达到 0.33mm 时对应的荷载。为合理考虑有效截面高度和混凝土强度对试件斜向开裂荷载和极限荷载的影响，通常将试件的受剪承载力 V 除以有效截面面积 bh_0 和混凝土强度值进行名义化处理。因斜向开裂荷载主要取决于混凝土抗拉强度，一般取 f_t，即 $V_{cr}/f_t bh_0$ 为名义开裂抗剪强度值；而深受弯构件的极限承载力与斜向混凝土压杆的抗压强度有关，同时考虑随剪跨比增大，试件逐渐表现出明显的弯曲变形特征，故采用 f_c' 对其进行名义化处理，即 $V_u/f_c' bh_0$ 为名义极限抗剪强度值。

对比表 3.12 发现：①V_{cr}/V_u 的均值为 0.24，较 Tan 和 Lu[11]测得普通混凝土深受弯构件的比值有所降低，表明轻骨料混凝土脆性更为显著，更易开裂；同时说明轻骨料混凝土深受弯构件在斜向开裂后仍有充足的储备强度，但该现象明显与基于最弱链假定建立的 Weibull 统计尺寸效应理论的描述不符[12]，即强度最小单元的破坏并未导致整个构件的破坏，因此该理论不能合理解释深受弯构件极限抗剪强度的尺寸效应影响。②V_{ser}/V_{u} 的均值为 0.41，表明试件在斜向开裂后未迅速达到服役极限状态，主要归因于所配置的腹筋有效抑制了斜裂缝的发展。

2. 荷载-挠度曲线

图 3.18 为各组试件的荷载-跨中位移曲线。由图 3.18 可知，开裂前，同组试件的荷载-跨中位移曲线呈线性关系增长，且曲线斜率基本一致，斜截面开裂后，曲线出现转折点，斜率略有减小，表明试件产生轻微的刚度退化，进入非弹性工作阶段。随着荷载进一步增大，试件荷载-跨中位移曲线继续呈线性增长。直至达到极限荷载的 75%后，试件剪跨区主斜裂缝迅速增宽，曲线斜率进一步减小。继续加载至极限荷载时，曲线出现短暂的平直段后骤降，伴随剧烈的轻骨料混凝土劈裂压碎声响，试件发生破坏。

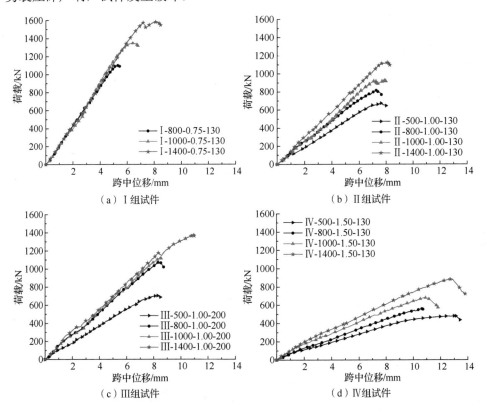

图 3.18　荷载-跨中位移曲线

对比同组试件发现，随着截面高度增加，小剪跨比试件（a/h_0=0.75）的曲线上升段斜率未受影响，但其余组试件的曲线斜率明显提高，即试件刚度逐渐增大。同时，截面高度的增加使得试件受剪承载力显著提升，且提升幅度随剪跨比的降低更为明显。相同截面高度下，随着剪跨比的增大，试件荷载-跨中位移曲线上升段斜率逐渐减小。因剪跨比增大，试件弯曲变形逐渐明显，拉杆拱机制有效性降低，同时，剪跨区裂缝数目和宽度均有所增加，导致试件刚度显著降低。

3. 影响因素分析

（1）截面高度

图 3.19 给出各组试件的名义抗剪强度随截面高度的变化情况。由图 3.19（b）可见，随截面高度的增加，小剪跨比试件的名义开裂剪应力呈降低趋势，但该规律在其余组试件中并不明显，表明梁高对试件名义开裂抗剪强度的影响可忽略不计；由图 3.19（d）可知，试件的名义极限抗剪强度随截面尺寸的增大表现出明显的下降趋势，当 I～IV 组试件的梁高增至 1400mm 时，名义极限抗剪强度分别降低了约 22%、41.2%、36.8%和 33.3%，受尺寸效应影响显著。这一现象主要由轻骨料混凝土材料自身脆性和裂缝面处的能量释放率不同引起，即可有两种解释：①因轻骨料强度较低，受剪发生劈裂破坏，裂缝面较为平整，使得由骨料咬合机制产生的裂缝面处传递应力能力降低，且降低程度随截面高度的增加而增大；②Bažant 提出的能量释放理论认为[13]，裂缝发展所消耗的断裂能来自能量释放区（图 3.20），斜裂缝沿试件厚度方向延伸单位长度所需断裂能相等，而随试件截面高度的增加，能量释放区面积随斜裂缝的延长而增大，因此，大尺寸试件裂缝端部所需的开裂应力减小。

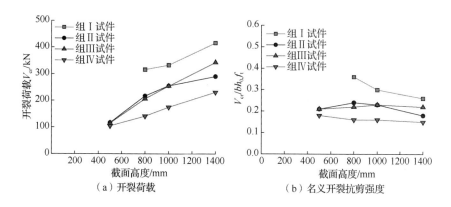

图 3.19　各组试件的名义抗剪强度随截面高度的变化情况

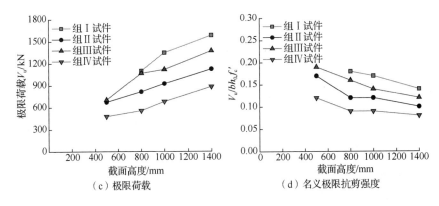

图 3.19（续）

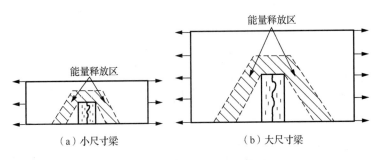

图 3.20　Bažant 尺寸效应模型

　　对比图 3.19（d）中 II 组和 IV 组试件的名义极限抗剪强度变化趋势可知，在 500～800mm 存在某一特定 h_{size}，使得超过该值后试件尺寸效应行为显著降低，而截面高度小于 h_{size} 的试件极限抗剪强度受尺寸效应影响较大。但对 II 组和 III 组试件而言，加载板宽度的增加导致相同试件的尺寸效应作用规律改变，h_{size} 相应增大（高于 800mm）。

　　（2）剪跨比

　　图 3.21 为试件名义抗剪强度受剪跨比的影响程度。由图 3.21 可见，随着剪跨比的增大，相同截面高度试件的名义开裂抗剪强度和名义极限抗剪强度均呈现出明显降低趋势，主要原因是增大试件剪跨比使得斜压杆倾角减小，压杆长度增加，剪力沿斜压杆的传递路径增长，拉杆-拱机制的传力有效性降低，从而影响试件的承载能力。

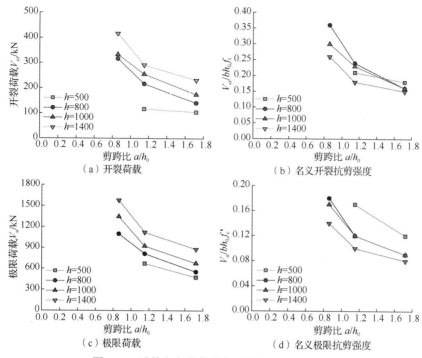

（a）开裂荷载　　　　　　　　　　　　（b）名义开裂抗剪强度

（c）极限荷载　　　　　　　　　　　　（d）名义极限抗剪强度

图 3.21　试件名义抗剪强度受剪跨比的影响程度

（3）加载板宽度

已有研究表明：梁式构件加载点及支座处的宽度，即边界条件，对承载力和尺寸效应均有影响。图 3.22 为加载板宽度对试件名义抗剪强度的影响。由图 3.22 可见，因剪切斜裂缝的产生主要取决于混凝土抗拉强度，增加加载板宽度对试件名义开裂抗剪强度的影响趋势并不明显。但当加载板宽度由 130mm 增至 200mm 时，截面高度为 500mm、800mm、1000mm 和 1400mm 试件的名义极限抗剪强度分别提升了 11.7%、33.3%、16.7% 和 20.0%，呈现明显上升趋势。

从拉压杆理论的角度分析，深受弯构件的抗剪强度主要由节点区抗压强度、斜压杆抗压强度及拉杆所承受的拉力三方面组成。增大加载板宽度，斜压杆明显增宽，节点区强度提升，从而提高了拉杆-拱机制的有效性。然而，由图 3.22（b）可见，当试件高度 h 由 500mm 增至 800mm 时，增大加载板宽度降低了尺寸效应影响，但当 h 超过 1000mm 后，加载板宽度对试件抗剪强度尺寸效应的影响可忽略不计。对 II 组试件（l_s=130mm）而言，梁高超过 800mm 后试件的受剪尺寸效应行为明显缓和，但对于 III 组试件（l_s=200mm），尺寸效应对试件抗剪强度的影响仍显著存在。

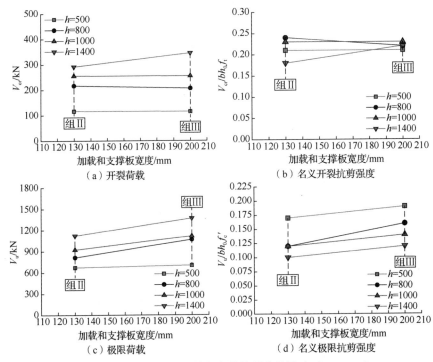

图 3.22　加载板宽度对试件名义抗剪强度的影响（a/h=1.00）

4. 钢筋应变

（1）纵筋应变

图 3.23 为特征荷载下试件 II-1000-1.00-130 和 II-1400-1.00-130 的底部纵筋应变沿跨度的变化趋势。由图 3.23 可见，开裂前，试件底部纵筋应变很小，基本未发挥作用；开裂阶段试件跨中挠度增大，拉杆-拱传力机制开始发挥作用，纵筋应变迅速增长，此后纵筋应变以稳定速率持续增长直至试件发生破坏，但未达到屈服点。试件纵筋应变沿跨度方向呈现明显的均匀分布特性，表明拉杆-拱机制的有效性得以充分发挥；但随着剪跨比的增大，跨中处纵筋应变显著提升，表明试件

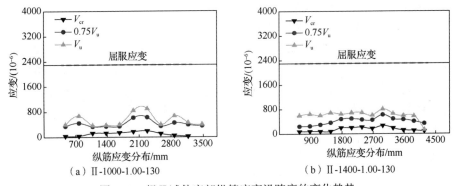

图 3.23　组 II 试件底部纵筋应变沿跨度的变化趋势

弯曲变形逐渐明显，试件破坏模式逐渐发生转变。同时，纵筋应变均未屈服，符合试验预期目标。

（2）腹筋应变

图 3.24 为Ⅳ组试件中竖向和水平腹筋应变随荷载增加的变化情况。试件开裂前腹筋应变均较小，表明此阶段荷载主要由混凝土承担，腹筋对试件开裂荷载的

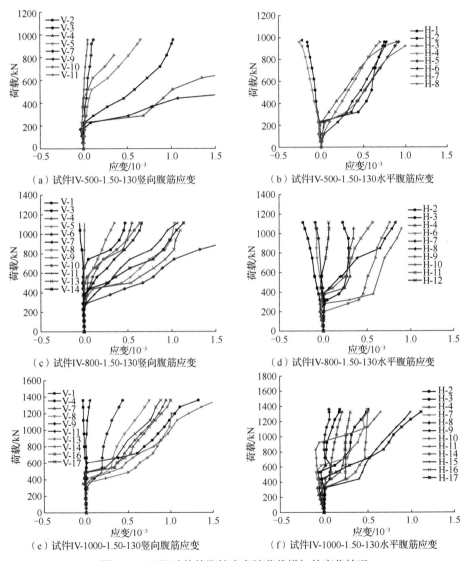

（a）试件Ⅳ-500-1.50-130竖向腹筋应变

（b）试件Ⅳ-500-1.50-130水平腹筋应变

（c）试件Ⅳ-800-1.50-130竖向腹筋应变

（d）试件Ⅳ-800-1.50-130水平腹筋应变

（e）试件Ⅳ-1000-1.50-130竖向腹筋应变

（f）试件Ⅳ-1000-1.50-130水平腹筋应变

图 3.24　Ⅳ组试件的腹筋应变随荷载增加的变化情况

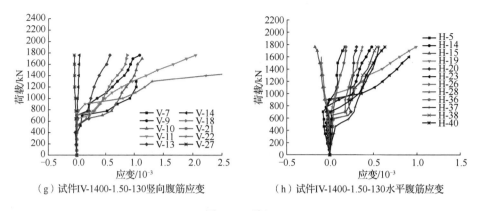

（g）试件IV-1400-1.50-130竖向腹筋应变　　　　（h）试件IV-1400-1.50-130水平腹筋应变

图 3.24（续）

贡献可忽略不计；斜向开裂后，腹筋开始发挥作用，应变迅速增大，且竖向腹筋应变较水平腹筋更显著，表明初裂阶段内竖向腹筋较水平腹筋的贡献更为突出，主要原因是斜裂缝的出现导致试件发生内力重分布，形成拉杆-拱传力机制。同时，该腹筋应变突增点对应的荷载值与观测到的开裂荷载值基本符合，可用于检测人为观测开裂荷载值的准确性。继续加载，直到试件破坏时仅部分穿过斜裂缝的竖向腹筋达到屈服，水平腹筋均未屈服。为进一步明确腹筋应变沿斜截面方向的分布情况，将开裂和极限状态下梁高为800mm试件的腹筋应变分别投影到加载点与支撑点的连线上，如图 3.25 所示。

图 3.25 中虚线和实线分别表示开裂和极限荷载时的腹筋应变，而点划线代表钢筋的屈服应变值。对比截面高度相同的试件发现，腹筋对试件抗剪的贡献受剪跨比和加载板宽度的影响显著。随着剪跨比的增加，水平腹筋的作用逐渐减小，而竖向腹筋对试件抗剪的贡献逐渐增大，与我国规范给出的设计公式相吻合。随着加载板宽度的增大，试件极限荷载下的竖向腹筋应变增加明显。

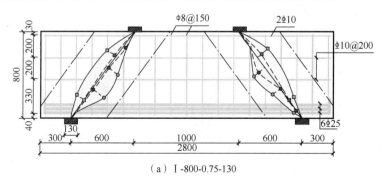

（a）I-800-0.75-130

图 3.25　梁高 800mm 试件的腹筋应变分布（单位：mm）

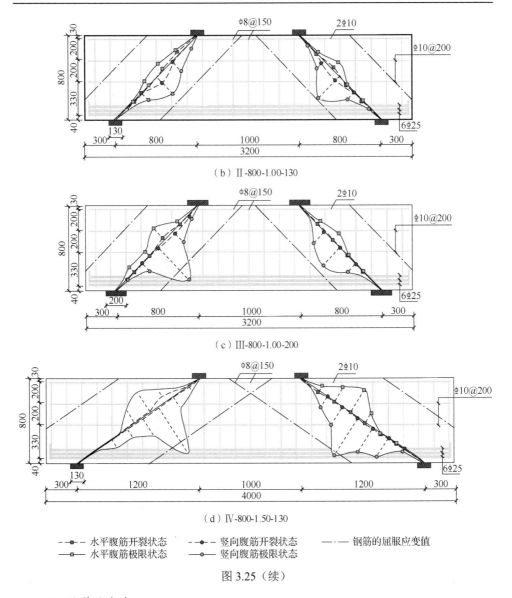

（b）II-800-1.00-130

（c）III-800-1.00-200

（d）IV-800-1.50-130

--■-- 水平腹筋开裂状态　　--●-- 竖向腹筋开裂状态　　—·— 钢筋的屈服应变值
--□-- 水平腹筋极限状态　　--○-- 竖向腹筋极限状态

图 3.25（续）

5. 斜裂缝宽度

图 3.26 给出各组试件最大斜裂缝宽度的发展趋势，为便于分析，将图中纵坐标选为荷载百分比以考虑不同尺寸试件受剪承载力差异显著的影响。由图 3.26 可知，同组试件的腹筋配筋率相同，随着截面高度的增大，其最大斜裂缝宽度的变化趋势基本一致，未受尺寸效应影响。但 Birrcher 进行的无腹筋深受弯构件受剪试验研究表明[14]，斜裂缝宽度受试件尺寸变化的影响显著，以小尺寸构件的裂缝宽度推测大尺寸构件的变形性能时应十分谨慎。因此，配置腹筋是抑制深受弯构件斜裂缝开展的有效措施之一，进一步验证了 Zhang 等关于合理配置腹筋能够适

当减小尺寸效应影响的结论[15]；当试件截面高度相同时，剪跨比的增大使试件最大斜裂缝宽度呈现增长趋势。主要原因是深受弯构件斜裂缝的产生是由于混凝土抗拉强度低于截面内水平拉应力造成，配置水平腹筋能够帮助混凝土共同承担水平拉应力。但随着剪跨比的增大，水平腹筋贡献逐渐降低，导致斜裂缝宽度有所增长；加载板宽度的增大对最大斜裂缝宽度也有显著提升。

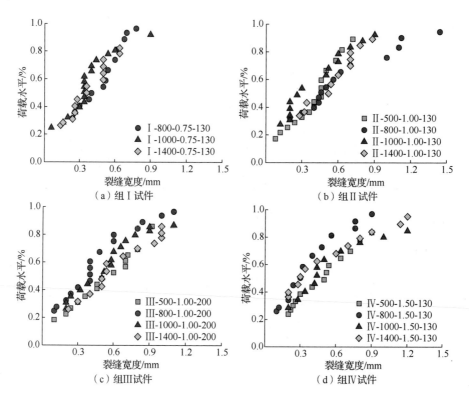

图 3.26　各组试件最大斜裂缝宽度的发展趋势

3.2.4　尺寸效应分析

　　为进一步明晰轻骨料混凝土深受弯构件的受剪尺寸效应行为，图 3.27 给出三组不同剪跨比试件 $\lg v_n$ 与 $\lg h_0$ 的关系，图中 k 值为对各组数据点进行线性回归后得到直线的梯度。由图 3.27 可知，一方面随着截面高度的增大，试件的极限剪应力降低，表现出明显的尺寸效应；另一方面当试件剪跨比为 0.75、1.00 和 1.50 时，直线斜率分别为-0.38、-0.51 和-0.41，即Ⅰ组、Ⅱ组和Ⅳ组试件的极限剪应力 v_u 分别与 $h_0^{-0.38}$、$h_0^{-0.51}$ 和 $h_0^{-0.41}$ 成比例。随着剪跨比的增大，试件极限抗剪强度受尺寸效应的影响稍有减轻。

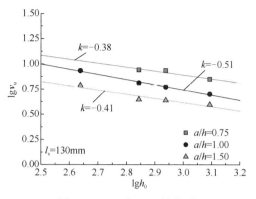

图 3.27　$\lg v_{\mathrm{u}}$ 与 $\lg h_0$ 的关系

　　结合 Yang 等[16,17]的试验结果，普通混凝土、砂轻和全轻混凝土深受弯构件的极限剪应力 v_{u} 分别与 $h_0^{-0.26}$、$h_0^{-0.65}$ 和 $h_0^{-0.71}$ 成比例（图 3.28）。对比可知：轻骨料混凝土深受弯构件的尺寸效应行为较普通混凝土构件更为显著。同时，本书中试件所用的轻骨料混凝土强度等级虽有所提高（达到 LC60 级），但通过配置腹筋为压杆提供了有效的边界约束且能够抵抗斜截面内的部分拉应力，因此，尺寸效应作用在一定程度上得到缓解。此外，Weibull[12]的试验结果显示，梁式构件极限剪应力 v_{u} 与 $h_0^{-1/6}$ 成比例，而 Shioya 等[18]和 Kani[7]均通过试验得出 v_{u} 与 $h_0^{-1/4}$ 成比例，但 Bažant 等[19]发现 v_{u} 与 $h_0^{-1/2}$ 有关，由此可见，Bažant 的尺寸效应律最为显著，Weibull 的尺寸效应律相对较弱。而本书试件极限剪应力的尺寸效应变化规律与 Bažant 的研究结果最为吻合，表明采用能量释放理论对该类轻骨料混凝土深受弯构件的尺寸效应行为进行解释更为合理。

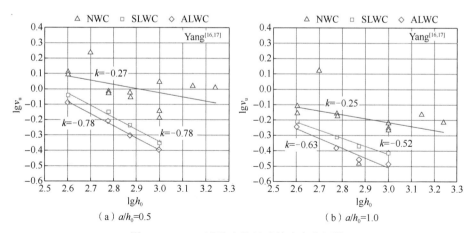

（a）$a/h_0=0.5$　　　　　　　　　　　　　（b）$a/h_0=1.0$

图 3.28　Yang 试验中的尺寸效应变化规律

3.3　框架中节点受剪性能试验研究

钢筋混凝土框架节点是指框架柱和梁重合的节点区域，以及与核心区相连接的梁端和柱端，是连接框架梁和柱的枢纽区，也是结构抗震的薄弱环节[20]。本章已对单调荷载作用下的轻骨料混凝土深受弯构件的受剪性能进行了系统的试验研究，但在往复荷载作用下，轻骨料混凝土框架节点受剪性能与静力构件受剪性能存在差异，同时轻骨料混凝土易发生骨料破坏，其受剪性能与普通混凝土框架节点也有区别。因此，本节针对轻骨料混凝土框架梁柱节点的抗剪性能开展了相关研究，系统观察试件的破坏过程与破坏形态，重点分析轴压比、配箍率等关键因素对该类混凝土节点区的钢筋应变、刚度退化和滞回耗能等的影响规律。

3.3.1　试验设计

1. 试件设计及制作

以一栋 7 度（0.15g）抗震设防地区的三层轻骨料混凝土高铁站房为背景工程，采用全现浇 LC40 级轻骨料混凝土框架主体结构，一层结构标高为 7.95m，二层结构标高为 14.50m，总高度为 21.41m，结构总宽度为 36.50m，整体结构框架模型如图 3.29 所示。以底部两层为研究对象，设计了 4 个缩尺比例为 1：3 的轻骨料混凝土框架中节点，节点试件中柱截面尺寸为 260mm×260mm，梁截面尺寸为 150mm×300mm，上、下柱高度均为 1050mm。此次试验模拟三层框架结构中柱受水平荷载作用下的受力性能，由于试验的主要目的是获得节点核心区的抗剪强度资料，因此试件依据"强构件、弱节点"的原则进行设计，使核心区形成塑性铰，最终发生核心区剪切破坏，明确节点核心区的抗剪性能。试件设计参数见表 3.13，试件尺寸及配筋图如图 3.30 所示。

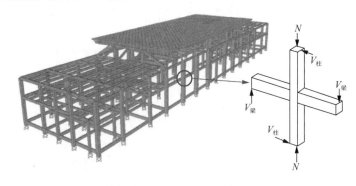

图 3.29　整体结构框架模型

表 3.13　试件参数

试件编号	柱			梁			节点核心区	轴压比
	$b×h$	纵筋配筋形式及配筋率	箍筋配筋形式及配筋率	$b×h$	纵筋配筋形式及配筋率	箍筋配筋形式及配筋率	箍筋配筋形式及配筋率	
HSLCJ-1	260mm×260mm	2×3Φ20 2.79%	Φ6@100 0.22%	150mm×300mm	2×3Φ16 2.68%	Φ6@100 0.38%	Φ6@120 0.18%	0.15
HSLCJ-2	260mm×260mm	2×3Φ20 2.79%	Φ6@100 0.22%	150mm×300mm	2×3Φ16 2.68%	Φ6@100 0.38%	Φ6@100 0.22%	0.15
HSLCJ-3	260mm×260mm	2×3Φ20 2.79%	Φ6@100 0.22%	150mm×300mm	2×3Φ16 2.68%	Φ6@100 0.38%	Φ6@120 0.18%	0.25
HSLCJ-4	260mm×260mm	2×3Φ20 2.79%	Φ6@100 0.22%	150mm×300mm	2×3Φ16 2.68%	Φ6@100 0.38%	Φ6@100 0.22%	0.25

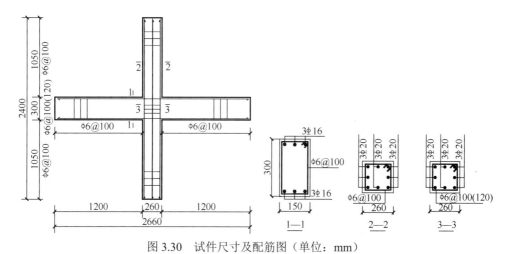

图 3.30　试件尺寸及配筋图（单位：mm）

本试验所采用的材料和混凝土配合比与 3.1 节中的深受弯构件相同，即试件混凝土设计强度等级为 LC40，箍筋和纵向受拉钢筋分别采用 HPB300 级和 HRB400 级钢筋。试件浇筑后在室内自然条件下浇水养护 7d，然后自然养护至试验进行。

2. 加载设备与制度

考虑较大轴向压力下不可忽略的 P-Δ 效应，节点采用柱端加载。轴压荷载由反力梁和液压千斤顶施加，水平反复推力采用电液伺服作动器（MTS）施加，试验加载装置如图 3.31 所示。加载初期，首先由液压千斤顶施加柱顶轴向荷载至预定轴压比，确保梁端在竖向变形过程中的自由伸长，保证节点不产生初始内力，然后由电液伺服作动器在柱顶施加低周反复水平荷载。水平循环荷载采用荷载与位移混合控制，以试件开裂为标志，开裂前以荷载控制加载，开裂后以位移控制加载，每级循环三次以详细观察试件的受力过程及试验现象。当试件承载力下降至最大承载力的85%时停止试验。试件加载制度如图3.32所示。

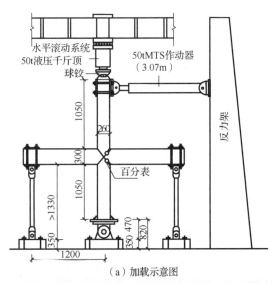

（a）加载示意图

（b）加载装置

图3.31　试验加载装置（单位：mm）

3. 量测内容

量测内容包括：柱顶水平推力及水平位移、试件剪压区截面混凝土应变、梁柱端部和节点核心区钢筋应变（图3.33）及核心区混凝土剪切变形等。

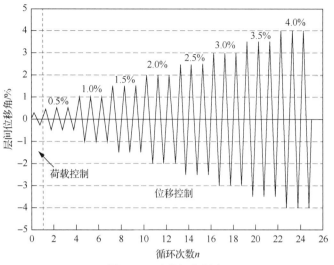

图 3.32　试件加载制度

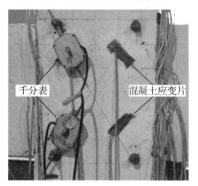

（a）混凝土应变测点

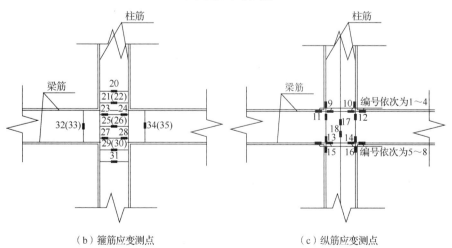

（b）箍筋应变测点　　　　　　　　　　（c）纵筋应变测点

图 3.33　测点布置图

3.3.2 破坏过程及破坏形态

试件均为节点核心区剪切破坏，虽然核心区的设计参数不同，但破坏过程类似，都是在往复荷载作用下，构件依次经历了初裂、通裂、极限和破坏四个阶段。各试件特征荷载和特征变形见表 3.14，现以典型试件 HSLCJ-1 为例说明具体试件的破坏过程。

表 3.14　试件典型阶段特征荷载和特征变形

试件编号	阶段	柱顶位移/mm		剪切角/（10^{-3}rad）		柱顶荷载/kN	
		正向	反向	正向	反向	正向	反向
HSLCJ-1	初裂	12	-12	0.62	-0.67	33.799	-36.284
	通裂	24	-24	3.62	-3.21	52.711	-53.836
	极限	36	-36	7.53	-4.96	61.128	-62.212
	破坏	48	-48	17.9	-18.5	51.959	-52.880
HSLCJ-2	初裂	12	-12	1.38	-1.20	31.022	-38.149
	通裂	24	-24	4.70	-5.95	45.045	-57.176
	极限	36	-36	8.91	-7.45	62.012	-64.270
	破坏	48	-48	24.5	-20.3	43.671	-57.919
HSLCJ-3	初裂	16	-16	0.58	-0.78	46.069	-45.474
	通裂	24	-24	4.34	-5.12	55.870	55.787
	极限	36	-36	8.33	-9.05	62.630	-63.950
	破坏	48	-48	25.4	-23.8	53.235	-54.358
HSLCJ-4	初裂	18	-18	1.06	-0.91	45.810	-50.131
	通裂	24	-24	3.23	-4.11	53.567	-57.694
	极限	36	-36	6.54	-8.44	63.972	-64.647
	破坏	48	-48	21.7	-19.6	50.126	-54.950

1. 初裂阶段

试件受力后，当加载至柱端位移为 2mm 时，左、右梁均出现垂直于梁跨度方向的弯曲裂缝，裂缝宽度为 0.02mm，此时左、右梁处于弹性受力阶段；当加载至柱端位移 4mm 时，梁端的裂缝不断发展，陆续出现斜裂缝，梁上最大裂缝宽度为 0.06mm；当加载至柱端位移 6mm 时，左、右梁上裂缝宽度增至 0.08mm，梁柱节点核心区无裂缝出现；当加载至柱端位移为 8mm 时，左、右梁最大裂缝宽度为 0.1mm，继续加载至柱端位移为 12mm 时，核心区东南角出现首条裂缝，宽度为 0.04mm，右梁上裂缝继续沿高度方向延伸，最大宽度为 0.12mm。当反向加载至柱端位移为 12mm 时，节点核心区西南角出现宽度为 0.02mm 的水平裂缝。逐级加荷直到节点核心区出现斜裂缝，此时称为初裂阶段。由于两侧梁上的配筋左右相同，梁上裂缝也近似对称分布。初裂时水平箍筋的应力较小，节点剪力主要由混凝土承担，因此在相同轴压比和混凝土强度下，试件的初裂荷载相近，此阶段节点的剪力主要是依靠核心区混凝土承担和传递。HSLCJ-1 初裂阶段的正向荷载为极限荷载的 55.3%，反向荷载为极限荷载的 58.3%。

2. 通裂阶段

初裂后，荷载继续增加，节点核心区交叉斜裂缝沿对角线方向稳定发展，陆续有新裂缝出现。当正向加载至柱端位移为 18mm 时，节点核心区对角线方向形成正向主、斜裂缝，宽度为 0.14mm，右梁裂缝最大宽度增加至 0.20mm。当反向加载至柱端位移为 18mm 时，原有裂缝继续延伸，节点核心区沿对角线方向形成反向主斜裂缝，其宽度为 0.14mm，同时新裂缝不断产生；左梁上形成贯穿梁高度的受弯裂缝。当正向加载至柱端位移为 24mm 时，右梁受弯裂缝的最大宽度为 0.18mm，核心区主裂缝宽度为 0.22mm。当反向加载至柱端位移为 24mm 时，右梁裂缝贯通整个梁高，核心区主裂缝宽度为 0.30mm。当加载至柱端位移为 36mm 时，正向主裂缝宽度为 0.50mm，反向主裂缝宽度为 0.40mm，节点进入通裂阶段。此后节点核心区裂缝继续增加，且裂缝开始向柱延伸，核心区混凝土开始出现起皮现象。通裂阶段，裂缝宽度在 0.25～0.50mm，通裂时水平箍筋应力迅速增加，但核心区中部的水平箍筋大多未屈服，此阶段节点剪力由核心区混凝土和水平箍筋共同承担。HSLCJ-1 通裂时的正向荷载为极限荷载的 84.8%，反向荷载为极限荷载的 86.6%。

3. 极限阶段

通裂后，试件很快进入极限状态，核心区裂缝迅速发展，平行于对角线方向出现多条斜裂缝，主、斜裂缝在原有基础上继续发育，剪切变形明显加大，中心处混凝土起皮，当加载至柱端位移 48mm 时，节点核心区正向加载主裂缝宽度增至 1.0mm，反向加载主裂缝宽度为 0.6mm。在节点核心区附近有轻微的摩擦声响出现，此时节点核心区中心部位附近的混凝土被分割成若干无规则的菱形小块，正向加载裂缝多于反向加载，混凝土开始大面积起皮。进入极限阶段，核心区的裂缝宽度越来越大，核心区剪切变形迅速增加，保护层开始起壳、剥落，承载能力达到最大值。但核心区水平箍筋大多仍未屈服。HSLCJ-1 正向极限荷载是 61.1kN，反向极限荷载是 62.2kN。

4. 破坏阶段

继续加载，当加载至柱端位移 72mm 时，核心区混凝土剥落，裂缝大范围向柱延伸。正向主裂缝宽度为 1.6mm，反向主裂缝宽度增至 1.2mm。随着交替变形的逐渐增大，荷载逐渐下降，核心区混凝土出现大量剥落，变形急剧增大。当柱端荷载降至其极限荷载的 85%时停止加载。在破坏阶段，核心区范围内损伤严重，混凝土被压碎，箍筋外露，最终破坏时核心区形成 X 形对角主、斜裂缝，左、右梁破坏形态呈对称分布，是典型的核心区剪切破坏形态。

试件 HSLCJ-1 的典型阶段裂缝形态如图 3.34 所示。图 3.35 给出试件最终破坏形态。

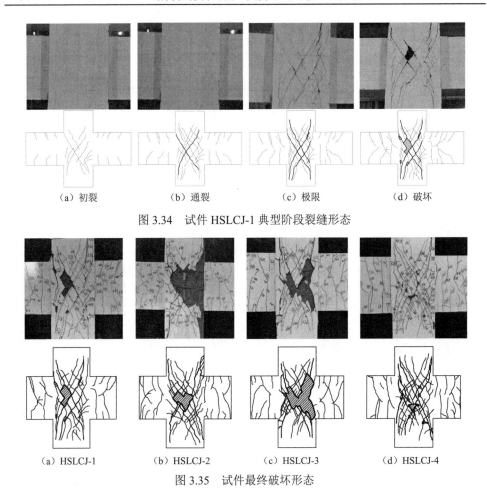

（a）初裂　　　　（b）通裂　　　　（c）极限　　　　（d）破坏

图 3.34　试件 HSLCJ-1 典型阶段裂缝形态

（a）HSLCJ-1　　（b）HSLCJ-2　　（c）HSLCJ-3　　（d）HSLCJ-4

图 3.35　试件最终破坏形态

3.3.3　试验结果分析

1. 滞回曲线

图 3.36 为各试件的滞回曲线及对应的裂缝发展过程。由图 3.36 可见，各试件在初始加载阶段，滞回曲线基本呈线性，且残余变形较小，处于弹性阶段（A 点前）；开裂后，柱顶位移增加，试件步入通裂阶段（B 点），荷载与位移仍保持线性增长，但残余变形较大，构件的开裂使节点出现刚度退化，进入弹塑性工作阶段；随着位移的进一步增大，试件进入极限阶段（C 点），经三次循环后可见，试件表现出明显的刚度和强度退化，同时节点梁筋出现滑移，水平滑移段增加，残余变形加大。对比各构件的滞回曲线可见，进入极限阶段后，高轴压比构件的残余变形较低轴压比构件小，刚度和强度退化速度较慢，且其滞回曲线较低轴压比构件饱满，耗能能力较好；对比试件 HSLCJ-1 和 HSLCJ-2，随着配箍率的增加，极限阶段后，试件的延性得到改善。对比构件 HSLCJ-2 和 HSLCJ-4，随着轴压比

的增加，节点的延性降低，与普通混凝土框架节点基本一致。

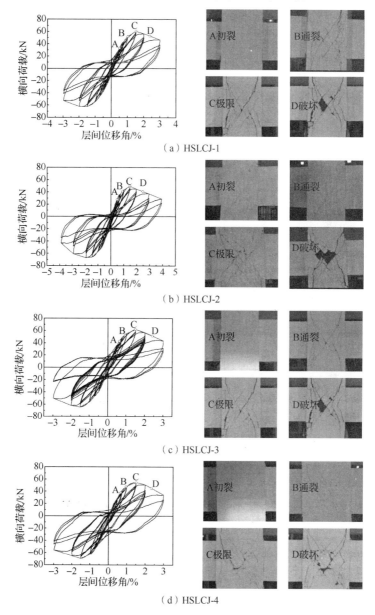

图 3.36　各试件的滞回曲线及对应的裂缝发展过程

2. 骨架曲线

图 3.37 为各试件的骨架曲线。由图 3.37 可见，骨架曲线明显表现出弹性段、弹塑性段、稳定段和破坏段四个阶段，对应受力过程中的初裂、通裂、极限和破坏段。其中弹性段、弹塑性段、稳定段与普通混凝土节点的区别较小，但在破坏

段，即骨架曲线的下降段，核心区混凝土严重剥落，剪切变形较普通混凝土更严重，刚度和强度退化加剧。对比各试件，适当增加轴压比在一定程度上提高了节点的抗剪能力，即试件 HSLCJ-3 和 HSLCJ-4 承载力较试件 HSLCJ-1 和 HSLCJ-2 有所提升，但节点的延性降低，脆性增加，变形性能较差。随着配箍率的提高，构件的延性增强，试件 HSLCJ-2 表现出了较好的延性。

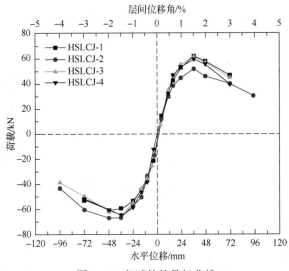

图 3.37　各试件的骨架曲线

3. 位移延性

通过式（3.1）进行位移延性计算：

$$\mu_\Delta = \Delta_u / \Delta_y \tag{3.1}$$

式中：Δ_u 为荷载降至极限荷载的 85%时的对应位移，取正、反向加载的位移平均值；Δ_y 为节点的屈服位移，采用几何法确定，结果见表 3.15。

表 3.15　试件位移延性系数

试件编号	Δ_u/mm	Δ_{ui}/Δ_u	Δ_y/mm	μ	μ_i/μ
HSLCJ-1	53.92	1.00	21.91	2.461	1.00
HSLCJ-2	54.82	1.02	21.07	2.602	1.06
HSLCJ-3	53.53	0.99	22.49	2.380	0.97
HSLCJ-4	53.88	1.00	22.21	2.426	0.99

由表 3.15 可知，位移延性系数与普通混凝土相当。提高节点配箍率可显著提高节点延性，对比试件 HSLCJ-1 和 HSLCJ-2，位移延性提升约 5.7%；而轴压比的增加使节点位移延性略微退化，高轴压比试件的位移延性较低轴压比试件的位移延性降低约 3%。

4. 刚度和强度退化

往复荷载作用下，当保持相同荷载时，位移随循环次数的增加而增加，这种现象称为刚度退化，衡量标准一般采用同级位移下的割线刚度表示。将保持相同位移时荷载随循环次数的增加而减小的现象，称为强度退化，即

$$K_j = \frac{\left|+P_j^i\right| + \left|-P_j^i\right|}{\left|+\mu_j^i\right| + \left|-\mu_j^i\right|} \qquad (3.2)$$

$$\lambda_i = P_j^i / P_j^1 \qquad (3.3)$$

式中：K_j 和 λ_i 分别为刚度退化系数和强度退化系数；P_j^i 为第 j 次加载位移时，第 i 次循环加载的峰值荷载值；μ_j^i 为第 j 次加载位移时，第 i 次循环加载的峰值位移点；P_j^1 为第 j 次加载时，第一次循环的峰值荷载值。

各试件刚度和强度退化曲线如图 3.38 所示。

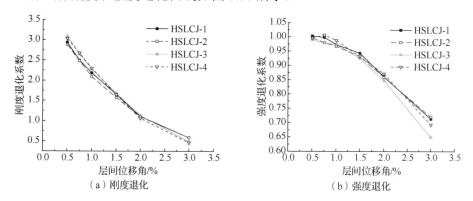

（a）刚度退化　　　　　　　　　（b）强度退化

图 3.38　各试件刚度和强度退化曲线

随着加载位移的不断增大，试件开裂明显，混凝土裂缝的产生和发展，钢筋与混凝土之间出现滑移等现象使节点刚度明显退化，尤其是极限阶段后，伴随着混凝土的起皮剥落，刚度降低更为显著；如图 3.38（b）所示，极限阶段后，各节点强度退化明显加剧，曲线较陡，部分强度退化系数降至 0.7 以下，这主要归结于节点区剪切破坏属脆性破坏引起。同时，配箍率的增加使延性得到一定改善，但随着轴压比的增加，构件的延性降低，试件 HSLCJ-3、HSLCJ-4 较试件 HSLCJ-1、HSLCJ-2 强度退化明显。

5. 节点耗能

结构或构件的耗能能力可通过滞回环的面积来衡量，荷载-变形曲线滞回环如图 3.39 所示，且通过对面积的不同理解提出能量耗散系数、功比系数、能量系数等多个参数反映构件的耗能能力。

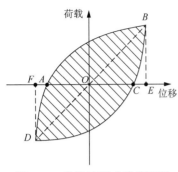

图 3.39　荷载-变形曲线滞回环

我国《建筑抗震试验规程》(JGJ/T 101—2015)[21]推荐采用能量耗散系数 E 反映构件的耗能能力，即结构或构件一个滞回环的总能量与弹性能的比值，即

$$E = \frac{S_{(ABC+CDA)}}{S_{(OBE+ODF)}} \qquad (3.4)$$

采用上述衡量标准，计算构件在各个典型阶段的能量耗散系数，见表 3.16。由表 3.16 可见，试件极限状态的能量耗散系数在 0.679～0.878 之间，与普通混凝土接近，因此轻骨料混凝土节点具有较好的耗能能力。对比可得，随着配箍率和轴压比的增加，构件的耗能能力有所提升，且轴压比对耗能能力的提高更为显著。

表 3.16　能量耗散系数

类别	试件编号							
	HSLCJ-1		HSLCJ-2		HSLCJ-3		HSLCJ-4	
阶段	通裂	极限	通裂	极限	通裂	极限	通裂	极限
总能量	0.575	1.535	0.651	1.447	0.687	1.833	0.714	1.951
能量耗散系数	0.450	0.691	0.541	0.679	0.512	0.804	0.534	0.878

6. 箍筋应变

图 3.40 为典型试件 HSLCJ-1 的核心区箍筋应变在不同阶段的变化情况。如图 3.40 所示，各个典型阶段箍筋应变沿高度变化呈一定的规律性。初裂阶段，节点剪力主要由混凝土承担，箍筋应变较小。通裂阶段箍筋均未屈服，但随着节点核心区裂缝的发展，箍筋应变逐渐增大。极限阶段，由于节点破坏属脆性剪切破坏，箍筋应变迅速增加，但仅有个别箍筋产生屈服。一方面由于纵筋和混凝土的黏结性能略差，即往复荷载作用下骨料、水泥石和钢筋的界面强度有一定下降，致使剪应力传递受阻；另一方面，由于骨料强度仍有不足，箍筋能力未完全发挥。因此，建议核心区采用箍筋加密，增强节点区箍筋和混凝土的协作能力。

7. 骨料破坏特征

图 3.41 为轻骨料混凝土节点区的破坏特征。节点破坏时，在骨料处和骨料与水泥石界面之间均有部分裂缝出现，即骨料破坏和界面破坏同时发生。如图 3.41 所示，高强页岩陶粒大部分被剪坏，小部分保持完整形态。故在往复荷载作用下，界面强度有所下降，节点核心区箍筋大多未屈服，能力未充分发挥，即骨料、界面和钢筋三者强度未达平衡。骨料、水泥石和钢筋三者的界面失效影响了节点核心区剪力的正常传递，降低了节点的刚度、耗能能力及核心区的抗剪强度。因此，

建议增强节点核心区横向钢筋，一方面增加节点延性，另一方面构造约束混凝土，提高节点抗剪能力。

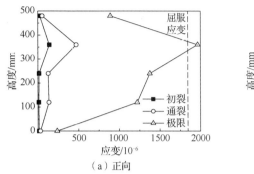
（a）正向

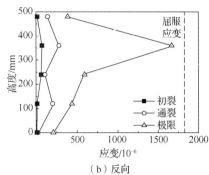
（b）反向

图 3.40　节点箍筋应变沿高度分布

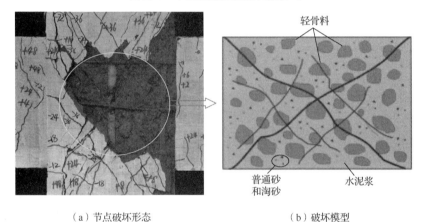

（a）节点破坏形态　　　　　　　　（b）破坏模型

图 3.41　轻骨料混凝土节点区

参 考 文 献

[1] 中华人民共和国住房和城乡建设部. 轻骨料混凝土应用技术标准：JGJ/T 12—2019[S]. 北京：中国建筑工业出版社，2019.

[2] Wei W, Jiang D H, Hsu C T T.　Shear strength of reinforced concrete deep beams [J]. Journal of Structures Engineering, ASCE, 1993, 119（8）：2294-2312.

[3] Russo G, Venir R, Pauletta M. Reinforced concrete deep beams-Shear strength model and design formula [J]. ACI Structural Journal, 2005, 102（3）：429-437.

[4] 中华人民共和国住房和城乡建设部. 混凝土结构设计规范（2015 年版）：GB 50010—2010[S]. 北京：中国建筑工业出版社，2015.

[5] Tan K H, Kong F K, Teng S, et al. High-strength concrete deep beams with effective span and shear span variations [J]. ACI Structural Journal, 1995,92（4）：395-405.

[6] 刘沐宇，尹华泉，丁庆军，等. 高强轻集料钢筋混凝土梁抗剪性能试验[J]. 哈尔滨工业大学学报，2008（4）：620-624.

[7] Kani G N J. How safe are our large reinforced concrete beams [J]. ACI Journal Proceedings, 1967, 64（3）: 128-141.

[8] Krauthammer T, Elfahal M M, Lim J, et al. Size effect for high-strength concrete cylinders subjected to axial impact [J]. International Journal of Impact Engineering, 2003, 28（9）: 1001-1016.

[9] Elfahal M M, Krauthammer T, Ohno T, et al. Size effect for normal strength concrete cylinders subjected to axial impact [J]. International Journal of Impact Engineering, 2005, 31（4）: 461-481.

[10] 闫东明，李贺东，刘金涛，等. 不同尺寸混凝土试件的动力特性探讨[J]. 水利学报，2014，45（S1）：95-99.

[11] Tan K H, Lu H Y. Shear behavior of large reinforced concrete deep beams and code comparisons [J]. ACI Structural Journal, 1999, 96（5）: 836-845.

[12] Weibull W. The phenomenon of rupture in solids [J]. Proceedings of Royal Sweden Institude of Engineering Research, 1939, 153: 1-55.

[13] Bažant Z P, Planas J. Fracture and size effect in concrete and other quasibrittle materials [M]. Boca Raton: CRC Press, 1998.

[14] Birrcher D B. Design of reinforced concrete deep beams for strength and serviceability [D]. Austin: University of Texas at Austin, 2009.

[15] Zhang N, Tan K H. Size effect in RC deep beams: experimental investigation and STM verification [J]. Engineering Structures, 2007, 29（12）: 3241-3254.

[16] Yang K H. Tests on lightweight concrete deep beams [J]. ACI Structural Journal, 2010, 107（6）: 663-670.

[17] Yang K H, Chung H S, Lee E T, et al. Shear characteristics of high-strength concrete deep beams without shear reinforcements [J]. Engineering Structures, 2003, 25（7）: 1343-1352.

[18] Shioya T, Iguro M, Nojiri Y, et al. Shear strength of large reinforced concrete beams [C]//Fracture Mechanics: Application to Concrete, SP-118. Farmington Hills, Mich: American Concrete Institute, 1989: 259-279.

[19] Bažant Z P, Kazemi M T. Size effect on diagonal shear failure of beams without stirrups [J]. ACI Structural Journal, 1991, 88（3）: 268-274.

[20] 刘伯权. 抗震结构的破坏准则及可靠性分析[M]. 北京：中国建材工业出版社，1995.

[21] 中华人民共和国住房和城乡建设部. 建筑抗震试验规程：JGJ/T 101—2015[S]. 北京：中国建筑工业出版社，2015.

第4章 轻骨料混凝土构件受剪承载力宏观分析方法

4.1 混凝土开裂软化特性分析

国内外学者在研究混凝土开裂行为的过程中，将其视为正交各向异性材料，以受力主轴作为平均拉伸和压缩方向，研究发现：混凝土开裂后，在垂直于混凝土受压方向上产生较大的拉应变，导致混凝土强度变低，甚至明显小于标准试验下的混凝土强度，这一现象被称为混凝土的软化。

4.1.1 软化系数简介

国外学者提出以软化系数作为衡量混凝土开裂软化的参数，在拉-压杆模型（strut-and-tie model，STM）中采用"压杆有效系数"来表示压杆受压区的开裂软化现象，其中混凝土的峰值应变 ε_0 和开裂方向的主应变 ε_r 是影响软化系数的主要因素。国内多采用可靠度方法预测混凝土的贡献，在半经验半理论的基础上对混凝土强度进行折减。本节主要介绍现行规范及典型计算模型对拉-压杆模型中压杆有效系数的建议计算方法。

1. 规范建议计算方法

拉-压杆模型已被美国规范 ACI 318-14、国际结构混凝土协会规范 Model Code 2010、加拿大规范 CSA A23.3-04、公路桥梁设计规范 AASHTO LRFD、欧洲规范 EC2 等推荐使用。各规范所采用的拉-压杆模型理论有所不同，对于压杆有效系数的计算也存在区别，典型规范的压杆有效系数计算方法见表 4.1。

表 4.1 现行规范压杆有效系数计算模型

现行规范	有效系数	备注
ACI 318-14[1]	$v=0.85\beta_s$	$\beta_s=0.75$ 时 $\rho_s\geqslant 0.003$ $\beta_s=0.6$ 时 $\rho_s<0.003$
EC2[2]	$v=0.6\left(1-\dfrac{f_c}{250}\right)$	—
CSA A23.3-04[3]	$v=\dfrac{1}{1.20+0.74(a/h_0)^2}$	$v\leqslant 0.85$

续表

规范	有效系数	备注
Model Code 2010	$v = 0.55\left(\dfrac{30}{f_c}\right)^{1/3}$	$v \leqslant 0.55$

注：$\rho_s = \sum \dfrac{A_{si}}{b_{si}} \sin \alpha_i \dfrac{\partial^2 \Omega}{\partial u \partial v}$，表示拉-压杆模型中斜压杆轴向截面配筋率。

2. 典型压杆有效系数计算模型

（1）Collins 和 Mitchell 模型

Collins 和 Mitchell 所提出的压杆有效系数公式如下：

$$v = \frac{1}{0.8 + 170\varepsilon_1} \tag{4.1}$$

$$\varepsilon_1 = \varepsilon_s + \frac{(\varepsilon_s + 0.002)}{\tan^2 \theta} \tag{4.2}$$

式中：θ 为压杆和相邻拉杆之间的最小夹角；ε_s 为在拉杆方向上的混凝土拉应变。

美国公路桥梁设计规范 AASHTO LRFD 对该模型进行了改进，并将修改后的公式用于压杆强度的预测[4]。

（2）Vecchio 和 Collins 模型

结合 Kollegger 和 Mehlhorn 等取得的试验数据，Vecchio 和 Collins 对修正压力场理论（MCFT）进行改进，并提出一种新的混凝土软化模型，即

$$v = \frac{1}{1.0 + K_c K_f} \tag{4.3}$$

$$K_c = 0.35\left(\frac{-\varepsilon_1}{\varepsilon_2} - 0.28\right)^{0.80} \geqslant 1.0 \tag{4.4}$$

$$K_f = 0.1825\sqrt{f_c'} \geqslant 1.0 \tag{4.5}$$

式中：K_c 为横向拉应变有效系数；K_f 为混凝土名义强度有效系数；ε_1 为平均主拉应变；ε_2 为平均主压应变；f_c' 为混凝土圆柱体抗压强度（MPa）。Vecchio 和 Collins 认为，改进后的 MCFT 模型与原有模型相差不大，且计算结果与非线性有限元分析结果具有较高的吻合性[5]。其计算过程依赖于拉应变与压应变的比值，而该参数只能通过试验研究得到，在实际工程中，由于修正压力场理论计算量过于庞大，难以作为设计工具。

（3）Mitchell 和 Collins 模型

结合混凝土轴心抗压强度，Mitchell 和 Collins 提出的压杆有效系数模型为

$$v = \frac{3.35}{\sqrt{f_c'}} \leqslant 0.52 \tag{4.6}$$

（4）Mikame 模型

考虑混凝土主拉应变和主压应变的影响，Mikame 等提出的计算模型为

$$v = \cfrac{1}{0.27 + 0.96\left(\cfrac{\varepsilon_r}{\varepsilon_0}\right)^{0.167}} \tag{4.7}$$

（5）Ueda 模型

同样考虑混凝土应变的影响，Ueda 等提出的计算模型为

$$v = \cfrac{1}{0.8 + 0.6(1000\varepsilon_r + 0.2)^{0.39}} \tag{4.8}$$

（6）Zhang 和 Hsu 模型

考虑混凝土强度和混凝土应变的影响，Zhang 和 Hsu 提出的计算模型为

$$v = \frac{5.8}{\sqrt{f_c'}} \frac{1}{\sqrt{1 + 400\varepsilon_r}} \leqslant \frac{0.9}{\sqrt{1 + 400\varepsilon_r}} \tag{4.9}$$

（7）Foster 和 Gilbert 模型

结合深梁和牛腿的试验数据库，对比各种模型对压杆有效系数的取值，Foster 和 Gilbert 提出了新的计算模型，并用数据库对其进行了评价，具体计算公式为

$$\varepsilon_s = -0.002 - 0.001\left(\frac{f_c'}{80}\right) \tag{4.10}$$

$$v = \cfrac{1}{1.14 + \left(0.64 + \cfrac{f_c'}{470}\right)\left(\cfrac{a}{h_0}\right)^2} \tag{4.11}$$

式中：a 为剪跨长度；h_0 为截面有效深度。

1996 年，Foster 和 Gilbert 研究了剪跨比、混凝土强度等级及水平和竖向钢筋数量对压杆有效系数的影响，结合有限元方法，提出了新的模型，即

当 $a/h_0 < 2$ 时，$\quad v = 1.25 - \dfrac{f_c'}{500} - 0.72\left(\dfrac{a}{h_0}\right) + 0.18\left(\dfrac{a}{h_0}\right)^2 \leqslant 0.85 \tag{4.12a}$

当 $a/h_0 \geqslant 2$ 时，$\qquad\qquad\qquad v = 0.53 - \dfrac{f_c'}{500} \tag{4.12b}$

（8）Warwick 和 Foster 模型

针对轴心抗压强度在 20～100MPa 之间的混凝土构件，Warwick 和 Foster 研究了剪跨比 a/h_0 的影响，提出新的压杆有效系数计算模型，即

$$v = 1.25 - \frac{f_c}{500} - 0.72\left(\frac{a}{h_0}\right) + 0.18\left(\frac{a}{h_0}\right)^2 \leqslant 1.0 \qquad (4.13)$$

4.1.2 轻骨料混凝土压杆软化试验

为明确普通混凝土受压开裂软化后的抗压强度,Sankovich 对瓶形压杆隔离体进行了系统的试验研究。试验结果表明:压杆隔离体试件在承受轴向压力时,沿加载轴方向产生裂缝,在加载点处出现混凝土剥落的情况,并在节点与压杆交界处发生破坏;节点的约束提高了试件的抗压强度,配筋率的变化对压杆有效抗压强度具有显著影响。轻骨料混凝土与普通混凝土在破坏机理上存在本质的差异,普通混凝土压杆有效系数的取值是否适用于轻骨料混凝土仍有待研究。

因此,结合轻骨料混凝土材料特性和深受弯构件试验研究,通过轻骨料混凝土压杆隔离体试验,分析了轻骨料混凝土斜压杆受压开裂软化性能,明确了轻骨料混凝土试件开裂后的抗压强度,与现有的压杆有效系数计算模型进行对比,并考虑边界条件的不同,研究了压杆隔离体与深受弯构件受剪承载力的关联性,从而验证拉-压杆模型的准确性,为后续轻骨料混凝土深受弯构件的拉-压杆模型计算提供参考。

1. 试验设计

以第 3 章中已完成的轻骨料混凝土深受弯构件为原型(图 4.1),选取支座宽度、钢筋与试件轴向夹角、配筋率和试件厚度为变量,设计了 12 个轻骨料混凝土瓶形压杆隔离体试件。试件均为正八边形轻骨料混凝土板,两端附加高度为 100mm 的加载承压区,试件厚度分别为 180mm 和 230mm,截面高度分别为 650mm 和 850mm,支座宽度分别为 170mm 和 220mm,具体试件尺寸如图 4.2 所示。

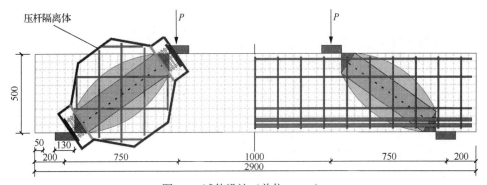

图 4.1　试件设计(单位:mm)

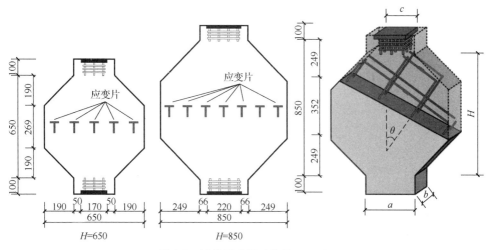

图 4.2　试件尺寸图（单位：mm）

混凝土强度选取 LC40 和 LC50 级。钢筋等级均为 HRB400 级，钢筋直径分别为 8mm 和 10mm。试件具体设计参数见表 4.2 及图 4.3。

表 4.2　试件尺寸及配筋参数

试件编号	压杆高度/ mm	试件厚度/ mm	θ /(°)	竖向腹筋	水平腹筋	钢筋层数	ρ_s	支座宽度/ mm
1-170-35-0	650	180	35	—	—	0	0	170
1-220-35-0	650	180	35	—	—	0	0	220
1-170-35-0.6A	650	180	35	Φ8@150	⏀10@200	2	0.0056	170
1-170-35-0.6B	650	230	35	Φ8@150	⏀10@120	2	0.0056	170
1-170-35-0.3A	650	180	35	Φ8@150	⏀10@200	1	0.0028	170
1-170-35-0.3B	650	180	35	Φ8@150	⏀10@200	1	0.0028	170
2-220-25-0.6	850	180	25	Φ8@150	⏀10@150	2	0.0058	220
2-220-25-0.3	850	180	25	Φ8@150	⏀10@150	1	0.0029	220
2-220-25-0.15	850	180	25	Φ8@250	Φ8@250	1	0.0015	220
2-220-45-0.6	850	180	45	Φ8@150	⏀10@200	2	0.0057	220
2-220-45-0.3	850	180	45	Φ8@150	⏀10@200	1	0.0029	220
2-220-45-0.15	850	180	45	Φ8@300	Φ8@300	1	0.0016	220

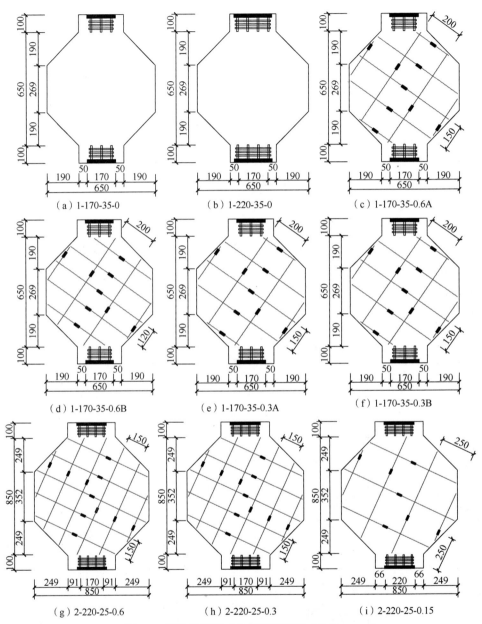

图 4.3　试件截面尺寸及配筋示意图（单位：mm）

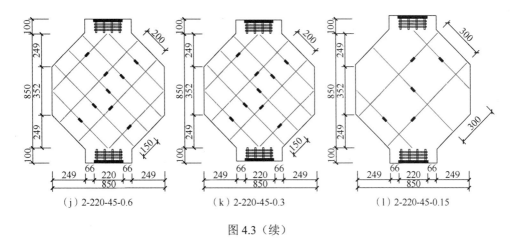

（j）2-220-45-0.6　　　　　　（k）2-220-45-0.3　　　　　　（l）2-220-45-0.15

图 4.3（续）

2. 主要观测及量测内容

观测内容：板面裂缝分布位置及其对应的荷载值；混凝土剥落位置及其对应的荷载值；钢筋应变及其屈服时对应的荷载值。量测内容：加载过程中支座位移变化情况；各个典型阶段的裂缝宽度及对应的荷载值；试件钢筋与混凝土的应变变化情况。

3. 加载方案

试验采用 YUL5000 电液伺服压力机完成加载，使用 DH3820 数据采集器进行应变采集，配备高速摄像机和 DIC 应变测量仪用于破坏过程图像及试件表面变形数据的观测，加载装置如图 4.4 所示。加载制度采用位移控制加载，速率为 0.05mm/min。在正式加载前先预加荷载 5kN，确保各部件贴合良好，同时检查各装置和设备是否正常工作。若无异常则完全卸去预加荷载后准备正式加载。

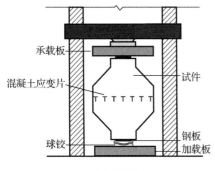

（a）试件加载　　　　　　　　　（b）高速摄像机

图 4.4　各试验仪器布置

4.1.3 试验结果分析

1. 破坏形态与破坏过程

（1）破坏形态

试件破坏过程可分为弹性变形、裂缝发展、极限破坏三个阶段。通过比较分析压杆隔离体试件的裂缝分布情况和破坏位置，将试件的破坏形态分为节点区破坏和压杆区破坏。节点区破坏主要表现为节点区与压杆区连接处的混凝土被压碎，压杆区裂缝较少且没有出现大范围混凝土剥落的现象。发生节点区破坏的试件及破坏形态如图 4.5 所示。压杆区破坏则主要表现为压杆区形成多条混凝土贯通裂缝，同时伴有多处混凝土剥落，而构件的节点区则相对较为完整，仅发生小块的混凝土剥落的现象。产生压杆区破坏的试件及破坏形态如图 4.6 所示。

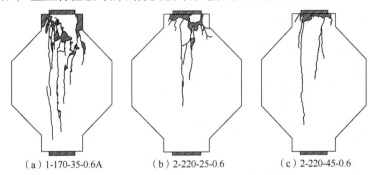

（a）1-170-35-0.6A　　　（b）2-220-25-0.6　　　（c）2-220-45-0.6

图 4.5　发生节点区破坏的试件及破坏形态

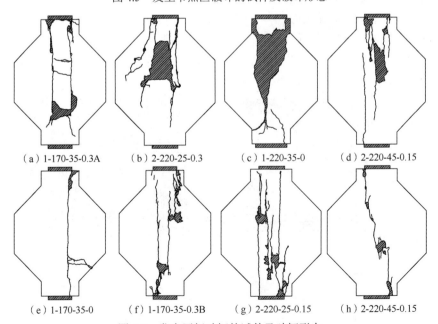

（a）1-170-35-0.3A　　（b）2-220-25-0.3　　（c）1-220-35-0　　（d）2-220-45-0.15

（e）1-170-35-0　　（f）1-170-35-0.3B　　（g）2-220-25-0.15　　（h）2-220-45-0.15

图 4.6　发生压杆破坏的试件及破坏形态

（2）典型试件破坏过程

1）压杆区破坏。以典型试件 1-170-35-0.3A 为例，试件在加载初期没有明显现象产生，荷载位移曲线呈线性增长。随着荷载的增加，试件首先在压杆区竖向轴线的左侧出现弧形裂缝，裂缝两端向竖向轴线靠拢延伸；随着荷载的进一步增大，裂缝宽度逐渐增加，试件上部出现混凝土起皮剥落现象；继续加载，试件持续发出混凝土开裂的声音，裂缝宽度继续增加，试件表面出现多处混凝土剥落现象；持续加载，伴随着试件发出的巨响声，最终试件在压杆区形成一条较宽的竖向贯通裂缝，荷载迅速下降，试件发生压杆区破坏。试件 1-170-35-0.3A 各阶段的破坏形态如图 4.7 所示。

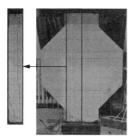 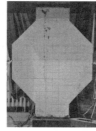 

（a）试件初裂　　　　（b）试件裂缝发展　　　　（c）试件极限破坏

图 4.7　试件 1-170-35-0.3A 各阶段的破坏形态

2）节点区破坏。典型试件 1-170-35-0.6A 发生节点区破坏。在裂缝发展阶段之前，其试验特征与压杆区破坏特征基本相似。当进入裂缝发展阶段后，试件持续发出混凝土压碎声，试件上部出现多条裂缝，并伴随多处混凝土起皮现象。试验继续进行，荷载进一步加大，试件发出明显的混凝土破碎声，在压杆上方产生多条裂缝，上部混凝土被压溃而导致试件破坏，其各阶段的破坏形态如图 4.8 所示。

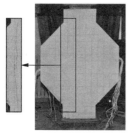  

（a）试件初裂　　　　（b）试件裂缝发展　　　　（c）试件极限破坏

图 4.8　试件 1-170-35-0.6A 各阶段的破坏形态

2. 试件特征荷载

试验过程中，将试件出现首条竖向裂缝时所对应的荷载记为试件的开裂荷载

N_{cr}，将压力机所记录的荷载位移曲线的峰值荷载记为极限荷载 N_u。各个试件的开裂荷载与极限荷载见表 4.3。

表 4.3　试件开裂荷载和极限荷载

试件编号	$\theta/(°)$	ρ_s	支座宽度/mm	f_c'/MPa	N_{cr}/kN	N_u/kN	N_{cr}/N_u
1-170-35-0	35	0	170	49.62	964.86	964.86	1.00
1-220-35-0	35	0	220	49.62	1122.55	1852.85	0.61
1-170-35-0.3A	35	0.0028	170	49.62	901.14	1678.95	0.54
1-170-35-0.3B	35	0.0028	170	42.89	794.06	1062.75	0.75
1-170-35-0.6A	35	0.0056	170	49.62	909.06	1694.95	0.54
1-170-35-0.6B	35	0.0056	170	49.62	442.74	480.13	—
2-220-25-0.15	25	0.0015	220	49.62	1294.09	1921.68	0.67
2-220-25-0.3	25	0.0029	220	49.62	1045.96	1967.56	0.53
2-220-25-0.6	25	0.0058	220	49.62	1325.35	1956.53	0.68
2-220-45-0.15	45	0.0016	220	49.62	1212.96	1946.22	0.62
2-220-45-0.3	45	0.0029	220	49.62	995.15	1716.84	0.58
2-220-45-0.6	45	0.0057	220	49.62	927.03	1575.98	0.59

注：ρ_s 为斜压杆轴向截面配筋率，根据 ACI 318-14 中的附录 A 进行计算。

分析表 4.3 中数据可以发现，试件 1-170-35-0.6B 的开裂荷载和极限荷载相对较低，与实际混凝土强度不符，原因可能是试件在浇筑过程中混凝土配合比出现错误，因此，本节未对该试件的试验结果进行分析。其他试件因尺寸、配筋及加载参数的不同，极限荷载在 900~2000kN 变化。对比各试件的开裂荷载与极限荷载可得，压杆隔离体试件在极限荷载的 60% 左右出现首条裂缝。

3. 荷载-位移曲线

试件的荷载-位移曲线如图 4.9 所示。根据试件的破坏特征和曲线特点，荷载-位移曲线可被分为三个阶段：第一个阶段为线性段，此时试件尚未发生开裂，荷载-位移曲线基本呈线性关系；第二个阶段为裂缝发展阶段，试件发生开裂后，曲线斜率略有降低，表明试件产生轻微刚度退化，试件进入非弹性工作阶段，荷载随着裂缝的发展产生波动；第三个阶段为下降段，曲线达到峰值后，大部分试件破坏比较迅速，伴随着混凝土被压碎或者试件发生劈裂，荷载会骤降至峰值荷载的 60% 以下。

4. 影响因素分析

试件的极限荷载与加载面积的比值为试验所测压杆的有效强度，用 σ_u 表示，压杆的有效强度与混凝土抗压强度的比值为压杆的软化系数，用 v 表示，根据试验结果计算得到的压杆有效系数见表 4.4。对于发生节点破坏的试件，从受力平衡角度分析，节点区与压杆区的截面应力相同，因此，不论试件发生节点区破坏还是压杆区破坏，试件所得软化系数可定义为压杆有效系数。

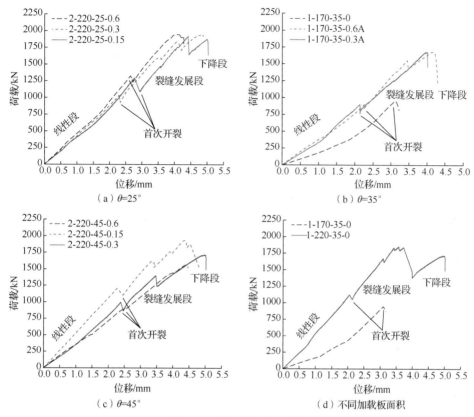

图 4.9　试件荷载-位移曲线

表 4.4　试件极限荷载及压杆有效系数

序号	试件编号	高度/mm	厚度/mm	θ/(°)	ρ_s	支座宽度/mm	f_c' / MPa	P_{exp}	σ_u / MPa	v
A	1-170-35-0	650	180	35	0	170	49.62	964.86	31.53	0.64
B	1-220-35-0	650	180	35	0	220	49.62	1852.85	46.79	0.94
C	1-170-35-0.3A	650	180	35	0.0028	170	49.62	1678.95	54.87	1.11
D	1-170-35-0.3B	650	180	35	0.0028	170	42.89	1062.75	34.73	0.81
E	1-170-35-0.6A	650	180	35	0.0056	170	49.62	1694.95	55.39	1.12
F	1-170-35-0.6B	650	230	35	0.0056	170	49.62	480.13	15.69	0.32
G	2-220-25-0.15	850	180	25	0.0015	220	49.62	1921.68	48.53	0.98
H	2-220-25-0.3	850	180	25	0.0029	220	49.62	1967.56	49.69	1.00
I	2-220-25-0.6	850	180	25	0.0058	220	49.62	1956.53	49.41	1.00
J	2-220-45-0.15	850	180	45	0.0016	220	49.62	1946.22	49.15	0.99
K	2-220-45-0.3	850	180	45	0.0029	220	49.62	1716.84	43.35	0.87
L	2-220-45-0.6	850	180	45	0.0057	220	49.62	1575.98	39.80	0.80

（1）压杆轴向截面配筋率

美国规范 ACI 318-14 规定拉-压杆模型中斜压杆受压轴向截面的钢筋配筋率不得低于 0.3%。比较试验所得压杆有效系数与美国规范中规定取值（图 4.10）发现，美国规范中关于压杆有效系数的计算方法同样适用于轻骨料混凝土，但计算结果偏于保守。分析发现：当斜压杆轴向截面配筋率低于 0.3% 时，随着配筋率的增加，试件有效抗压强度系数逐渐增大；当斜压杆轴向截面配筋率高于 0.3% 时，配筋率的增加对试件有效抗压强度系数影响不大，主要是因为此时压杆中水平或竖向钢筋不一定能够达到屈服强度，配置过多水平或竖向钢筋并不能有效提高压杆强度。

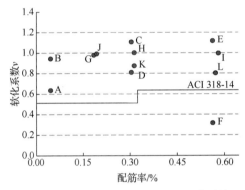

图 4.10　试验值与规范 ACI 318-14 的对比

（2）斜压杆倾角

斜压杆倾角表示的是斜压杆轴向与相邻拉杆之间的夹角，试验共设计了 25°、35° 和 45° 三种斜压杆倾角，由于夹角为 35° 的试件与其他试件具有不同的尺寸参数，故着重对倾角为 25° 和 45° 的试件进行比较。压杆轴向配筋对压杆有效系数的影响如图 4.11 所示，在压杆轴向配筋率相同的条件下，倾角为 25° 试件的软化系数明显高于倾角为 45° 试件的软化系数。同时对比图 4.12 中两类试件破坏时的竖向腹筋应变发现，倾角由 25° 增长至 45° 时，试件内竖向腹筋应变随之增大。由此说明，随着斜压杆的倾角减小，竖向腹筋在斜压杆受压过程中发挥的抗拉作用逐渐变大，可以有效提高压杆的承载能力。

（3）压杆高厚比

本试验所设置的压杆高厚比（H/d）分别为 3.6 和 4.7 两个水平。图 4.13 为不同高厚比试件的压杆软化系数的对比结果，图中试件 C 和 E 的高厚比为 3.6，试件 G、H、J、K、L 和 I 的高厚比为 4.7。由图 4.13 可知，试件的高厚比越小，压杆软化系数越大，试件尺寸效应越明显。

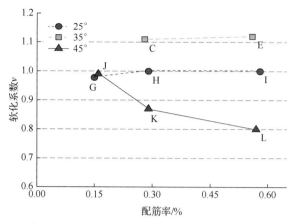

图 4.11　压杆轴向配筋率对压杆有效系数的影响

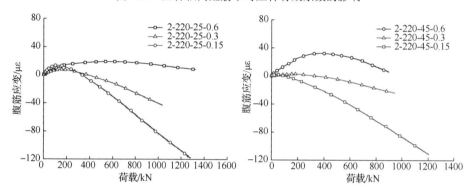

图 4.12　试件破坏时钢筋应变

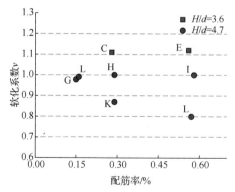

图 4.13　不同高厚比试件的压杆软化系数的对比结果

4.1.4　模型对比与验证

结合前述文献中的压杆有效系数计算方法，利用拉-压杆模型对本节中压杆隔离体试件的承载力进行计算，探究普通混凝土的压杆有效系数计算方法对轻骨料混凝土的适用性。

1. 现行规范计算结果对比分析

采用欧洲规范 EC2、美国规范 ACI 318-14、加拿大规范 CSA A23.3-04 和国际结构混凝土协会规范 Model Code 2010，对本节中压杆隔离体试件的轴向受压承载力进行计算并将计算值与试验值进行对比，对比结果如表 4.5 所示。

表 4.5　压杆隔离体试验值与规范计算值比较分析

试件编号	P_{exp}/kN	计算值 P_n/kN				P_{exp}/P_n			
		EC2	ACI	CSA	MC	EC2	ACI	CSA	MC
1-170-35-0	964.86	835.11	774.33	1013.82	799.52	1.16	1.25	0.95	1.21
1-220-35-0	1852.85	1080.73	1002.07	1312.01	1034.67	1.71	1.85	1.41	1.79
1-170-35-0.6 A	1694.95	835.11	971.71	1013.82	799.52	2.03	1.74	1.67	2.12
1-170-35-0.3A	1678.95	835.11	971.71	1013.82	799.52	2.01	1.73	1.66	2.10
1-170-35-0.3B	1062.75	773.21	839.92	1013.82	743.51	1.37	1.27	1.17	1.43
2-220-25-0.6	1956.53	1080.73	1257.5	909.18	1034.67	1.81	1.56	1.59	1.89
2-220-25-0.3	1967.56	1080.73	1257.5	1228.46	1034.67	1.82	1.56	1.60	1.90
2-220-25-0.15	1921.68	1080.73	1002.07	1228.46	1034.67	1.78	1.92	1.56	1.86
2-220-45-0.6	1575.98	1080.73	1257.5	1228.46	1034.67	1.46	1.25	0.93	1.52
2-220-45-0.3	1716.84	1080.73	1257.5	1685.85	1034.67	1.59	1.37	1.02	1.66
2-220-45-0.15	1946.22	1080.73	1002.07	1685.85	1034.67	1.80	1.94	1.15	1.88
均值						1.69	1.58	1.34	1.76
方差						0.26	0.26	0.28	0.27

分析表 4.5 可知：各规范计算值均小于试验结果，主要原因在于试验无法完全模拟压杆在拉-压杆模型中的边界条件。加拿大规范 CSA A23.3-04 计算结果与试验结果最为接近，国际结构混凝土协会规范 Model Code 2010 计算结果最为保守，这是因为加拿大规范中以剪跨比作为参数进行压杆有效系数的计算，而 Model Code 2010 仅以混凝土强度作为计算变量。

2. 经典模型计算结果对比分析

国内外专家学者对压杆有效系数展开了丰富的研究，本节从 4.1.1 节中选取了 8 种计算模型对斜压杆隔离体试件的承载力进行计算，并将其计算结果进行对比，计算结果见表 4.6。

表 4.6　斜压杆隔离体试验值与模型计算值的比较分析

试件编号	V_{test}/V_{model}							
	Collins 和 Mitchell 模型	Vecchio 和 Collins 模型	Mitchell 和 Collins 模型	Mikame 模型	Ueda 模型	Zhang 和 Hsu 模型	Foster 和 Gilbert 模型	Warwick 和 Foster 模型
1-170-35-0	0.95	1.53	1.34	0.86	1.18	1.25	1.69	1.30
1-220-35-0	1.41	2.27	1.98	1.27	1.75	1.86	2.51	1.93
1-170-35-0.6A	1.67	2.69	2.35	1.51	2.07	2.20	2.97	2.28
1-170-35-0.3A	1.65	2.67	2.33	1.49	2.05	2.18	2.94	2.26

试件编号	V_{test}/V_{model}							
	Collins 和 Mitchell 模型	Vecchio 和 Collins 模型	Mitchell 和 Collins 模型	Mikame 模型	Ueda 模型	Zhang 和 Hsu 模型	Foster 和 Gilbert 模型	Warwick 和 Foster 模型
1-170-35-0.3B	1.21	1.89	1.58	1.09	1.50	1.48	2.13	1.61
2-220-25-0.6	2.36	2.58	2.09	1.50	2.23	2.62	4.55	2.29
2-220-25-0.3	2.37	2.60	2.11	1.51	2.24	2.63	4.57	2.30
2-220-25-0.15	2.31	2.54	2.06	1.48	2.19	2.57	4.47	2.25
2-220-45-0.6	0.91	1.93	1.69	0.99	1.30	1.31	1.51	1.31
2-220-45-0.3	1.00	2.11	1.84	1.07	1.41	1.42	1.65	1.43
2-220-45-0.15	1.13	2.39	2.08	1.22	1.60	1.61	1.87	1.62
均值	1.54	2.29	1.95	1.27	1.78	1.92	2.81	1.87
方差	0.55	0.36	0.30	0.23	0.38	0.51	1.15	0.40

由表 4.6 中的数据可以发现，Mikame 模型与试验结果吻合度较高，而 Foster 和 Gilbert 模型的计算结果与试验值吻合较差。分析认为 Mikame 模型以混凝土应变作为主要计算参数计算压杆有效系数，受材料变化影响较小，而 Foster 和 Gilbert 模型是基于试验数据库回归得到的，因此对轻骨料混凝土适用性较差。

4.2　拉-压杆系列模型分析理论

拉-压杆模型主要应用于受力不满足平截面假定、弯曲效应不明显或不起控制作用的结构或构件中，如托架、深梁、牛腿、梁柱节点及一些钢筋的锚固区等，该方法属于下限弹性计算理论，计算结果小于或等于极限荷载，计算结果偏于保守，较为安全，已被多个国家编入设计规范。本节系统开展深受弯构件受剪拉-压杆模型研究，并探讨对轻骨料混凝土深受弯构件的适用性。

4.2.1　拉-压杆模型简介

拉-压杆模型（STM）通过假定应力传递方向，将复杂的应力状态简化为单轴应力状态，即压应力简化为压杆，拉应力简化为拉杆，两者通过节点连接，形成一种桁架结构计算模型。因此，模型由承受压力部分的压杆（strut）、承受拉力的拉杆（tie）以及压杆和拉杆相交的节点（nodes）三部分组成，其中节点分为 CCC（三向受压）、CCT（压-压-拉）、CTT（压-拉-拉）三种，节点类型见图 4.14。通过基本的静力学计算和必要的相容性条件确定拉杆和压杆的应力，再结合受力性能试验确定杆件和节点的容许承载力，从而完成对混凝土构件的简化设计。

多个国家规范已将拉-压杆模型用于受剪情况复杂构件的抗剪设计中，如美国规范 ACI、美国公路桥梁设计规范 AASHTO LRFD、加拿大规范 CSA、欧洲规范 EC2 等。采用拉-压杆模型对深受弯构件进行设计时，在保证模型中各个支座节点和拉杆强度的基础上，假定深受弯构件的受剪承载力与斜压杆承载力相同，因此只需计算压杆强度即可。拉-压杆模型计算简图如图 4.15 所示。

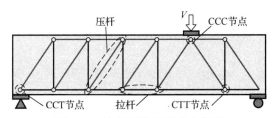

图 4.14　拉-压杆模型的节点类型

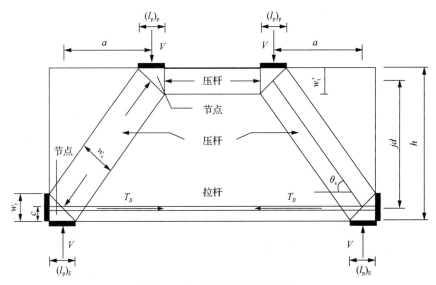

图 4.15　拉-压杆模型计算简图

各规范的拉-压杆模型受剪承载力可统一按式（4.14）进行计算：

$$V_{\mathrm{n}} = \nu f_{\mathrm{c}}' b_{\mathrm{w}} \omega_{\mathrm{s}} \sin \theta_{\mathrm{s}} \tag{4.14}$$

式中：ν 为压杆有效系数；f_{c}' 为混凝土强度等级；b_{w} 为深受弯构件截面宽度；ω_{s} 为斜压杆截面宽度。由于压杆在压力作用下会产生横向膨胀的拉应变，为此应配置能够抵抗横向拉应力的水平和竖向分布钢筋。规范中规定当混凝土圆柱体抗压强度不超过 41MPa 时，压杆中的横向钢筋配筋率应不小于 0.3%，即

$$\rho_{\mathrm{w}} = \sum \frac{A_{si}}{b_{si}} \sin \gamma_j \geqslant 0.003 \tag{4.15}$$

式中：A_{si} 为与压杆轴线成夹角 j 且贯穿压杆间距为 s_i 的第 i 层钢筋的总截面面积；b_{si} 为支座支承宽度。

基于拉-压杆模型和数理统计方法，国内外学者提出多种剪切理论模型用于深受弯构件的受剪计算，典型计算模型如表 4.7 所示。但用于规范设计的计算模型精度较低，离散性大，对剪跨比和跨高比较大的深受弯构件，计算结果偏于不安全；基于拉-压杆模型建立的精细化受剪模型计算结果精度较高，能较好地考虑混凝土软化效应和尺寸效应，但设计过程复杂，不利于工程应用；此外各规范或理

论模型对压杆有效系数的取值存在很大争议，考虑的影响因素、选取的计算方式也各不相同。因此，合理且适用的剪切设计方法有待提出。

表 4.7　深受弯构件受剪计算模型

规范名称	深受弯构件受剪计算模型	备注
美国规范 ACI 318-14	$$V_{ACI}=0.85\beta_s f_c' b w_s \sin\theta$$ $$w_s=\frac{1.8w_t\cos\theta+[(l_p)_E+(l_p)_p]\sin\theta}{2}$$ $$\theta=\arctan\left(\frac{jd}{a}\right)\geqslant 25°$$ $$jd=h-\frac{w_t+w_t'}{2}$$	f_c' 为混凝土圆柱体抗压强度； w_s 为混凝土斜压杆两端垂直于主轴方向的宽度； w_t 为混凝土压杆底部节点区高度；$w_t=2(h-h_0)$； w_t' 为顶部节点区高度； $(l_p)_E$ 为底部支承板宽度； $(l_p)_p$ 为顶部加载板宽度； θ 为混凝土压杆轴线和深受弯构件纵筋轴线所成角度； jd 为顶部节点中心和底部节点中心的垂直距离； a 为深受弯构件的剪跨； h 为深受弯构件的截面高度
加拿大规范 CSA A23.3-04	$$V_{CSA}=\frac{f_c'}{0.8+170\varepsilon_1} b w_s \sin\theta$$ $$\varepsilon_1=\varepsilon_s+(\varepsilon_s+0.002)\cot^2\theta$$ $$\varepsilon_s=\frac{0.75\lambda f_c' w_t b}{E_s A_s}$$ $$w_s=\frac{1.88w_t\cos\theta+[(l_p)_E+(l_p)_p]\sin\theta}{2}$$	ε_s 为拉杆的拉应变； E_s 为梁底纵筋的弹性模量； A_s 为梁底纵筋总横截面积； λ 为剪跨比； $w_t'=0.88w_t$； 其余参数同美国规范 ACI 318-14
欧洲规范 EC2	$$w_s=\frac{1.85w_t\cos\theta+[(l_p)_E+(l_p)_p]\sin\theta}{2}$$	$w_t'=0.85w_t$； 其他参数同美国规范 ACI 318-14
Foster 和 Gilbert 模型	$$V_n=vf_c'\sin\theta_s b_w w_s$$ $$\tan\theta_s=(d-\Omega/2)/a$$ $$\Omega=d-\sqrt{d^2-2aw_b}\leqslant 2(h-d)$$	w_s 为混凝土斜压杆宽度，$w_s=w_b/\sin\theta_s$。 当 $a/h_0<2$ 时，$v=1.25-\dfrac{f_c'}{500}-0.72\dfrac{a}{h_0}+0.18\left(\dfrac{a}{h_0}\right)^2\leqslant 1$； 当 $a/h_0\geqslant 2$ 时，$v=0.53-\dfrac{f_c'}{500}$
Matamoros 和 Wong 模型[6,7]	$$V_n=\frac{0.30}{a/h_0} f_c' b w_{st}+A_v f_{yv}+3(1-a/h_0)A_h f_{yh}$$	w_{st} 为混凝土斜压杆宽度，$w_{st}=w_t\cos\theta_s+w_b\sin\theta_s$； A_h 为剪跨区水平向等效截面面积，$A_h=\rho_h bd/3$； A_v 为剪跨区垂直向等效截面面积，$A_v=\rho_v ba/3$
Russo 等模型	$$V_n=0.545b_w d\left(0.25\rho_h f_{yh}\cot\alpha_s + k\chi f_c'\cos\alpha_s+0.35\frac{a}{h_0}\rho_v f_{yv}\right)$$	$\tan\alpha_s=\dfrac{a}{0.9d}$； χ 为修正系数，按下式计算： $\chi=0.74\left(\dfrac{f_c'}{105}\right)^3-1.28\left(\dfrac{f_c'}{105}\right)^2+0.22\left(\dfrac{f_c'}{105}\right)+0.87$； 其他参数同美国规范 ACI 318-14

4.2.2　基于数据库的深受弯构件受剪分析

收集并整理了国内外 691 组普通混凝土深受弯构件的试验研究结果,建立深受弯构件受剪试验数据库,见表 4.8。

表 4.8　深受弯构件试验数据库

来源	数量	混凝土强度 f_c'/MPa	剪跨比 a/h_0	抗剪承载力 V_{test}/kN	来源	数量	混凝土强度 f_c'/MPa	剪跨比 a/h_0	抗剪承载力 V_{test}/kN
Tan 等[7]	18	86.3～56.2	0.85～1.69	185.0～775.0	Tanimura 和 Sato[31]	41	22.5～97.5	0.50～1.5	184.2～739.7
Tan 等[8]	15	72.1～64.6	0.28～1.28	150.0～925.0	Salamy 等[32]	12	29.2～37.8	0.50～1.50	308.0～980.0
Tan 和 Lu[9]	12	30.8～49.1	0.56～1.13	435.0～1636	林辉[33]	10	28.6～30.9	1.50	185.0～520.0
Kani[10]	5	26.7～31.4	1.00～1.03	155.2～585.4	Zhang 和 Tan[34]	12	24.8～32.4	1.10	85.0～775.0
Manuel 等[11]	12	30.1～44.8	0.30～1.00	226.9～258	Garay 和 Lu[35]	2	43.0～44.0	1.19～1.78	1027～1373.5
Rogowsky 等[12]	16	26.1～43.2	1.02～2.08	185.0～875.0	Brena 和 Roy[36]	7	27.0～34.1	1.00～1.50	211.0～371.0
Foster 和 Gilbert[13]	5	120～89.0	0.87～0.88	950.0～2000	Zhang 等[37]	11	38.3～41.2	0.57～1.42	240.1～665.4
Lu 等[14]	13	34.6～67.8	0.61～0.83	1156.0～2018	Sagaseta 和 Vollum[38]	6	68.4～80.2	1.51	326.0～602.0
Tan 等[15]	4	32.7～37.6	0.42～0.84	331.5～1305	Sahoo 等[39]	11	36.3～45.2	0.50	303.2～371.2
Mphonde 和 Frantz[16]	10	20.6～83.8	1.50～2.94	87.7～558.1	Senturk 和 Higgins[40]	2	24.4～26.2	1.37	1307～1809
Teng 等[17]	6	34.0～41.0	1.71	225.0～450.0	Mihaylov 等[41]	6	29.1～37.8	1.55～2.29	416.0～1162.0
Shin 等[18]	13	52.0～73.0	1.50～2.00	90.0～287.1	林云[42]	4	25.8～30.1	0.86～1.02	260.0～460.0
Moody 等[19]	14	17.2～25.4	1.52	267.6～507.1	Gedik 等[43]	8	22.1～35.7	0.50～2.00	65.0～329.0
Clark[20]	37	13.8～47.6	1.17～2.34	94.2～434.6	Smith 和 Vantsiotis[44]	52	20.4～28.7	0.77～2.01	73.4～178.5
Morrow 和 Viest[21]	21	11.3～46.8	0.95～1.00	129.0～900.7	Kong 等[45]	33	18.6～26.8	0.35～0.18	78.0～308.0
Ramakrishnan 和 Ananthanarayana[22]	20	10.8～28.4	0.30～1.00	40.0～193.0	Oh 和 Shin[46]	53	23.7～73.6	0.50～2.00	112.5～745.6
Lee[23]	3	28.0～33.5	1.56～1.70	840.0～967.5	Aguilar 等[47]	4	28.0～32.0	1.14～1.27	1134～1357
Mathey 和 Watstein[24]	16	21.9～27.0	1.51	179.5～312.9	Quintero-Febres 等[48]	12	22.0～50.3	0.81～1.57	196.0～484.0
Leonhardt 和 Walther[25]	3	32.4	1.00～2.00	80.2～120.3	Tan 等[49]	19	41.1～58.8	0.27～2.70	105.0～675.0
Subedi[26]	5	29.6～41.6	0.31～1.53	175.0～797.5	Subedi 等[50]	12	22.4～29.2	0.43～1.56	78.0～485.0
方江武[27]	5	33.7～37.0	0.75～0.84	434.0～472.0	刘立新等[51]	5	19.6～26.1	0.5～2.50	64.7～180.2
Walraven 和 Lehwalter[28]	25	13.9～26.4	0.97～1.01	109.0～669.1	龚绍熙[52]	39	18.3～30.1	0.36～1.94	67.6～411.6
Adebar[29]	6	19.5～21.0	1.43～2.20	330.0～771.0	Laupa[53]	9	29.7～33.2	1.17～1.95	94.2～260.0
Yang 等[30]	19	31.4～78.5	0.36～1.41	192.1～1029	幸左贤二[54]	18	29.11～53.54	1.5	195.0～4198.0

采用表 4.7 中典型受剪计算模型对数据库内的深受弯构件进行受剪承载力计算。由于模型中部分系数的取值存在差异，故对试验库中的部分数据进行转化从而得到统一的取值，试验结果与各模型计算结果的比值分布情况如图 4.16 和表 4.9 所示。

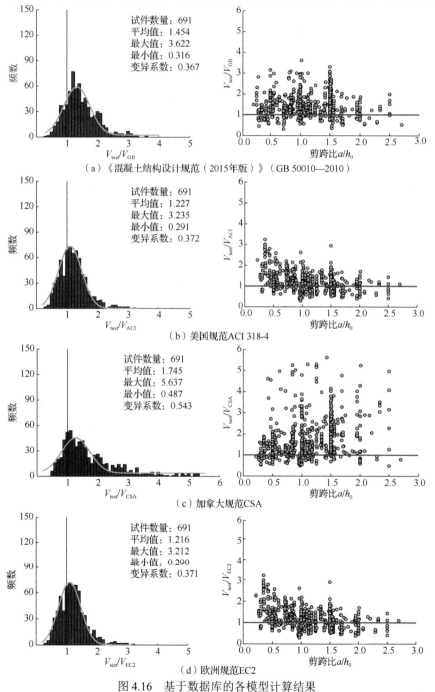

图 4.16　基于数据库的各模型计算结果

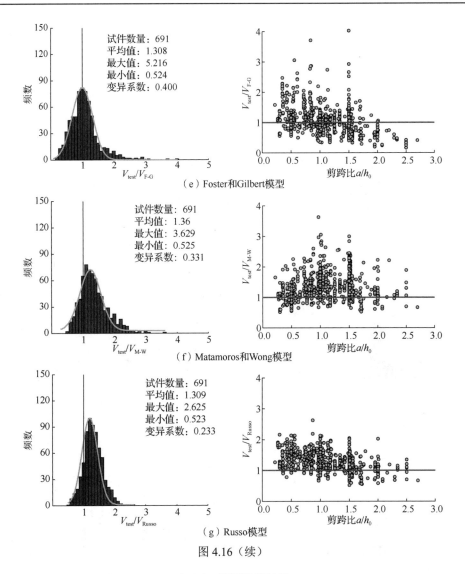

（e）Foster和Gilbert模型

（f）Matamoros和Wong模型

（g）Russo模型

图 4.16（续）

表 4.9　模型计算结果

计算模型	V_{test}/V_{ACI}	V_{test}/V_{CSA}	V_{test}/V_{EC2}	V_{test}/V_{F-G}	V_{test}/V_{M-W}	V_{test}/V_{Russo}
均值	1.227	1.745	1.216	1.076	1.360	1.309
标准差	0.456	0.947	0.452	0.473	0.450	0.305
变异系数	0.372	0.543	0.371	0.440	0.331	0.233

　　由上述图 4.16 及表 4.9 可得：①各模型计算结果与试验值总体吻合较好，但离散程度差异较大，各模型对剪跨比较小的试件计算结果偏于保守，这是由于压杆宽度的计算与实际情况存在误差；②除加拿大规范外，以拉-压杆模型为基础的各模型计算结果与试验值较为吻合，各模型中压杆有效系数取值的影响有所差异，

仍需要对压杆有效系数进行进一步的研究；③加拿大规范同样以拉-压杆模型为基础进行计算，但计算结果较为保守，原因是该规范以修正压力场理论为基础进行计算，但压力场理论并不适用于剪跨比和跨高比较小的试件。

综上所述，各国学者虽然对压杆有效系数进行了大量研究，但始终未形成统一定论，在采用拉-压杆模型对深受弯构件受剪承载力进行计算时，压杆有效系数取值方法对计算结果的影响存在较大差异。因此，对于压杆有效系数的取值，仍有待进一步的研究。

4.2.3　轻骨料混凝土深受弯构件受剪分析

采用本章中所收集的部分计算方法及建议模型对第 3 章中 23 根轻骨料混凝土深受弯构件受剪承载力进行计算，并与试验值进行对比分析，具体结果见表 4.10 和图 4.17。

表 4.10　轻骨料混凝土深受弯构件模型计算结果

试件编号	a/h_0	V_{test}/V_{model}									
		GB	ACI	CSA	EC2	F-G	M-W	MC	Z-H	Ueda	Mikame
HSLCB-1	0.26	2.07	1.54	1.58	1.54	1.03	0.67	1.15	1.00	1.04	0.78
HSLCB-2	0.26	1.47	1.42	1.46	1.43	0.95	0.61	1.06	0.92	0.96	0.72
HSLCB-3	0.52	1.94	1.52	1.57	1.52	1.22	0.88	1.21	1.14	1.24	0.97
HSLCB-4	0.52	1.57	1.43	1.47	1.42	1.14	0.82	1.13	1.06	1.16	0.97
HSLCB-5	0.78	1.47	1.34	1.38	1.32	1.31	1.05	1.10	1.15	1.27	0.90
HSLCB-6	0.78	1.41	1.36	1.40	1.33	1.32	1.06	1.12	1.17	1.28	0.97
HSLCB-7	1.04	1.01	1.10	1.13	1.07	1.34	1.20	0.93	1.10	1.18	0.98
HSLCB-8	1.04	1.16	1.25	1.28	1.21	1.51	1.35	1.05	1.24	1.34	0.88
1-800-0.75-130	0.75	1.72	1.20	1.10	1.19	0.86	1.14	1.31	1.64	1.49	1.07
1-1000-0.75-130	0.75	1.67	1.20	1.11	1.19	0.91	1.15	1.31	1.71	1.51	1.06
1-1400-0.75-130	0.75	1.41	1.36	1.21	1.33	0.82	1.05	1.48	1.74	1.64	1.17
2-500-1.00-130	1.00	1.77	1.12	1.31	1.11	1.22	1.21	1.22	1.92	1.61	1.07
2-800-1.00-130	1.00	1.34	0.96	1.11	0.95	1.03	0.96	1.05	1.72	1.38	0.92
2-1000-1.00-130	1.00	1.26	1.13	1.32	1.12	1.02	1.01	1.23	1.76	1.59	1.07
2-1400-1.00-130	1.00	1.08	1.08	1.20	1.06	0.93	0.87	1.18	1.71	1.49	1.01
3-500-1.00-200	1.00	1.88	0.97	1.14	0.96	1.28	1.28	1.06	1.63	1.39	0.93
3-800-1.00-200	1.00	1.73	1.03	1.20	1.02	1.35	1.25	1.12	1.90	1.50	1.00
3-1000-1.00-200	1.00	1.53	1.01	1.18	1.00	1.22	1.13	1.10	1.78	1.46	0.97
3-1400-1.00-200	1.00	1.32	0.94	1.06	0.93	1.12	0.97	1.02	1.75	1.35	0.90
4-500-1.50-130	1.50	1.37	1.06	1.98	1.05	1.42	1.05	1.16	2.84	1.97	1.16
4-800-1.50-130	1.50	1.05	0.93	1.73	0.92	1.15	0.84	1.01	2.41	1.71	1.01
4-1000-1.50-130	1.50	1.06	1.07	2.01	1.06	1.20	0.90	1.17	2.53	1.93	1.15
4-1400-1.50-130	1.50	1.05	1.04	1.83	0.98	1.15	0.83	1.13	2.54	1.85	1.11
均值		1.45	1.18	1.36	1.16	1.15	1.10	1.14	1.67	1.45	0.99
方差		0.30	0.19	0.32	0.19	0.18	0.19	0.11	0.52	0.26	0.11
变异系数		0.21	0.16	0.23	0.16	0.16	0.18	0.10	0.31	0.18	0.11

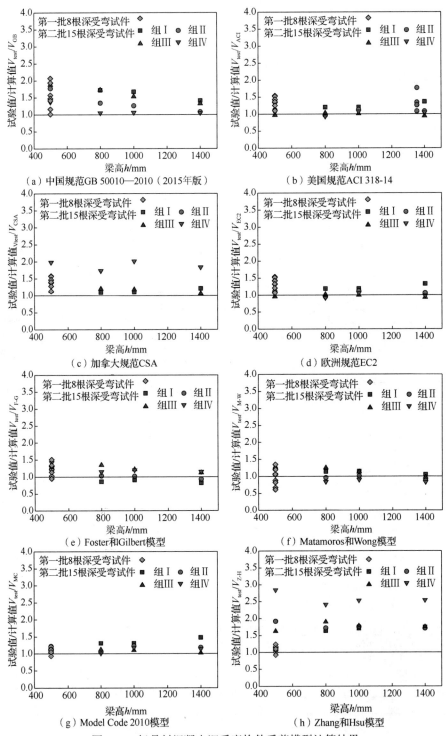

图 4.17 轻骨料混凝土深受弯构件受剪模型计算结果

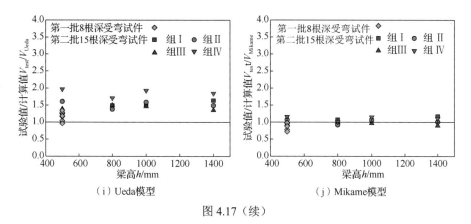

(i) Ueda模型　　　　　　　　　　　(j) Mikame模型

图 4.17（续）

由图 4.17 及表 4.10 可见：①除加拿大规范外，在未考虑混凝土种类的情况下，各模型计算结果与试验值吻合较好，由此表明普通混凝土深受弯构件受剪承载力计算模型同样适用于轻骨料混凝土；②在加拿大规范中，对于剪跨比为 1.5 的试件（第二批Ⅳ组试件）计算结果过于保守，主要原因为加拿大规范中压杆有效系数的计算采用了以平截面假定为基础的修正压力场理论，对于不满足平截面假定的深受弯构件适用性有限；③我国 GB 50010—2010（2015 年版）在抗剪承载力设计中以经验模型为主，并非基于力学模型进行计算，预测结果较为保守，且未能合理考虑尺寸效应对深受弯构件抗剪强度的影响，故建议根据构件截面高度的不同，引入尺寸效应影响系数对混凝土项进行修正；④以拉-压杆模型为基础的计算模型为受剪承载力预测结果较为准确，说明了拉-压杆模型的合理性及对轻骨料混凝土深受弯构件的适用性；⑤由于轻骨料混凝土受拉主应变与普通混凝土存在区别，在压杆有效系数中以混凝土主拉应变为计算参数会使受剪承载力计算结果偏于保守，应当进行进一步的研究。

因此，各类基于普通混凝土深受弯构件建立的各类受剪分析模型，同样适用于轻骨料混凝土深受弯构件的受剪计算，且不必对混凝土强度等级进行折减。

4.3　基于断裂力学的能量损失平衡定律

本节结合拉-压杆模型和裂缝带理论，在混凝土压杆的裂缝带区和应力减弱区，利用能量平衡方程建立混凝土压杆及腹筋抗剪传力机制的基本公式，建立深受弯构件受剪计算模型，基于大量普通混凝土构件试验研究，量化深受弯构件斜压杆中混凝土项和钢筋项的贡献，完成模型的简化。考虑轻骨料混凝土自身特性，对建议模型公式中的常量及未知参数进行修正，并将模型预测结果与美国规范 ACI 318-14、欧洲规范 EC2、加拿大规范 CSA A23.3-04 及我国 GB 50010—2010（2015 年版）的计算结果进行对比，验证该模型的准确性和合理性。

4.3.1 模型建立

1. 模型简介

拉-压杆模型是一种考虑结构受力特点并基于实体结构弹性主应力迹线而建立的理想化桁架模型，能够合理描述深受弯构件应力紊乱区的抗剪传力机制，将Bažant 和 Planas[55]提出的裂缝带理论应用于拉-压杆模型，即假定 D 区微裂缝持续发展是构件最终破坏的主控因素，用应力均匀分布且宽度一定的连续裂缝带模拟深受弯构件 D 区的实际裂缝，考虑裂缝带内的能量损失建立平衡方程，能够确定拉-压杆机制和腹筋作用的深受弯构件抗剪计算模型。其中裂缝带宽度 ω_c 为常量，取值由材料性能确定，且与混凝土软化效应密切相关。

2. 基本假设

为将断裂力学中的能量损失模型与裂缝带抗剪理论进行结合，Wight 和MacGregor[56]指出混凝土压杆破坏为深受弯构件的典型破坏模式，给出如下假设：

1）混凝土压杆开裂应力的衰减作用沿斜裂缝方向集中分布（图 4.18）。

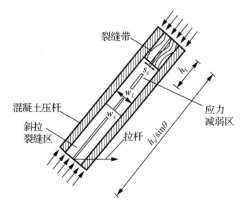

图 4.18　无腹筋深受弯构件的应力减弱区及裂缝带示意图

2）裂缝带中的轴向裂缝发展导致深受弯构件的最终破坏。

3）钢筋与混凝土黏结良好且忽略销栓作用的影响。

4）当混凝土压杆破坏时，纵向钢筋仍处于弹性工作状态，未发生屈服[57]，研究表明：当剪跨比 $a/h_0 \geqslant 1.0$ 时，竖向和水平抗剪箍筋也未达到屈服强度[57,58]。

5）深受弯构件受剪承载力 V 由拉-压杆机制提供的受剪承载力 V_c 和腹筋提供的 V_s 构成，即

$$V = V_c + V_s \tag{4.16}$$

3. 模型建立

（1）压杆作用

断裂力学中裂缝带理论指出，裂缝发展导致混凝土压杆和纵向钢筋产生应变能损失，应用弹性理论可近似估计混凝土压杆应力减弱造成的无腹筋深受弯构件应变能损失 ΔU_c，即

$$\Delta U_c = -\frac{\sigma_N^2}{2E_c}\frac{bw_f h_a}{\sin\theta_s} - \frac{\sigma_s^2}{2E_s}w_f A_s \sin\theta_s \tag{4.17}$$

式中：b 为梁的截面宽度；w_f 为混凝土压杆应力减弱区的宽度；h_a 为混凝土压杆顶部节点与底部节点之间的高度；θ_s 为混凝土压杆与水平钢筋之间的夹角；E_c 和 E_s 分别为混凝土和纵筋的弹性模量；A_s 为底部纵筋的截面面积。

结合拉-压杆模型，深受弯构件中压杆的轴向应力 σ_N 和拉杆的轴向应力 σ_s 分别为

$$\sigma_N = \frac{\dfrac{V}{\sin\theta_s}}{bw_s} \tag{4.18}$$

$$\sigma_s = \frac{\dfrac{V}{\tan\theta_s}}{A_s} \tag{4.19}$$

式中：V 为作用于深受弯构件顶部的集中荷载；w_s 为混凝土压杆宽度。

混凝土压杆和纵向钢筋的应变能损失 ΔU_c 与混凝土压杆应力减弱区的宽度 w_f 有关。由于压杆中应力减弱区的不断延伸，根据断裂力学理论可计算构件单位宽度内的能量损失率 I 为

$$I = -\frac{1}{b}\left[\frac{\partial(\Delta U_c)}{\partial w_f}\right] = \frac{V^2 h_a}{2E_c b^2 w_s^2 \sin^3\theta_s} + \frac{V^2 \sin\theta_s}{2nE_c bA_s \tan^2\theta_s} \tag{4.20}$$

式中：n 为纵筋与混凝土的弹性模量比。

在混凝土压杆应力减弱区内，裂缝导致的总能量损失 W 可计算为

$$W = \frac{w_f}{s_c}bh_f G_f \tag{4.21}$$

式中：s_c 为裂缝平均间距；w_f/s_c 为裂缝带内轴向微裂缝的数量；G_f 为混凝土断裂能；h_f 为裂缝带长度，Bažant 建议 h_f 可计算为

$$h_f = \frac{w_f}{w_0 + w_f}h_n \tag{4.22}$$

其中：w_0 为常量；h_n 为构件破坏时裂缝带长度的特征值。将 W 对 w_f 求偏导，可得裂缝带单位长度和构件单位宽度范围内的消散能 R[59]为

$$R = \frac{1}{b}\frac{\partial W}{\partial w_{\mathrm{f}}} = \frac{h_{\mathrm{f}}}{s_{\mathrm{c}}}G_{\mathrm{f}} \tag{4.23}$$

根据损失能量平衡（$I=R$），可得无腹筋深受弯构件的剪应力 v 为

$$v = \frac{V}{bh} = \sqrt{2E_{\mathrm{c}}G_{\mathrm{f}}}\left(\frac{h_{\mathrm{a}}}{w_{\mathrm{s}}^2\sin^3\theta_{\mathrm{s}}} + \frac{\sin\theta_{\mathrm{s}}}{n\rho_{\mathrm{s}}h_0\tan^2\theta_{\mathrm{s}}}\right)^{-0.5}\frac{1}{h}\left(\frac{h_{\mathrm{f}}}{s_{\mathrm{c}}}\right)^{0.5} \tag{4.24}$$

式中：ρ_{s} 为纵筋配筋率；h 为构件截面高度；h_0 为构件截面有效高度。将式（4.22）代入式（4.24）得无腹筋深受弯构件的极限剪应力 v_{c}

$$v_{\mathrm{c}} = \frac{V_{\mathrm{c}}}{bh} = \sqrt{2E_{\mathrm{c}}G_{\mathrm{f}}}\left(\frac{h_{\mathrm{a}}}{w_{\mathrm{s}}^2\sin^3\theta_{\mathrm{s}}} + \frac{\sin\theta_{\mathrm{s}}}{n\rho_{\mathrm{s}}h_0\tan^2\theta_{\mathrm{s}}}\right)^{-0.5}\frac{1}{h}\left(\frac{h_{\mathrm{n}}}{s_{\mathrm{c}}}\right)^{0.5}\left(\frac{w_{\mathrm{f}}}{w_0+w_{\mathrm{f}}}\right)^{0.5} \tag{4.25}$$

（2）腹筋作用

深受弯构件配置抗剪箍筋能够有效减小混凝土压杆中裂缝的间距，使混凝土压杆内应力重分布，造成受压区横向延伸（图4.19）。根据弹性理论可计算竖向和水平向箍筋的应变能损失 $\Delta U_{\mathrm{s}}^{[60]}$ 为

$$\Delta U_{\mathrm{s}} = -\frac{\sigma_{\mathrm{sv}}^2}{2E_{\mathrm{s}}}(w_{\mathrm{f}}+w_{\mathrm{i}})A_{\mathrm{v1}}\frac{h_{\mathrm{a}}}{s_{\mathrm{v}}}\frac{\cos\theta_{\mathrm{s}}}{\tan\theta_{\mathrm{s}}} - \frac{\sigma_{\mathrm{sh}}^2}{2E_{\mathrm{s}}}(w_{\mathrm{f}}+w_{\mathrm{i}})A_{\mathrm{h1}}\frac{h_{\mathrm{a}}\sin\theta_{\mathrm{s}}}{s_{\mathrm{h}}} \tag{4.26}$$

式中：s_{v} 和 A_{v1} 分别为竖向箍筋的间距和截面面积；s_{h} 和 A_{h1} 分别为水平向箍筋的间距和截面面积；w_{i} 为裂缝带延伸的宽度；σ_{sv} 为竖向箍筋的应力；σ_{sh} 为水平向箍筋的应力。结合拉-压杆模型和图4.19，式（4.26）中 σ_{sv} 和 σ_{sh} 为

$$\sigma_{\mathrm{sv}} = \frac{\alpha_{\mathrm{v}}V_{\mathrm{s}}s_{\mathrm{v}}\tan\theta_{\mathrm{s}}}{A_{\mathrm{v1}}h_{\mathrm{a}}} \tag{4.27}$$

$$\sigma_{\mathrm{sh}} = \frac{\alpha_{\mathrm{h}}V_{\mathrm{s}}s_{\mathrm{h}}}{A_{\mathrm{h1}}h_{\mathrm{a}}} \tag{4.28}$$

式中：V_{s} 为箍筋的受剪承载力；α_{v} 和 α_{h} 分别为竖向和水平向箍筋承担剪力的比例。

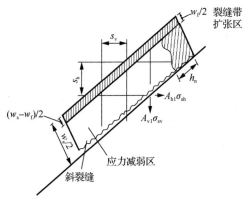

图4.19　有腹筋深受弯构件裂缝带扩张示意图

同理，可得由裂缝带横向延伸引起的抗剪箍筋的能量损失率 I_{s}、总能量损失

W_s 和裂缝延伸阻力 R_s 分别为

$$I_s = -\frac{1}{b}\left[\frac{\partial(\Delta U_s)}{\partial w_i}\right] = \frac{V_s^2 \sin\theta_s}{2nh_a E_c}\left(\frac{\alpha_v^2}{\rho_v} + \frac{\alpha_h^2}{\rho_h}\right) \tag{4.29}$$

$$W_s = \left(\frac{w_i}{s_{ce}}\right)bh_n G_f \tag{4.30}$$

$$R_s = \frac{1}{b}\frac{\partial W_s}{\partial w_i} = \frac{h_n}{s_{ce}}G_f \tag{4.31}$$

式中：ρ_v 和 ρ_h 分别为竖向和水平箍筋的配箍率；s_{ce} 为在混凝土压杆裂缝带延伸区内有腹筋深受弯构件裂缝带延伸区微裂缝的轴向间距。

根据能量平衡，假设能量损失率与裂缝带延伸区的裂缝延伸阻力相等（$I_s=R_s$），则抗剪箍筋的剪应力 v_s 为

$$v_s = \frac{V_s}{bh} = \sqrt{\frac{2nE_c G_f h_a}{h^2 \sin\theta_s}}\left(\frac{\alpha_v^2}{\rho_v} + \frac{\alpha_h^2}{\rho_h}\right)^{-0.5}\left(\frac{h_n}{s_{ce}}\right)^{0.5} \tag{4.32}$$

式（4.25）和式（4.32）中，部分参数的计算方法及表示的意义见表 4.11。

表 4.11　混凝土形状参数和材料参数的确定

参数符号	计算公式	备注
w_s	$w_s = \dfrac{1.8 w_t \cos\theta_s + [(l_p)_E + (l_p)_p]\sin\theta_s}{2}$	w_s 为混凝土压杆宽度； w_t 为混凝土压杆底部节点区高度，$w_t = 2(h - h_0)$； $(l_p)_E$、$(l_p)_p$ 分别为底部支承板和顶部加载板宽度； θ_s 为混凝土压杆与纵轴之间的夹角
θ_s	$\theta_s = \arctan\left(\dfrac{h_a}{a}\right) \geqslant 25°$	h_a 为混凝土压杆顶部节点和底部节点之间的距离； a 为深受弯构件的剪跨
h_a	$h_a = h - \dfrac{1}{2}(w_t + w_t')$	h 为深受弯构件的截面高度； w_t' 为顶部节点区高度，$w_t' = 0.8 w_t$
E_c	$E_c = 4700\sqrt{f_c'}$	E_c 为混凝土弹性模量； f_c' 为混凝土标准圆柱体抗压强度
G_f	$G_f = G_{fo}(f_c'/10)^{0.7}$　（$f_c' \leqslant 80\text{MPa}$） $G_f = 4.3 G_{fo}$　（$f_c' > 80\text{MPa}$）	G_{fo} 为基本断裂能，与混凝土中粗骨料最大粒径 d_a 有关，$d_a=8\text{mm}$，$G_{fo}=0.025$；$d_a=16\text{mm}$，$G_{fo}=0.030$；$d_a=32\text{mm}$，$G_{fo}=0.058$

（3）α_v 和 α_h 的确定

图 4.20 给出不同配筋形式下腹筋在拉-压杆模型中的剪力传递机制。由图 4.20 可知，仅配置竖向或水平腹筋的桁架体系为静定桁架，而同时配有双向箍筋的桁架体系为超静定桁架体系［图 4.20（c）］。Matamoros 和 Wong[6]假设桁架体系中所有杆件轴向刚度均相同，提出用刚度法预测竖向和水平向箍筋所承担的平均剪力。

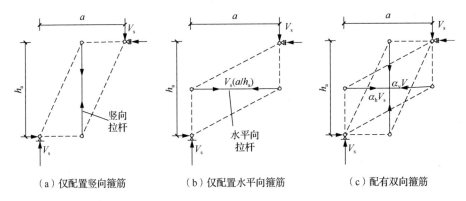

（a）仅配置竖向箍筋　　　（b）仅配置水平向箍筋　　　（c）配有双向箍筋

图 4.20　箍筋的抗剪传力机制示意图

图 4.21 为不同 a/h_a 值时刚度法预测竖向和水平向箍筋承担的剪力比。回归分析得 α_v 和 α_h 的取值如下：

当 $\rho_h=0$ 且 $\rho_v>0$ 时，　　　　　　$\alpha_v=1.0$　　　　　　　　　　（4.33）

当 $\rho_v=0$ 且 $\rho_h>0$ 时，　　　　　　$\alpha_h=\dfrac{a}{h_a}$　　　　　　　　　（4.34）

当 $\rho_h>0$ 且 $\rho_v>0$ 时，　$\alpha_v = 0.15\left(\dfrac{a}{h_a}\right)^3 - 0.7\left(\dfrac{a}{h_a}\right)^2 + \left(\dfrac{a}{h_a}\right)$　（4.35）

$$\alpha_h = -0.12\left(\dfrac{a}{h_a}\right)^2 + 0.6\left(\dfrac{a}{h_a}\right)$$　（4.36）

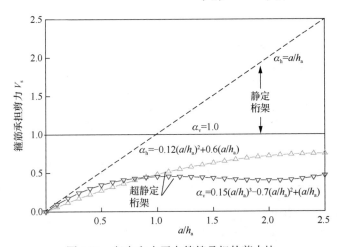

图 4.21　竖向和水平向箍筋承担的剪力比

4. 模型简化

根据 Bažant 和 Planas[55]的裂缝带理论，式（4.25）中 h_n/s_c 和 w_0/h 均为试验常量，取值与 h 和 w_f/h 无关，故可建立 $w_f/(w_0+w_f)$ 与 h/d_a 的函数关系。从收集的 691 组数据中选取 343 组深受弯构件在集中荷载作用下发生剪切破坏的试验数据，并根据深受弯构件受剪承载力的影响因素对其进行统一整理，主要考虑构件截面尺寸、混凝土抗压强度、剪跨比、纵筋屈服强度、跨高比、配筋率和配箍率等因素的影响，样本分布情况如图 4.22 所示。具体各影响因素的取值范围见表 4.12。计算表 4.12 中无腹筋深受弯构件的名义剪应力（v_c/v_{pc}），得其与 h/d_a 的关系曲线（图 4.23），其中 v_{pc} 为

$$v_{pc} = \sqrt{2E_c G_f} \left(\frac{h_a}{w_s^2 \sin^3 \theta_s} + \frac{\sin \theta_s}{n \rho_s h_0 \tan^2 \theta_s} \right)^{-0.5} \frac{1}{h} \tag{4.37}$$

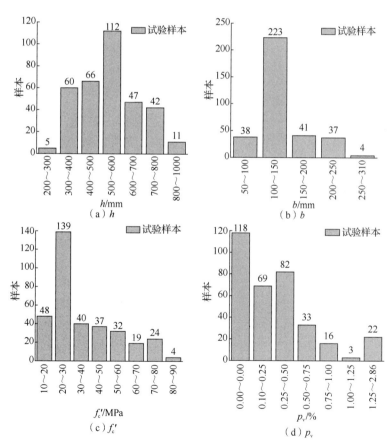

图 4.22　试验样本在各影响参数下的分布频率

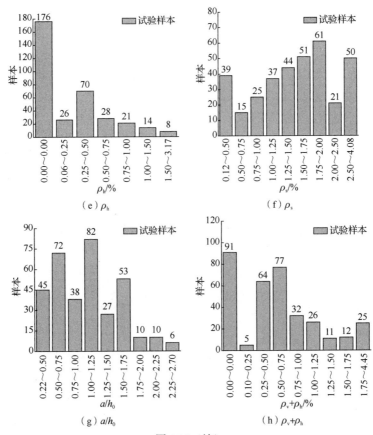

图 4.22（续）

表 4.12　深受弯构件试验数据概况

来源	试验数量	混凝土强度 f_c'/MPa	腹筋配箍率/%		配筋率 ρ_s/%	跨高比 l_0/h	剪跨比 a/h_0	抗剪承载力 V_{test}/kN
			ρ_v	ρ_h				
Smith 和 Vantsiotis[44]	52	20.38~28.73	0~0.77	0~0.91	1.94	0.9~1.8	1.00~2.08	73~184
Kong 等[45]	30[a]	23.54~28.85	0~2.45	0~2.45	0.52~1.73	0.3~1.0	0.35~1.18	78~277
Clark[20]	37	17.59~60.25	0.34~1.22	0	1.63~3.10	1.0~2.0	1.17~2.34	223~435
Oh 和 Shin[46]	53	30.00~93.16	0~0.37	0~0.94	1.29~1.56	0.4~1.8	0.50~4.46	113~746
Aguilar 等[47]	4	35.44~40.51	0.10~0.31	0~0.35	1.25~1.40	1.0	4.44	1134~1357
Quintero-Febres 等[48]	12	27.85~63.67	0~0.67	0~0.15	2.04~4.08	0.7~1.3	0.81~1.42	221~484
Tan 等[49]	19	52.03~74.43	0.48	0	1.23	0.3~2.5	0.27~2.70	105~675
Subedi 等[50]	12	28.40~45.00	0.20~0.24	0.35~0.51	0.23~1.17	0.4~1.4	0.43~1.53	78~485
Ramakrishnan 和 Ananthanarayana[22]	12	15.52~35.90	0	0	0.12~0.74	0.3~0.6	0.30~0.62	116~386
刘立新等[51]	5	24.00~33.13	0.13~0.21	0.29	1.51	0.5~2.3	0.50~2.50	139~420
龚绍熙[52]	39	25.49~38.14	0~1.12	0~1.12	0.66~2.85	0.2~1.8	0.40~1.10	206~412
Manuel 等[11]	12	30.13~44.82	0	0	0.97	0.9~0.9	0.30~1.00	232~263
Yang 和 Ashour[61]*	12	32.10~68.20	0	0	0.97~1.10	0.3~1.0	0.55~1.69	202~695
Tan 等[7]	18	56.20~86.30	0~2.86	0~3.17	2.58	0.8~1.5	0.85~1.69	185~775
Yang 等[57]*	18	32.10~68.20	0~0.60	0~0.60	2.95	0.5~1.0	0.54~1.09	264~854

* 另行收集试验数据，未归入深梁试验数据库。

a 因部分试件信息不全，此处未全部使用。

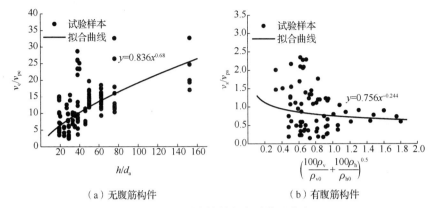

（a）无腹筋构件　　　　　　　　　　（b）有腹筋构件

图 4.23　深受弯构件名义受剪承载力

对图 4.23（a）中试验数据回归分析，并结合式（4.25），得到无腹筋深受弯构件的剪应力计算公式，即

$$v_{\mathrm{c}} = \frac{V_{\mathrm{c}}}{b} = 1.182\sqrt{E_{\mathrm{c}}G_{\mathrm{f}}} \left(\frac{h_{\mathrm{a}}}{w_{\mathrm{s}}^2 \sin^3 \theta_{\mathrm{s}}} + \frac{\sin \theta_{\mathrm{s}}}{n\rho_{\mathrm{s}} h_0 \tan^2 \theta_{\mathrm{s}}} \right)^{-0.5} \frac{1}{h} \left(\frac{h}{d_{\mathrm{a}}} \right)^{0.68} \qquad (4.38)$$

同理，对表 4.12 中相应有腹筋与无腹筋试件的受剪承载力的差值进行回归分析，研究腹筋对抗剪承载力的贡献。图 4.23（b）为有腹筋深受弯构件名义剪应力（$v_{\mathrm{s}}/v_{\mathrm{ps}}$）与抗剪腹筋数量和布置形式的关系，设 v_{ps} 为

$$v_{\mathrm{ps}} = \sqrt{\frac{2nE_{\mathrm{c}}G_{\mathrm{f}}h_{\mathrm{a}}}{h^2 \sin \theta_{\mathrm{s}}} \left(\frac{\alpha_{\mathrm{v}}^2}{\rho_{\mathrm{v}}} + \frac{\alpha_{\mathrm{h}}^2}{\rho_{\mathrm{h}}} \right)^{-0.5}} \qquad (4.39)$$

结合回归分析结果与式（4.32），则有腹筋深受弯构件箍筋剪应力 v_{s} 为

$$v_{\mathrm{s}} = \frac{V_{\mathrm{s}}}{bh} = 1.069\sqrt{\frac{nE_{\mathrm{c}}G_{\mathrm{f}}h_{\mathrm{a}}}{h^2 \sin \theta_{\mathrm{s}}} \left(\frac{\alpha_{\mathrm{v}}^2}{\rho_{\mathrm{v}}} + \frac{\alpha_{\mathrm{h}}^2}{\rho_{\mathrm{h}}} \right)^{-0.5}} \left(\frac{100\rho_{\mathrm{v}}}{\rho_{\mathrm{v0}}} + \frac{100\rho_{\mathrm{h}}}{\rho_{\mathrm{h0}}} \right)^{-0.122} \qquad (4.40)$$

$$\frac{1}{\rho_0} = 0.5\left\{ 1 + \tanh\left[\left(2\frac{a}{h_{\mathrm{a}}} - 2 \right) - (2\sin \beta - 1) \right] \right\} \qquad (4.41)$$

式中：β 为受剪腹筋与构件纵轴之间的夹角；ρ_0 为名义配箍率[62]。当 $0 \leqslant a/h_{\mathrm{a}} \leqslant 2$ 时，对于水平腹筋（$\beta=0$），$1/\rho_{\mathrm{h0}}$ 的变化范围为 $1\sim0$；对于竖向腹筋（$\beta=90°$），$1/\rho_{\mathrm{v0}}$ 变化范围为 $0\sim1$。进而，通过式（4.16），对混凝土压杆和腹筋提供的剪应力进行叠加即可得深受弯构件的抗剪强度。

4.3.2　模型验证

根据深受弯构件受剪计算模型，基于表 4.12 的试验数据得到模型预测结果，见表 4.13，美国规范 ACI 318-14、欧洲规范 EC2、加拿大规范 CSA A23.3-04、中国规范 GB 50010—2010（2015 年版）、建议裂缝带模型计算值与试验结果的对比情况如图 4.24 所示。

表 4.13　计算值与试验值对比分析

类别	模型	W/O	W/V	W/H	W/VH	合计
均值	ACI 318-14	1.984	1.411	2.662	1.376	1.568
	EC2	1.582	1.341	2.198	1.326	1.419
	GB 50010—2010（2015 年版）	1.583	1.397	1.036	1.417	1.434
	CSA A23.3-04	1.372	1.680	2.081	1.538	1.559
	建议模型	1.288	0.868	0.982	1.050	1.052
标准值	ACI 318-14	0.855	0.645	0.654	0.427	0.694
	EC2	0.572	0.504	0.555	0.473	0.540
	GB 50010—2010（2015 年版）	0.508	0.316	0.362	0.326	0.387
	CSA A23.3-04	0.433	0.615	0.502	0.537	0.557
	建议模型	0.511	0.183	0.095	0.308	0.366
方差	ACI 318-14	0.744	0.422	0.475	0.184	0.483
	EC2	0.333	0.257	0.343	0.225	0.293
	GB 50010—2010（2015 年版）	0.262	0.101	0.146	0.107	0.151
	CSA A23.3-04	0.190	0.384	0.280	0.290	0.311
	建议模型	0.265	0.034	0.010	0.095	0.134
变异系数	ACI 318-14	0.431	0.457	0.246	0.311	0.442
	EC2	0.362	0.375	0.253	0.356	0.380
	现行 GB 50010—2010（2015 年版）	0.321	0.226	0.350	0.230	0.270
	CSA A23.3-04	0.315	0.366	0.241	0.349	0.357
	建议模型	0.379	0.211	0.097	0.293	0.332

注：W/O、W/V、W/H、W/VH 分别代表无腹筋深受弯构件、仅配有竖向箍筋、仅配有水平向箍筋以及同时配有双向箍筋的深受弯构件试验结果与计算结果的比值。

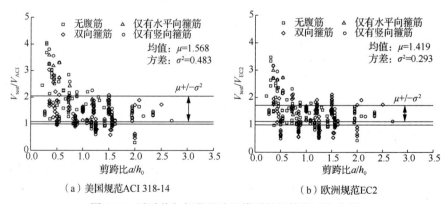

（a）美国规范ACI 318-14　　　　　　　（b）欧洲规范EC2

图 4.24　试验值与规范及建议模型的计算值对比分析

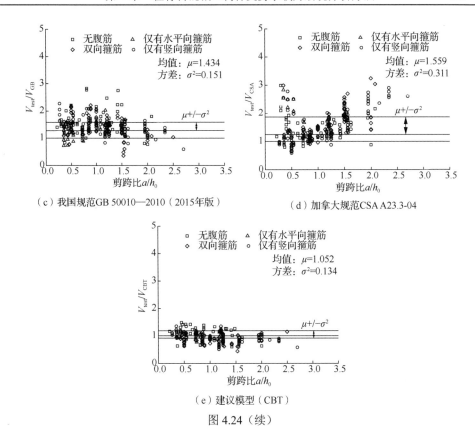

（e）建议模型（CBT）

图 4.24（续）

由表 4.13 可见，建议模型对受弯构件受剪承载力的预测较为准确，相比于各规范的计算值更接近试验值。如图 4.24 所示，美国规范 ACI 318-14、欧洲规范 EC2、加拿大规范 CSA A23.3-04 和中国规范 GB 50010—2010（2015 年版）对深受弯构件受剪承载力的预测结果更偏于安全，且其计算结果随着剪跨比的减小逐渐保守，说明各规范对深受弯构件受剪承载力的计算结果受尺寸效应影响显著。建议模型的计算结果随剪跨比变化较小，消除了尺寸效应的影响，能够对深受弯构件的受剪承载力进行更好的预测。

综上所述，结合断裂带抗剪理论和能量损失平衡方程，建议拉-压杆模型消除了尺寸效应的影响，能够准确预测钢筋混凝土深受弯构件的抗剪承载力，且通过计算值与试验值的对比证实了该模型的准确性和合理性。

4.3.3　模型修正与优化

考虑轻骨料混凝土与普通混凝土的破坏机理存在差异，多国规范在设计时均对轻骨料混凝土抗压强度进行折减，若将本章建议模型用于轻骨料混凝土深受弯构件受剪承载力计算，建议对弹性模量进行修正。

结合 2.3.3 节中的研究成果，轻骨料混凝土弹性模量计算采用公式：

$$E_c = 5681.67\left(f_c'\right)^{0.403}\left(\frac{\rho}{2250}\right)^{1.146} \tag{4.42}$$

式中：f_c' 为轻骨料混凝土圆柱体抗压强度；ρ 为轻骨料混凝土容重。将其用于式（4.39）和式（4.40）以预测轻骨料混凝土深受弯构件受剪承载力。

4.3.4　轻骨料混凝土深受弯构件受剪分析

将我国 GB 50010—2010（2015 年版）、美国规范 ACI 318-14、加拿大规范 CSA A23.3-04、欧洲规范 EC2 及上述基于能量损失平衡建立的裂缝带理论模型应用于 23 根大尺寸轻骨料混凝土深受弯构件受剪承载力的预测，并对轻骨料混凝土的弹性模量进行修正，最终计算结果见表 4.14、表 4.15 和图 4.25。

表 4.14　裂缝带理论模型计算结果

试件编号	f_c'/MPa	V_{exp}/kN	θ_s	w_s/mm	V_c/kN	V_s/kN	V_{CBT}/kN	V_{exp}/V_{CBT}
HSLCB-1	32.2	655.0	74.97	134.53	351.4	164.0	515.4	1.271
HSLCB-2	32.2	605.0	74.97	134.53	351.4	164.0	515.4	1.174
HSLCB-3	32.2	615.0	61.76	130.90	282.3	102.4	384.7	1.599
HSLCB-4	32.2	575.0	61.76	130.90	282.3	102.4	384.7	1.495
HSLCB-5	32.2	465.0	51.14	122.95	216.6	86.8	303.4	1.532
HSLCB-6	32.2	470.5	51.14	122.95	216.6	86.8	303.4	1.551
HSLCB-7	32.2	318.5	42.95	113.91	165.9	83.1	249.0	1.279
HSLCB-8	32.2	360.0	42.95	113.91	165.9	83.1	249.0	1.445
I-800-0.75-130	49.48	1099.8	45.73	221.9	818.4	81.3	899.7	1.222
I-1000-0.75-130	51.95	1346.4	45.44	260.0	1022.8	91.7	1114.5	1.208
I-1400-0.75-130	49.71	1580.0	46.64	292.3	1250.3	211.9	1462.2	1.081
II-500-1.00-130	49.46	673.3	37.45	171.9	442.5	62.2	504.7	1.334
II-800-1.00-130	53.07	814.1	37.57	225.5	671.8	81.1	752.9	1.081
II-1000-1.00-130	50.91	923.4	37.29	268.5	823.0	88.9	911.9	1.013
II-1400-1.00-130	50.60	1121.9	38.46	306.4	1041.2	107.2	1148.4	0.977
III-500-1.00-200	47.90	703.2	37.45	214.5	515.6	61.6	577.2	1.218
III-800-1.00-200	54.43	1066.7	37.57	268.2	780.6	81.8	862.4	1.237
III-1000-1.00-200	50.70	1117.1	37.29	311.0	928.5	88.8	1017.3	1.098
III-1400-1.00-200	50.60	1368.9	38.46	349.9	1171.2	107.2	1278.4	1.071
IV-500-1.50-130	52.35	479.1	27.05	163.3	289.0	66.2	355.2	1.349
IV-800-1.50-130	50.39	557.2	27.15	223.5	434.2	83.0	517.2	1.077
IV-1000-1.50-130	48.49	679.2	26.92	271.5	539.8	91.3	631.1	1.076
IV-1400-1.50-130	49.33	880.8	27.90	315.4	701.7	110.2	811.9	1.085
均值								1.238
方差								0.034

表4.15 计算值与试验值对比分析

试件编号	V_{exp}/kN	规范公式计算值 V_n/kN				V_{CBT}/ kN	V_{exp}/V_n				
		GB	ACI	CSA	EC2		GB	ACI	CSA	EC2	V_{CBT}
HSLCB-1	655.0	316.5	425.4	414.6	424.4	568.4	2.070	1.540	1.580	1.543	1.152
HSLCB-2	605.0	412.8	425.4	414.6	424.4	568.4	1.466	1.422	1.459	1.426	1.064
HSLCB-3	615.0	316.5	402.4	392.2	405.7	441.9	1.943	1.528	1.568	1.516	1.392
HSLCB-4	575.0	367.1	402.4	392.2	405.7	441.9	1.566	1.429	1.466	1.417	1.301
HSLCB-5	465.0	316.5	346.1	337.4	353.0	344.9	1.469	1.344	1.378	1.317	1.348
HSLCB-6	470.5	334.8	346.1	337.4	353.0	344.9	1.405	1.359	1.394	1.333	1.364
HSLCB-7	318.5	316.5	289.2	281.9	297.6	274.2	1.006	1.101	1.130	1.070	1.162
HSLCB-8	360.0	310.7	289.2	281.9	297.6	274.2	1.159	1.245	1.277	1.210	1.313
I-800-0.75-130	1099.8	639.8	902.2	838.3	913.5	900.0	1.719	1.219	1.312	1.204	1.222
I-1000-0.75-130	1346.4	805.7	1104.5	993.7	1121.1	1114.6	1.671	1.219	1.355	1.201	1.208
I-1400-0.75-130	1580.0	1120.6	1211.7	1166.1	1232.4	1461.6	1.410	1.304	1.355	1.282	1.081
II-500-1.00-130	673.3	379.3	593.2	380.6	598.5	504.7	1.775	1.135	1.769	1.125	1.334
II-800-1.00-130	814.1	608.9	837.6	523.9	848.0	753.1	1.337	0.972	1.554	0.960	1.081
II-1000-1.00-130	923.4	732.3	950.0	592.7	963.9	911.5	1.261	0.972	1.558	0.958	1.013
II-1400-1.00-130	1121.9	1038.8	1106.4	742.5	1125.3	1148.3	1.080	1.014	1.511	0.997	0.977
III-500-1.00-200	703.2	373.8	716.8	463.5	720.5	577.3	1.881	0.981	1.517	0.976	1.218
III-800-1.00-200	1066.7	616.2	1021.7	627.8	1030.6	862.3	1.731	1.044	1.699	1.035	1.237
III-1000-1.00-200	1117.1	731.1	1096.3	681.2	1108.2	1017.4	1.528	1.019	1.640	1.008	1.098
III-1400-1.00-200	1368.9	1038.6	1264.0	844.0	1280.5	1278.2	1.318	1.083	1.622	1.069	1.071
IV-500-1.50-130	479.1	348.9	446.1	135.8	450.3	355.2	1.373	1.074	3.528	1.064	1.349
IV-800-1.50-130	557.2	531.2	589.6	184.7	597.9	517.4	1.049	0.945	3.017	0.932	1.077
IV-1000-1.50-130	679.2	640.8	684.0	212.5	693.8	631.2	1.060	0.993	3.196	0.979	1.076
IV-1400-1.50-130	880.8	838.9	835.7	282.7	849.4	811.8	1.050	1.054	3.116	1.037	1.085
均值							1.450	1.174	1.783	1.159	1.183
方差							0.091	0.034	0.457	0.035	0.015

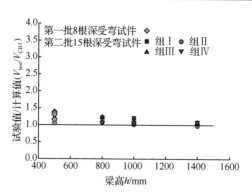

图 4.25 试验值与建议模型的计算值对比分析

由图 4.25 及表 4.15 可见：建议模型计算值与试验值吻合良好，且方差较小，能够准确合理地考虑尺寸效应对轻骨料混凝土深受弯构件受剪承载力的影响。由于有腹筋深受弯构件的受剪承载力主要由混凝土和腹筋共同承担，通过模型计算结果发现，混凝土压杆承担的剪力表现出显著的尺寸效应行为，而腹筋的贡献与构件尺寸变化无关，仅与腹筋配筋量有关，与已有研究结论相符，故裂缝带理论模型能够合理考虑尺寸效应影响，验证了其对轻骨料混凝土深受弯构件受剪承载力预测的准确性。

4.4　Tan-Cheng 计算模型

Tan、Tang 等研究者基于传统摩尔-库仑强度准则评价了横向应力对混凝土斜压杆项承担荷载能力的影响，针对横向拉应力引起的劈裂破坏，以及压应力引起混凝土压杆斜压破坏两类剪切破坏模式，相继提出 Tan-Tang 模型[63]和 Tan-Cheng 模型。

4.4.1　Tan-Tang 模型

1. Tan-Tang 模型简介

图 4.26 为简支深受弯构件的拉-压杆模型示意图。

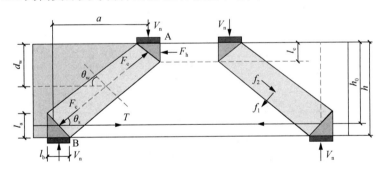

图 4.26　简支深受弯构件拉-压杆模型

由图 4.26 可知，构件加载点处的剪力 V_n 在斜向混凝土压杆中引起两个方面作用力。

1）沿斜压杆轴向作用的主压应力 f_2。主要取决于混凝土的抗压强度 $v_c f_c'$（其中 v_c 为考虑横向拉应力所引起混凝土软化效应的强度折减系数），该主压应力是导致深受弯构件中斜向混凝土压杆发生压碎破坏的关键因素。

　　2）垂直于斜压杆方向的主拉应力 f_1（图 4.27）。其主要由深受弯构件中的底部纵筋、腹筋和混凝土抗拉强度来承担，通常会导致斜压杆上部区域（图 4.26 中的阴影部分）产生绕上节点 A 转动的趋势，引起沿斜压杆的劈裂破坏。

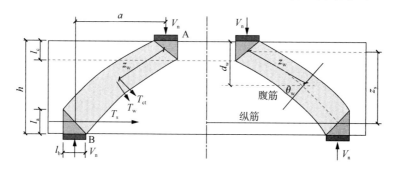

图 4.27　底部节点区拉应力 f_1 的确定

　　根据节点 A 处的受力平衡，斜压杆中压力 F_c 和水平拉杆中拉力 F_h 可分别为

$$F_c = \frac{V_n}{\sin \theta_s} \tag{4.43}$$

$$F_h = \frac{V_n}{\tan \theta_s} \tag{4.44}$$

斜压杆倾角 θ_s 为

$$\tan \theta_s = \frac{z_s}{a} \tag{4.45}$$

式中：a 为剪跨；z_s 为底部纵筋到顶部节点区中心的距离。

　　根据拉压杆理论，主压应力 f_2 为

$$f_2 = \frac{F_c}{A_{str}} = \frac{V_n}{A_{str} \sin \theta_s} = v_c f_c' \tag{4.46}$$

因此，

$$v_c = \frac{f_2}{f_c'} = \frac{V_n}{V_{dc}} \leqslant 1 \tag{4.47}$$

式中：A_{str} 为斜压杆截面面积；V_{dc} 为混凝土斜压杆破坏时的极限承载力，假定横向拉应力 f_1 不存在，则 $v_c = 1$，此时 V_{dc} 为

$$V_{dc} = f_c' A_{str} \sin \theta_s \tag{4.48}$$

此外，底部拉杆中拉应力可通过底部节点 B 处力的平衡计算，即

$$T = \frac{V_\mathrm{n}}{\tan\theta_\mathrm{s}} \tag{4.49}$$

实际情况中，深受弯构件受剪后斜压杆会发生弯曲变形（图 4.27），从而与混凝土和腹筋承担的拉力保持平衡。然而，与斜压杆中的压力相比，混凝土和腹筋承担的横向拉力较小（对于深受弯构件，后者为前者的 10%），因此常将图 4.27 所示的弯曲斜压杆简化为直斜压杆。简化后的直斜压杆较弯曲斜压杆的倾角 θ_s 减小，造成构件底部拉杆中的拉力 T 被高估。为减小等效直斜压杆造成的倾角 θ_s 的偏差，可将 T 视为混凝土拉力 T_ct、腹筋拉力 T_w 和底部纵筋拉力 T_s 引起的有效作用力。因此，由混凝土、腹筋和底部纵筋承担的拉力 T_ct、T_w 和 T_s 可分别通过对节点 A 取矩进行确定，即

$$V_\mathrm{n}a = T_\mathrm{ct}z_\mathrm{ct} + T_\mathrm{w}z_\mathrm{w} + T_\mathrm{s}z_\mathrm{s} \tag{4.50}$$

式中：z_ct、z_w 和 z_s 分别为拉力 T_ct、T_w 和 T_s 作用点到节点 A 的距离。由式（4.45）、式（4.49）、式（4.50）可得有效作用合力 T 的表达式

$$T = \frac{T_\mathrm{ct}z_\mathrm{ct}}{z_\mathrm{s}} + \frac{T_\mathrm{w}z_\mathrm{w}}{z_\mathrm{s}} + T_\mathrm{s} \tag{4.51}$$

混凝土、腹筋和底部纵筋提供的拉力 T_ct、T_w 和 T_s 可计算如下：

$$T_\mathrm{ct} = v_\mathrm{ct}f_\mathrm{ct}A_\mathrm{ct} \tag{4.52a}$$

$$T_\mathrm{w} = v_\mathrm{yw}f_\mathrm{yw}A_\mathrm{w} \tag{4.52b}$$

$$T_\mathrm{s} = v_\mathrm{y}f_\mathrm{y}A_\mathrm{s} \tag{4.52c}$$

式中：f_ct、f_yw 和 f_y 分别为混凝土抗拉强度、腹筋屈服强度和底部纵筋屈服强度；v_ct、v_yw 和 v_y 分别为考虑斜压杆中压应力 f_2 作用对 f_ct、f_yw 和 f_y 的折减系数；A_ct 为沿斜压杆轴向的混凝土截面面积；A_w 和 A_s 分别为腹筋和底部纵筋的截面面积。

为简化计算，假定构件发生劈裂破坏时，混凝土、腹筋和底部纵筋所承担的力以相同的速率变化，即

$$\frac{T_\mathrm{ct}}{f_\mathrm{ct}A_\mathrm{ct}} = \frac{T_\mathrm{w}}{f_\mathrm{yw}A_\mathrm{w}} = \frac{T_\mathrm{s}}{f_\mathrm{y}A_\mathrm{s}} \tag{4.53}$$

或

$$v_\mathrm{ct} = v_\mathrm{yw} = v_\mathrm{y} \tag{4.54}$$

联立式（4.51）、式（4.52）和式（4.53）可得

$$V_\mathrm{n}a = v_\mathrm{ct}(f_\mathrm{ct}A_\mathrm{ct}z_\mathrm{ct} + f_\mathrm{yw}A_\mathrm{w}z_\mathrm{w} + f_\mathrm{y}A_\mathrm{s}z_\mathrm{s}) \tag{4.55}$$

因此，

$$v_{ct} = \frac{f_1}{f_{ct}} = \frac{V_n}{V_{ds}} \leqslant 1 \tag{4.56}$$

式中：V_{ds} 为斜压杆抵抗劈裂破坏时的抵抗力，假定斜压力 f_2 不存在，$v_{ct}=1$，此时，V_{ds} 可表示为

$$V_{ds} = f_{ct} A_{ct} \frac{z_{ct}}{a} + f_{yw} A_w \frac{z_w}{a} + f_y A_s \frac{z_s}{a} \tag{4.57}$$

由图 4.27 中的几何条件可知：

$$\frac{z_{ct}}{a} = \frac{1}{2} \times \frac{2z_{ct}}{a} = \frac{1}{2\cos\theta_s} \tag{4.58}$$

假定 T_{ct} 作用于压杆中心，则

$$\frac{z_w}{a} = \frac{(d_w - 0.5l_c)\dfrac{\sin(\theta_s+\theta_w)}{\sin\theta_s}}{a} = \frac{d_w - 0.5l_c}{z_s}\tan\theta_s \frac{\sin(\theta_s+\theta_w)}{\sin\theta_s} \tag{4.59}$$

式中：d_w 为腹筋与斜压杆轴线交点至试件顶部的距离；θ_w 为水平腹筋与垂直压杆方向的夹角。因此，V_{ds} 可按式（4.60）计算：

$$V_{ds} = f_{ct}A_{ct}\frac{1}{2\cos\theta_s} + f_{yw}A_w \frac{d_w-0.5l_c}{z_s}\cdot\frac{\sin(\theta_s+\theta_w)}{2\cos\theta_s} + f_y A_s \tan\theta_s \tag{4.60}$$

若水平腹筋沿试件高度方向均匀分布，则 $(d_w - 0.5l_c)/z_s$ 可取为 0.5，因此，

$$V_{ds} = \frac{f_{ct}A_{ct} + f_{yw}A_w\sin(\theta_s+\theta_w) + 2f_y A_s\sin\theta_s}{2\cos\theta_s} \tag{4.61}$$

或

$$V_{ds} = f_{ct}A_{ct}\frac{1}{2\cos\theta_s} + f_{yw}A_w\frac{\sin(\theta_s+\theta_w)}{2\cos\theta_s} + f_y A_s\tan\theta_s \tag{4.62}$$

式（4.55）中的混凝土承担的拉应力 f_{ct} 可按式（4.63）确定：

$$f_{ct} = 0.5\sqrt{f_c'} \tag{4.63}$$

根据摩尔-库仑屈服准则[64]，建立如下关系式：

$$\frac{f_1}{f_{ct}} + \frac{f_2}{f_c'} = 1 \tag{4.64a}$$

或

$$V_1 + V_2 = 1 \qquad (4.64b)$$

因此，深受弯构件的受剪承载力可为

$$\frac{V_n}{V_{ds}} + \frac{V_n}{V_{dc}} = 1 \qquad (4.65a)$$

或

$$\frac{1}{V_n} = \frac{1}{V_{ds}} + \frac{1}{V_{dc}} \qquad (4.65b)$$

式（4.65b）进一步表明，描述双轴拉压应力状态下混凝土材料的各向异性时，采用基于摩尔-库仑屈服准则建立的简单线性作用关系是较为保守的。

2. Tan-Tang 模型参数取值

A_{str} 为混凝土斜压杆截面面积，即

$$A_{str} = b_w (l_a \cos \theta_s + l_b \sin \theta_s) \qquad (4.66)$$

式中：b_w 为试件宽度；l_a 为底部节点区高度，取试件底面到底部纵筋中心距离的 2 倍；l_b 为支撑板的宽度。

抵抗横向拉应力 f_1 的混凝土面积 A_{ct} 为

$$A_{ct} = b_w z_s / \sin \theta_s \qquad (4.67)$$

其中

$$z_s = h - \frac{l_a}{2} - \frac{l_c}{2} \qquad (4.68)$$

试件顶部节点区高度 l_c 可通过节点 A 处的平衡条件确定，当施加在节点 A 处的应力限值为 $0.85 f_c'$ 时，节点高度 l_c 为

$$l_c = \frac{V_n}{0.85 \tan \theta_s f_c' b_w} \qquad (4.69)$$

压杆倾角 θ_s 可进一步简化为

$$\tan \theta_s = \frac{h - \dfrac{l_a}{2} - \dfrac{l_c}{2}}{a} \qquad (4.70)$$

压杆倾角 θ_s 值的不确定导致构件上部节点区高度 l_c 难以计算，为简化模型计算过程，对 $a/h_0 < 2$ 的深受弯构件，假定 $l_c = l_a$。因构件上部水平压杆的宽度 l_c 仅为

试件高度 h 的 10%，该假定对深受弯构件受剪承载力预测值 V_n 造成的误差仅为 3%。因此，简化后模型仍可对斜压杆倾角 θ_s 进行准确估计。

简化模型的具体计算步骤如下。

1）假定 $l_c = l_a$，$l_a - (h - h_0)$，按式（4.70）计算斜压杆倾角 θ_s。

2）确定式（4.48）和式（4.61）或式（4.62）计算 V_{dc} 和 V_{ds}。

3）由式（4.65a）计算深受弯构件的受剪承载力 V_n。

4.4.2　Tan-Cheng 模型

现有的尺寸效应理论众多[65-70]，但对梁式构件抗剪强度的尺寸效应的解释仍未形成统一定论。Bažant 等[70]考虑素混凝土的非线性断裂能，并指出构件剪切强度与 $(1 + h_0 / h_t)^{-1}$（其中 h_0 为试件截面有效高度，h_t 为强度准则与线弹性断裂力学理论的转变点）成比例（图 4.28）。已有研究证实，采用断裂力学尺寸效应律来描述准脆性材料（如混凝土）的尺寸效应行为具有合理性，并且应用较为广泛[70]。基于此，Tan 等[71]从剪切强度的定义方法出发，结合上述观点建立了 Tan-Cheng 模型用于计算深受弯构件的受剪承载力。

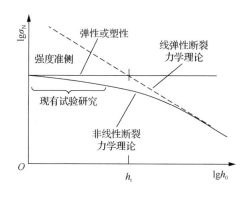

图 4.28　尺寸效应律

Tan 等[71]将剪切行为中尺寸效应的起因归结为两个方面：主要原因是对剪切强度的不恰当定义（V/bh_0），该定义方法仅适用于剪应力分布均匀的钢结构，当应用于开裂后的混凝土梁时则会造成明显的尺寸效应；次要原因是尺寸效应受拱机制有效性的影响较为显著，即与混凝土斜压杆的几何尺寸（支撑板和加载板的宽度）和边界条件（腹筋的直径和间距）有关。Tan 和 Cheng[71]将拱形压杆理想化为直压杆、以底部纵筋代表拉杆，避免了受拱机制有效性的影响，同时结合 Bažant 的尺寸效应律，对混凝土斜压杆的几何尺寸和边界条件进行适当修正，提出了一种可模拟深受弯构件中拱机制的拉压杆方法。

1. 模型简介

考虑到混凝土压杆底部节点区处于双向拉压应力状态，且开裂软化作用显著，基于 Tan-Tang 模型和摩尔-库仑准则模型，建立深受弯构件底部节点区的拉-压杆模型。该模型假定应力场沿压杆宽度和长度方向均匀分布，节点区处于静力平衡状态。根据斜压杆底部力学平衡条件，结合屈服理论，得到受剪承载力表达式如下：

$$V = \cfrac{1}{\cfrac{\sin 2\theta_s}{f_t A_c} + \cfrac{1}{f_c' A_{str} \sin \theta_s}} \tag{4.71}$$

其中

$$f_t = \cfrac{2 A_s f_y \sin \theta_s}{\cfrac{A_c}{\sin \theta_s}} + \sum \cfrac{2 A_w f_{yw} \sin(\theta_s + \theta_w)}{\cfrac{A_c}{\sin \theta_s}} \cdot \cfrac{d_w}{h_0} + 0.5\sqrt{f_c'} \tag{4.72}$$

式中：A_{str} 为混凝土斜压杆的截面面积；A_c 为深受弯构件的截面面积；θ_s 为斜压杆与底部纵筋的夹角；f_c' 为混凝土圆柱体的抗压强度；f_t 为综合考虑混凝土、腹筋和底部纵筋贡献的复合抗拉强度；A_s 为底部纵筋的截面面积；A_w 为腹筋的截面面积；f_y 和 f_{yw} 分别为纵筋和腹筋的屈服强度；h_0 为构件的有效截面高度；d_w 为腹筋与斜压杆中心线交点至梁顶的垂直距离；θ_w 为水平腹筋与垂直压杆方向的夹角，如图 4.29 所示。

2. 模型修正

本节主要考虑压杆尺寸和边界条件对尺寸效应的影响，对斜压杆受压强度进行修正。如图 4.30 所示，压杆尺寸主要与压杆的宽度和长度有关，压杆的边界条件主要考虑配置腹筋的有效性。

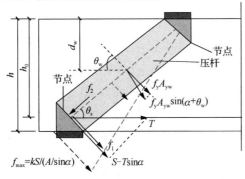

图 4.29　斜压杆底部节点区受力平衡

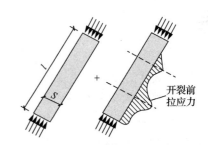

图 4.30　压杆尺寸和边界条件

（1）考虑压杆几何尺寸的修正

为便于分析，将模型中斜压杆单独取出，忽略压杆与周围混凝土的黏结作用，发现压杆与单轴受压状态下的柱较为相似。参考 Bažant 和 Xiang 的尺寸效应公式[72]，圆柱体抗压强度可表示为

$$\sigma_n = \alpha f_t + \frac{B f_t}{\sqrt{1 + \dfrac{D}{\lambda_o d_a}}} \tag{4.73}$$

式中：σ_n 和 f_t 分别为单轴受压强度和受拉强度；αf_t 为未考虑尺寸效应的强度；B 和 λ_o 分别为经验系数；D 为特征尺寸；d_a 为最大骨料粒径。通过对试验数据进行回归分析，Kim 等[73]用 f_c' 代替 f_t，提出了单轴受压圆柱体强度 f_o 的表达式：

$$f_o = \left[0.8 + \frac{0.4}{\sqrt{1 + \dfrac{(h_{cy} - \phi)}{50}}} \right] f_c' \tag{4.74}$$

式中：h_{cy} 和 ϕ 分别为圆柱体的高度和直径。基于混凝土圆柱体和斜压杆的相似性，将类似表达关系引入拉-压杆模型中，用压杆长度 l 和宽度 s 分别代替 h_{cy} 和 ϕ，给出混凝土压杆强度修正系数 ξ 如下：

$$\xi = 0.8 + \frac{0.4}{\sqrt{1 + \dfrac{(l - s)}{50}}} \tag{4.75}$$

（2）考虑压杆边界条件的修正

压杆边界条件主要考虑剪跨区内穿过斜压杆的腹筋间距和直径，横向拉应变的存在导致斜压杆的承载力有所降低，且 Collins 和 Kuchma[74]指出深受弯构件的抗剪强度是与裂缝宽度相关的函数，而裂缝宽度与纵向钢筋的间距有关。基于此，提出考虑腹筋对尺寸效应影响的修正系数 ζ，即

$$\zeta = 0.5 + \sqrt{\frac{k d_s}{l_s}} \leqslant 1.2 \tag{4.76}$$

$$k = \frac{\sqrt{\pi}}{2} \sqrt{\frac{f_y}{f_t}} \tag{4.77}$$

式中：0.5 为无腹筋压杆的强度系数；对于无腹筋梁，将 l_s 偏于保守地取为压杆的长度 l，d_s 为底部纵筋最小直径；对于有腹筋梁，l_s 为最大腹筋间距，d_s 为最小腹筋直径。

（3）引入尺寸效应修正系数的拉-压杆模型

将上述压杆尺寸和边界条件修正系数代入式（4.71），得到考虑尺寸效应的拉-压杆模型对深受弯构件受剪承载力的计算公式：

$$V = \frac{1}{\dfrac{\sin 2\theta_s}{f_t A_c} + \dfrac{1}{\zeta \xi f_c' A_{str} \sin \theta_s}} \qquad (4.78)$$

3. 模型简化

（1）压杆倾角 θ_s 的简化

压杆倾角 θ_s 的计算基于压杆上下节点区高度 l_c 和 l_a 相等的假定。当深受弯构件的截面高度 $h \geqslant 1000\text{mm}$ 时（即 h 约为 $10l_c$ 时），l_c 对压杆倾角 θ_s 的计算结果影响较小。而当梁高 h 较小时，l_c 的取值对压杆倾角 θ_s 的计算结果影响显著。

因此，在上述 STM 模型中，先假定 $l_a = l_c$，然后计算深受弯构件的受剪承载力 V，再通过反复迭代计算 l_c，该过程较为烦琐且不便在实际工程中应用。因此，该模型对不同尺寸深受弯构件压杆倾角 θ_s 的计算并不稳定。美国 ACI 318-08 规范中，在考虑 CCT 和 CCC 型节点区（图 4.31）的受力状态后，建议取 $l_c = 0.8l_a$，与迭代计算所得 l_c 能够较好吻合，故本节建议压杆倾角 θ_s 可计算为

$$\tan \theta_s = \frac{h - 0.9l_a}{a} \qquad (4.79)$$

式中

$$l_a = 2(h - h_0) \qquad (4.80)$$

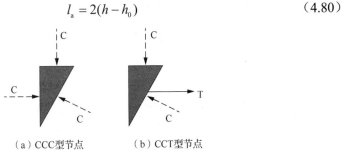

（a）CCC型节点　　　　　（b）CCT型节点

图 4.31　节点类型

（2）复合抗拉强度 f_t 的简化

复合抗拉强度 f_t 综合考虑了混凝土、纵筋和腹筋部分的贡献。

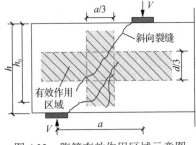

图 4.32　腹筋有效作用区域示意图

1）在考虑腹筋部分的贡献时，需要明确腹筋在剪跨范围内的具体分布位置，计算过程较为复杂。Matamoros 和 Wong[6] 指出，深受弯构件斜裂缝出现后，支座和加载点附近腹筋应变较小，处于斜裂缝中部的腹筋应变较大。在考虑腹筋对抗剪的贡献时，提出腹筋有效作用区域的概念（图 4.32），同时忽略此区域外腹筋的作用。

2）纵筋部分的贡献：由于纵筋位于构件底部，斜裂缝出现后，纵筋应力因混凝土退出工作而突然增大。因此，本节根据纵筋拉应力沿垂直于混凝土压杆方向的分布情况，认为纵筋在构件 1/2 高度以下部分发挥主要作用，忽略其在构件 1/2 高度以上的作用。

基于上述两点假设，且不考虑腹筋沿构件有效高度的分布水平 d_w/h_0，本节建议采用式（4.81）对 f_t 进行计算：

$$f_t = \frac{2A_s f_y \sin\theta_s}{\dfrac{1}{2}\dfrac{A_c}{\sin\theta_s}} + \sum_{\substack{x=a/3 \\ y=h_0/3}}^{\substack{x=2a/3 \\ y=2h_0/3}} \frac{2A_w f_{yw}\sin(\theta_w+\theta_s)}{\dfrac{A_c}{\sin\theta_s}} + 0.5\sqrt{f_c'} \tag{4.81}$$

综上所述，考虑尺寸效应的拉-压杆模型简化后的计算步骤概括如下。

1）通过式（4.79）得到压杆倾角 θ_s。

2）通过式（4.81）计算得到复合抗拉强度 f_t。

3）通过式（4.75）、式（4.76）得到修正系数 ξ 和 ζ。

4）通过式（4.78）计算深受弯构件的受剪承载力 V。

4.4.3　钢筋混凝土深受弯构件受剪分析

采用本节建议的修正简化拉-压杆模型对上述收集的 691 组深受弯构件的受剪承载力进行计算，将预测结果与 4 种规范及典型模型的计算情况进行对比，具体结果见表 4.16 和图 4.33。

表 4.16　模型预测值与试验值的对比

数量	统计结果	V_{test}/V_{GB}	V_{test}/V_{ACI}	V_{test}/V_{CSA}	V_{test}/V_{EC2}	V_{test}/V_{T-C}	V_{test}/V_{T-T}	V_{test}/V_{ST-C}
	均值	1.454	1.227	1.745	1.216	1.307	1.174	0.867
691	方差	0.533	0.456	0.947	0.452	0.524	0.420	0.175
	变异系数	0.367	0.372	0.543	0.371	0.400	0.357	0.202

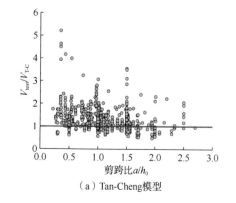

（a）Tan-Cheng模型

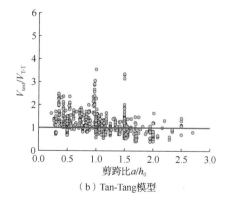

（b）Tan-Tang模型

图 4.33　典型模型与本节建议模型对比分析

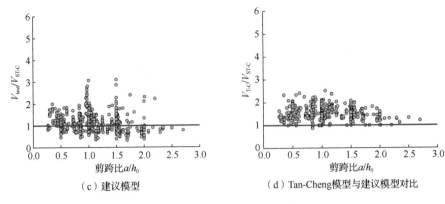

（c）建议模型　　　　　　（d）Tan-Cheng模型与建议模型对比

图 4.33（续）

　　Tan-Cheng 模型与本节修正简化后的 Tan-Cheng 模型都能够较为准确地预测深受弯构件受剪承载力，误差均小于规范的预测结果，且离散程度较低，说明本节修正与简化方法的正确性。

4.4.4　轻骨料混凝土深受弯构件受剪分析

　　采用 Tang-Cheng 模型及修正简化的 Tan-Cheng 模型对第 3 章中 23 根大尺寸轻骨料混凝土深受弯构件的受剪承载力进行预测，并与试验值进行对比，结果见表 4.17 和图 4.34。

表 4.17　模型计算结果与试验结果对比

试件编号	f_c'/MPa	V_{exp}/kN	V_{T-C}/kN	V_{ST-C}/kN	V_{exp}/V_{T-C}	V_{exp}/V_{ST-C}
HSLCB-1	32.2	655.0	353.9	570.6	1.851	1.148
HSLCB-2	32.2	605.0	353.9	570.6	1.710	1.060
HSLCB-3	32.2	615.0	301.8	483.1	2.038	1.273
HSLCB-4	32.2	575.0	301.8	483.1	1.905	1.190
HSLCB-5	32.2	465.0	248.8	381.4	1.869	1.219
HSLCB-6	32.2	470.5	248.8	381.4	1.891	1.234
HSLCB-7	32.2	318.5	207.7	295.1	1.533	1.079
HSLCB-8	32.2	360.0	207.7	295.1	1.733	1.220
I-800-0.75-130	49.48	1099.8	715.5	763.9	1.537	1.440
I-1000-0.75-130	51.95	1346.4	847.9	885.5	1.588	1.520
I-1400-0.75-130	49.71	1580.0	1014.4	1067.6	1.558	1.480
II-500-1.00-130	49.46	673.3	443.9	498.5	1.517	1.351
II-800-1.00-130	53.07	814.1	608.8	589.9	1.337	1.380
II-1000-1.00-130	50.91	923.4	752.2	710.0	1.228	1.301
II-1400-1.00-130	50.60	1121.9	887.5	850.0	1.264	1.320
III-500-1.00-200	47.90	703.2	502.5	495.1	1.399	1.420
III-800-1.00-200	54.43	1066.7	676.6	654.6	1.577	1.630
III-1000-1.00-200	50.70	1117.1	799.5	770.3	1.397	1.450

续表

试件编号	f_c'/MPa	V_{exp}/kN	$V_{\text{T-C}}$/kN	$V_{\text{ST-C}}$/kN	$V_{exp}/V_{\text{T-C}}$	$V_{exp}/V_{\text{ST-C}}$
III-1400-1.00-200	50.60	1368.9	969.2	950.7	1.412	1.440
IV-500-1.50-130	52.35	479.1	337.0	332.6	1.422	1.440
IV-800-1.50-130	50.39	557.2	474.0	464.2	1.176	1.200
IV-1000-1.50-130	48.49	679.2	593.6	543.2	1.144	1.250
IV-1400-1.50-130	49.33	880.8	709.0	682.9	1.242	1.290
均值					1.536	1.319
方差					0.066	0.021

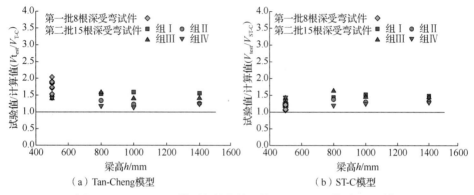

（a）Tan-Cheng模型　　　　　（b）ST-C模型

图 4.34　Tan-Cheng 模型与简化修正的 Tan-Cheng 模型对比分析

由图 4.34 及表 4.17 可知，本书的简化修正方法能够提高 Tan-Cheng 模型的准确度并降低离散性，经简化修正后的 Tan-Cheng 模型计算结果误差约为 30%，方差为 0.021，可以将该模型用于轻骨料深受弯构件受剪承载力的预测。Tan-Cheng 模型和简化模型虽然合理地考虑了尺寸效应影响，但计算结果明显偏小，故采用 Tan-Cheng 模型对轻骨料混凝土深受弯构件进行计算时无需考虑尺寸效应的影响。

参 考 文 献

[1] ACI Committee 318. Building code requirements for structural concrete（ACI 318-14）and commentary（318R-14）[S]. American Concrete Institute, 2014.

[2] The European Standard EN 1992-1-1:2004, Eurocode 2. Design of concrete structures[S]. London: British Standards Institution, 2004.

[3] CSA A23.3-04. Design of Concrete Structures[S]. Mississauga, Ont.: Canadian Standards Association, 2004.

[4] AASHTO LRFD. Bridge Design Specifications[S]. Washington D.C.: American Association of State Highway and Transportation Officials, 1998.

[5] Vecchio F J, Collins M P. The modified compression field theory for reinforced concrete elements subjected to shear[J]. Journal of the American Concrete Institute, 1986, 83（2）: 219-231.

[6] Matamoros A B, Wong K H. Design of simply supported deep beams using strut-and-tie models[J]. ACI Structural Journal, 2003, 100（6）: 704-712.

[7] Tan K H, Kong F K, Teng S, et al. Effect of web reinforcement on high-strength concrete deep beams[J]. ACI Structural Journal, 1997, 94（5）: 572-582.

[8] Tan K H, Teng S, Kong F K, et al. Main tension steel in high strength concrete deep and short beams[J]. ACI Structural Journal, 1997, 94（6）: 752-768.

[9]　Tan K H, Lu H Y. Shear behavior of large reinforced concrete deep beams and code comparisons[J]. ACI Structural Journal, 1999, 96（5）: 836-845.

[10]　Kani G N J. How safe are our large reinforced concrete beams[J]. ACI Journal Proceedings, 1967, 64（3）: 128-141.

[11]　Manuel R F, Slight B W, Suter G T. Deep beam behavior affected by length and shear span variations[J]. Am Concrete Institution Journal and Proceedings, 1971, 68（12）: 954-958.

[12]　Rogowsky D M, MacGregor J G, Ong S Y. Tests of reinforced concrete deep beams[C]// ACI Journal Proceedings, 1986, 83（4）: 614-623.

[13]　Foster S J, Gilbert R I. Experimental studies on high-strength concrete deep beams[J]. ACI Structural Journal, 1998, 95（4）: 382-390.

[14]　Lu W Y, Lin I J, Yu H W. Shear strength of reinforced concrete deep beams[J]. ACI Structural Journal, 2013, 110（4）: 671-680.

[15]　Tan K H, Cheng G H, Zhang N. Experiment to mitigate size effect on deep beams[J]. Magazine of Concrete Research, 2008, 60（10）: 709-723.

[16]　Mphonde A G, Frantz G C. Shear tests of high-and low-strength concrete beams without stirrups[C]// ACI Journal Proceedings, 1984, 81（4）: 350-357.

[17]　Teng S, Ma W, Wang F. Shear strength of concrete deep beams under fatigue loading[J]. ACI Structural Journal, 2000, 97（4）: 572-580.

[18]　Shin S W, Lee K S, Moon J I, et al. Shear strength of reinforced high-strength concrete beams with shear span-to-depth ratios between 1.5 and 2.5 [J]. ACI Structural Journal, 1999, 96（4）: 549-556.

[19]　Moody K G, Viest I M, Elstner R C, et al. Shear strength of reinforced concrete beams Part 1-Tests of simple beams [C]// ACI Journal Proceedings, 1954, 51（12）: 317-332.

[20]　Clark A P. Diagonal tension in reinforced concrete beams[J]. ACI Journal Proceedings, 1951, 48（10）: 145-156.

[21]　Morrow J D, Viest I M. Shear strength of reinforced concrete frame member without web reinforcement[C]// ACI Journal Proceedings, 1957, 53（3）: 833-869.

[22]　Ramakrishnan V, Ananthanarayana Y. Ultimate strength of deep beams in shear[C]// ACI Journal Proceedings, 1968, 65（2）: 87-98.

[23]　Lee D. An experimental investigation in the effects of detailing on the shear behaviour of deep beams[D]. Toronto: University of Toronto, 1982.

[24]　Mathey R G, Watstein D. Shear strength of beams without web reinforcement containing deformed bars of different yield strengths [C]// ACI Journal Proceedings, 1963, 60（2）: 183-208.

[25]　Leonhardt F, Walther R. The stuttgart shear tests [J]. Cement and Concrete Association Library, 2005, 11（28）: 134.

[26]　Subedi N K. Reinforced concrete deep beams: A method of analysis [C]// ICE Proceedings, 1988, 85（1）: 1-30.

[27]　方江武. 钢筋混凝土深梁抗剪强度的试验研究[J]. 石家庄铁道学院学报，1990，3（1）: 15-24.

[28]　Walraven J, Lehwalter N. Size effects in short beams loaded in shear [J]. ACI Structural Journal, 1994, 91（5）: 585-593.

[29]　Adebar P. One way shear strength of large footings [J]. Canadian Journal of Civil Engineering, 2000, 27（3）: 553-562.

[30]　Yang K H, Chung H S, Lee E T, et al. Shear characteristics of high-strength concrete deep beams without shear reinforcements [J]. Engineering Structures, 2003, 25（7）: 1343-1352.

[31]　Tanimura Y, Sato T. Evaluation of shear strength of deep beams with stirrups [J]. Quarterly Report of RTRI, 2005, 46（1）: 53-58.

[32]　Salamy M R, Kobayashi H, Unjoh S. Experimental and analytical study on RC deep beams [J]. Asian Journal of Civil Engineering, AJCE, 2005, 104（2）: 409-422.

[33]　林辉. 纵筋布置形式对剪跨比为 1.5 的钢筋混凝土深受弯梁受剪性能的影响[D]. 重庆: 重庆大学，2006.

[34]　Zhang N, Tan K H. Size effect in RC deep beams: experimental investigation and STM verification [J]. Engineering Structures, 2007, 29（12）: 3241-3254.

[35]　Garay J D, Lu A S. Behavior of concrete deep beams with high strength reinforcement [J]. Structures Congress, ASCE, 2008, 4（26）: 1-10.

[36]　Brena S F, Roy N C. Evaluation of load transfer and strut strength of deep beams with short longitudinal bar

anchorages [J]. ACI Structural Journal, 2009, 106（63）: 678-689.

[37] Zhang N, Tan K H, Leong C L. Single-span deep beams subjected to unsymmetrical loads [J]. Journal of Structural Engineering, ASCE, 2009,135（3）: 239-252.

[38] Sagaseta J, Vollum R L. Shear design of short-span beams [J]. Magazine of Concrete Research, 2010, 62（4）: 267-282.

[39] Sahoo D K, Sagı M S V, Singh B, et al. Effect of detailing of web reinforcement on the behavior of bottle-shaped struts [J]. Journal of Advanced Concrete Technology, 2010, 8（3）: 303-314.

[40] Senturk A E, Higgins C. Evaluation of reinforced concrete deck girder bridge bent caps with 1950s vintage details: laboratory tests [J]. ACI Structural Journal, 2010, 107（5）: 534-543.

[41] Mihaylov B I, Bentz E C, Collins M P. Behavior of large deep beam subjected to monotonic and reversed cyclic shear [J]. ACI Structural Journal, 2010, 107（6）: 726-734.

[42] 林云. 钢筋混凝土简支深梁的试验研究及有限元分析[D]. 长沙：湖南大学，2011.

[43] Gedik Y H, Nakamura H, Yamamot Y, et al. Effect of stirrups on the shear failure mechanism of deep beams [J]. Journal of Advanced Concrete Technology, 2012, 10（1）: 14-30.

[44] Smith K N, Vantsiotis A S. Shear strength of deep beams [J]. ACI Journal Proceedings, 1982, 79（3）: 201-213.

[45] Kong F K, Robins P J, Cole D F. Web reinforcement effects on deep beams [J]. ACI Journal Proceedings, 1970, 67（12）: 1010-1018.

[46] Oh J K, Shin S W. Shear strength of reinforced high-strength concrete deep beams [J]. ACI Structural Journal, 2001, 98（2）: 164-173.

[47] Aguilar G, Matamoros A B, Parra-Montesinos G J, et al. Experimental evaluation of design procedures for shear strength of deep reinforced concrete beams [J]. ACI Structural Journal, 2002, 99（4）: 539-548.

[48] Quintero-Febres C G, Parra-Montesinos G, Wight J K. Strength of struts in dccp concrete member designed using strut-and-tie method [J]. ACI Structural Journal, 2006, 103（4）: 577-586.

[49] Tan K H, Kong F K, Teng S, et al. High-strength concrete deep beams with effective span and shear span variations [J]. ACI Structural Journal, 1995, 92（4）: 395-405.

[50] Subedi N K, Vardy A E, Kubotat N. Reinforced concrete deep beams some test results [J]. Magazine of Concrete Research, 1986, 38（137）: 206-219.

[51] 刘立新，谢丽丽，陈萌. 钢筋混凝土深受弯构件受剪性能的研究[J]. 建筑结构，2000，30（10）: 19-22,46.

[52] 龚绍熙. 钢筋混凝土深梁在对称集中荷载下抗剪强度的研究[J]. 郑州工学院学报，1982（1）: 52-68.

[53] Laupa A, Siess C P, Newmark N M. Strength in shear of reinforced concrete beams[M]. Urbana: University of Illinois, 1955.

[54] 幸左贤二. 鉄筋コンクリート深ビーム試験解析についての検討[C]. 東京：土木学会論文集，2009，65（2）: 368-383.

[55] Bažant Z P, Planas J. Fracture and size effect in concrete and other quasibrittle materials [M]. Boca Raton: CRC Press, 1998.

[56] Wight J K, MacGregor J G. Reinforced concrete: mechanics and design [M]. Singapore: Prentice Hall, Pearson Education South Asia, 2006.

[57] Yang K H, Chung H S, Ashour A F. Influence of shear reinforcement on reinforced concrete continuous deep beams [J]. ACI Structural Journal, 2007, 104（4）: 420-429.

[58] Ashour A F, Yang K H. Application of plasticity theory to reinforced concrete deep beams-a review [J]. Magazine of Concrete Research, 2008, 60（9）: 657-664.

[59] Yang K H, Ashour A F. Code modelling of reinforced concrete deep beam [J]. Magazine of Concrete Research, 2008, 60（6）: 441-454.

[60] Barbosa F S, Farage M C R, Beaucour A L, et al. Evaluation of aggregate gradation in lightweight concrete via image processing [J]. Construction and Building Materials, 2012, 29: 7-11.

[61] Yang K H, Ashour A F. Influence of section depth on the structural behaviour of reinforced concrete continuous deep beams [J]. Magazine of Concrete Research, 2007, 59（8）: 575-586.

[62] Bažant Z P, Sun H H. Size effect in diagonal shear failure: Influence of aggregate size and stirrups [J]. ACI Materials Journal, 1987, 84（4）: 259-272.

[63] Tang C Y, Tan K H. Interactive mechanical model for shear strength of deep beams [J]. Journal of Structural Engineering, ASCE, 2004, 130（10）: 1534-1544.

[64] Cook R D, Young W C. Advanced mechanics of materials [M]. New York: Macmillan Publishing Company, 1985.

[65] Tan K H, Lu H Y, Teng S. Size effect in large prestressed concrete deep beams [J]. ACI Structural Journal, 1999, 96（6）: 937-946.

[66] Taylor H P J. Shear strength of large beams [J]. Journal of Structural Division, ASCE, 1972, 98（11）: 2473-2490.

[67] Reinhardt H W. Similitude of brittle fracture of structural concrete[C]// Proc. Advanced Mechanics of Reinforced Concrete, IABSE Colloquium, Delft, The Netherlands, 1981: 175-184.

[68] Kotsovos M D, Palovic M N. Size effect in structural concrete: a numerical experiment[J]. Computers and Structures, 1997, 64（1-4）: 285-295.

[69] Bažant Z P, Ozbolt J, Eligehausen R. Fracture size effect: review of evidence for concrete structures[J]. Journal of Structural Engineering, ASCE, 1994, 120（8）: 2377-2398.

[70] Bažant Z P, Kim J K. Size effect in shear failure of longitudinally reinforced beams [C]. ACI Journal Proceedings, 1984, 81: 456-468.

[71] Tan K H, Cheng G H. Size effect on shear strength of deep beams: investigating with strut-and-tie model[J]. Journal of Structural Engineering, ASCE, 2006, 132（5）: 673-685.

[72] Bažant Z P, Xiang Y X. Size effect in compression fracture: splitting crack band propagation[J]. Journal of Engineering Mechanics, ASCE, 1997, 123（2）: 162-172.

[73] Kim J K, Yi S T, Park C K, et al. Size effect on compressive strength of plain and spirally reinforced concrete cylinders [J]. ACI Structural Journal, 1999, 96（1）: 88-94.

[74] Collins M P, Kuchma D. How safe are our large, lightly reinforced concrete beams, slabs, and footings[J]. ACI Structural Journal, 1999, 96（4）: 482-490.

第 5 章　混凝土构件受剪精细化分析方法

5.1　转角软化桁架模型

20 世纪初，Ritter[1]和 Morsch[2]提出了桁架模型的概念，用来解决钢筋混凝土构件的剪切问题。之后，Rausch[3]将其拓展到构件受扭的问题中。桁架模型最初认为钢筋混凝土构件在承受剪应力时，产生与钢筋成 45° 夹角的斜裂缝，从而形成一系列混凝土压杆，这些压杆与钢筋共同作用抵抗外界荷载产生的剪应力。因此，这些理论也被称为 45° 桁架模型。但这些模型的计算结果与试验结果有一定差异，尤其对于纯扭构件的计算结果过于保守。1969 年，Lampert 和 Thurlimann[4]基于塑性破坏理论，结合钢筋混凝土梁抗剪平衡方程，提出了变角桁架模型；之后，Elfgren[5]推导得出钢筋混凝土梁抗弯、抗剪及抗扭三者之间的关系式。1973年，Collins[6]提出了压力场理论，得到钢筋混凝土梁在受剪时的相容条件。随后，Robinson 和 Demorieux[7]发现了混凝土压杆软化现象；1981 年，Vecchio 和 Collins[8,9]对混凝土压杆软化现象进行量化分析，提出软化应力-应变关系曲线，并指出软化效应取决于两个主应变的比值。

Hsu 等考虑软化应力-应变关系曲线，提出转角软化桁架模型（rotating angle-softened truss model，RASTM）[10-12]。该模型从平衡条件和相容条件出发，结合剪切破坏机理，统一了剪切和扭转问题的处理方法，同时，针对钢筋混凝土构件不同的受力环境，建立了较为有效的计算模型。该理论不仅能够预测结构的剪切和扭转强度，而且能够预测整个开裂后加载历史中的变形，如剪切挠度、扭转角、钢筋和混凝土应变等。本节引入转角桁架模型来分析深受弯构件的剪切行为。

5.1.1　RASTM 概述

钢筋混凝土薄膜单元体承受的剪应力和正应力见图 5.1。将纵横向钢筋的方向分别作为 l 轴和 t 轴，形成 l-t 坐标系。当斜裂缝出现后，形成的混凝土斜压杆与纵筋夹角为 α，沿压杆方向将产生主压应力和主压应变，将这一方向定为 d 轴，作与 d 轴垂直的 r 轴，得到 d-r 坐标系。

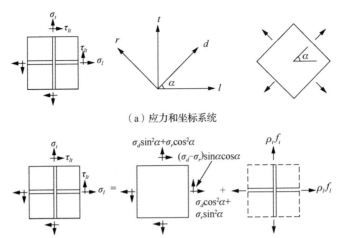

（a）应力和坐标系统

（b）钢筋应力和混凝土应力的分解

σ_l 和 σ_t 分别为 l 轴和 t 轴方向上的正应力；σ_d 和 σ_r 分别为 d 轴和 r 轴方向上的正应力；τ_{lt} 为剪应力。

图 5.1　　钢筋混凝土薄膜单元体承受的剪应力和正应力

5.1.2　RASTM 基本方程

1. 平衡条件

假设钢筋仅能承受轴向应力，根据桁架模型的平衡条件和图 5.2（a）中混凝土应力莫尔圆[13]，可得图 5.1（b）中钢筋和混凝土叠加形成的应力：

$$\sigma_l = \sigma_d \cos^2 \alpha + \sigma_r \sin^2 \alpha + \rho_l f_l \tag{5.1}$$

$$\sigma_t = \sigma_d \sin^2 \alpha + \sigma_r \cos^2 \alpha + \rho_t f_t \tag{5.2}$$

$$\tau_{lt} = (\sigma_d - \sigma_r) \sin \alpha \cos \alpha \tag{5.3}$$

式中：σ_l 和 σ_t 分别为 l 轴和 t 轴方向上的正应力（以受拉为正）；τ_{lt} 为 l-t 坐标轴上的剪应力（以图 5.1 所示方向为正）；σ_d 和 σ_r 分别为 d 轴和 r 轴方向上的正应力（以受拉为正）；α 为 d 轴相对于 l 轴的倾角；ρ_l 和 ρ_t 分别为 l 轴和 t 轴方向上的配筋率；f_l 和 f_t 分别为 l 轴和 t 轴方向上钢筋所承受的应力。

2. 相容条件

根据应力-应变关系，结合图 5.2（b）中的应变莫尔圆[13]，可得变形协调方程：

$$\varepsilon_l = \varepsilon_d \cos^2 \alpha + \varepsilon_r \sin^2 \alpha \tag{5.4}$$

$$\varepsilon_t = \varepsilon_d \sin^2 \alpha + \varepsilon_r \cos^2 \alpha \tag{5.5}$$

$$\gamma_{lt} = 2(\varepsilon_d - \varepsilon_r) \sin \alpha \cos \alpha \tag{5.6}$$

式中：ε_l 和 ε_t 分别为 l 轴和 t 轴方向上的平均应变（以拉为正）；γ_{lt} 为 l-t 坐标轴上的平均剪应变（以图 5.1 所示方向为正）；ε_d 和 ε_r 分别为 d 轴和 r 轴方向上的平均主应变（以拉为正）。

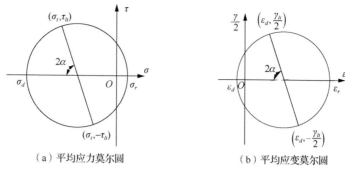

（a）平均应力莫尔圆　　　　　　　　　（b）平均应变莫尔圆

图 5.2　开裂混凝土平均应力与应变莫尔圆

3. 本构关系

（1）受压混凝土

考虑混凝土的开裂软化，混凝土受压应力-应变曲线采用图 5.3（a）中的实线，具体关系式为

$$\left|\varepsilon_d\right| \leqslant \left|\frac{\varepsilon_0}{\lambda}\right| \qquad \sigma_d = f_c'\left[2\left(\frac{\varepsilon_d}{\varepsilon_0}\right) - \lambda\left(\frac{\varepsilon_d}{\varepsilon_0}\right)^2\right] \tag{5.7a}$$

$$\left|\varepsilon_d\right| > \left|\frac{\varepsilon_0}{\lambda}\right| \qquad \sigma_d = \frac{f_c'}{\lambda}\left[1 - \left(\frac{\dfrac{\varepsilon_d}{\varepsilon_0} - \dfrac{1}{\lambda}}{2 - \dfrac{1}{\lambda}}\right)^2\right] \tag{5.7b}$$

其中

$$\lambda = \sqrt{0.7 - \frac{\varepsilon_r}{\varepsilon_d}} \tag{5.8}$$

式中：f_c' 为标准混凝土圆柱体的抗压强度；ε_0 为混凝土峰值应力对应的应变，取 $\varepsilon_0 = 0.002$；λ 为软化系数。

需要指出的是，在式（5.7a）、式（5.7b）、式（5.8）中，ε_d、ε_r、ε_0、σ_d 和 f_c' 都以受拉为正、受压为负。

（2）受拉混凝土

沿 r 轴方向混凝土受拉应力-应变曲线见图 5.3（b），满足以下关系：

$$\varepsilon_r \leqslant \varepsilon_{cr} \qquad \sigma_r = E_c \varepsilon_r \tag{5.9a}$$

$$\varepsilon_r > \varepsilon_{cr} \qquad \sigma_r = \frac{f_{cr}}{1 + \sqrt{200(\varepsilon_r - \varepsilon_{cr})}} \tag{5.9b}$$

式中：E_c 为混凝土的初始弹性模量，$E_c = 1000 f_c'$；ε_{cr} 为混凝土的开裂应变，$\varepsilon_{cr} = f_{cr}/E_c$；$f_{cr}$ 为混凝土开裂应力，取 $f_{cr} = 4\sqrt{f_c'}$。

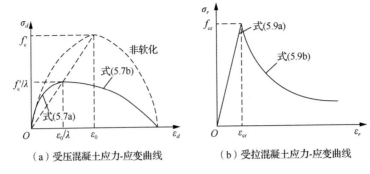

（a）受压混凝土应力-应变曲线　　　　（b）受拉混凝土应力-应变曲线

图 5.3　混凝土软化应力-应变曲线

（3）钢筋

受拉钢筋的应力-应变关系采用二线性模型，即

$$\varepsilon_l \geqslant \varepsilon_{ly} \qquad f_l = f_{ly} \tag{5.10a}$$

$$\varepsilon_l < \varepsilon_{ly} \qquad f_l = E_s \varepsilon_l \tag{5.10b}$$

$$\varepsilon_t \geqslant \varepsilon_{ty} \qquad f_t = f_{ty} \tag{5.11a}$$

$$\varepsilon_t < \varepsilon_{ty} \qquad f_t = E_s \varepsilon_t \tag{5.11b}$$

式中：E_s 为钢筋的弹性模量；f_{ly} 和 f_{ty} 分别为纵筋和横向钢筋的屈服强度；ε_{ly} 和 ε_{ty} 分别为纵筋和横向钢筋屈服时的应变。

5.1.3　RASTM 计算过程

以钢筋混凝土深受弯构件为例，在荷载作用下斜裂缝主要出现在剪跨范围内，受力区域可分为下部受拉纵筋、中间核心区（图 5.4 中虚线区域）和上部受压纵筋。其中上、下纵筋主要承受由剪力产生的截面弯矩，剪力主要由中部核心区承担。转角桁架模型将受剪核心区细化为单元体，认为主应力与剪切应力具有以下关系：

$$\sigma_t = K\tau_{lt} \tag{5.12}$$

$$\sigma_l = 0 \tag{5.13}$$

其中

$$K = \begin{cases} \dfrac{2d_v}{d} & 0 < \dfrac{a}{d} \leqslant 0.5 \\[2ex] \dfrac{d_v}{d}\left[\dfrac{d}{a}\left(\dfrac{4}{3} - \dfrac{2}{3}\dfrac{a}{d}\right)\right] & 0.5 < \dfrac{a}{d} \leqslant 2 \\[2ex] 0 & \dfrac{a}{d} > 2 \end{cases} \tag{5.14}$$

式中：K 是由试件几何尺寸决定的常数。

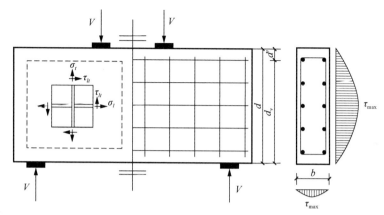

图 5.4　深受弯构件受力计算简图

深受弯构件受剪截面比普通构件大，剪应力滞效应作用明显，因此假设受剪承载力与单元体剪应力存在如下关系：

$$V = bd_v\tau_{lt} \qquad (5.15)$$

结合式（5.12）、式（5.3）、式（5.11）和（5.5），式（5.2）可变为

$$\varepsilon_t \geqslant \varepsilon_{ty} \quad (\sigma_d - \sigma_r)K\sin\alpha\cos\alpha = \sigma_d\sin^2\alpha + \sigma_r\cos^2\alpha + \rho_t f_{ty} \qquad (5.16a)$$

$$\varepsilon_t < \varepsilon_{ty} \quad (\sigma_d - \sigma_r)K\sin\alpha\cos\alpha = \sigma_d\sin^2\alpha + \sigma_r\cos^2\alpha$$
$$+ \rho_t E_s(\varepsilon_d\sin^2\alpha + \varepsilon_r\cos^2\alpha) \qquad (5.16b)$$

通过式（5.16b）可得 ε_r 的表达式：

$$\varepsilon_r = \frac{(\sigma_d - \sigma_r)K\tan\alpha - \sigma_d\tan^2\alpha - \sigma_r}{\rho_t E_s} - \varepsilon_d\tan^2\alpha \qquad (5.17)$$

同理，结合式（5.13）、式（5.10）和式（5.4），式（5.1）可变为

$$\varepsilon_l \geqslant \varepsilon_{lt} \quad \sigma_d\cos^2\alpha + \sigma_r\sin^2\alpha + \rho_l f_{ly} = 0 \qquad (5.18a)$$

$$\varepsilon_l < \varepsilon_{lt} \quad \sigma_d\cos^2\alpha + \sigma_r\sin^2\alpha + \rho_l E_s(\varepsilon_d\sin^2\alpha + \varepsilon_r\cos^2\alpha) = 0 \qquad (5.18b)$$

通过式（5.18）可得到 α 的表达式：

$$\varepsilon_l \geqslant \varepsilon_{lt} \quad \alpha = \arcsin\sqrt{\frac{\rho_l f_{ly} + \sigma_d}{\sigma_d - \sigma_r}} \qquad (5.19a)$$

$$\varepsilon_l < \varepsilon_{lt} \quad \alpha = \arctan\sqrt{-\frac{\sigma_d + \rho_l E_s\varepsilon_r}{\sigma_r + \rho_l E_s\varepsilon_d}} \qquad (5.19b)$$

以上提出的方程中包含了 14 个未知量，其中有 7 个应力未知量（σ_l、σ_t、τ_{lt}、σ_d、σ_r、f_l、f_t）、5 个应变未知量（ε_l、ε_t、γ_{lt}、ε_d、ε_r），以及角 α 和软化系数 λ。通过分析，上述等式可最终简化成式（5.7）、式（5.8）、式（5.9）、式（5.16）和式（5.17）的形式，共包含 6 个未知量，分别是 σ_d、σ_r、ε_d、ε_r、α 和 λ，给出其中一个未知量的取值（通常给出 σ_d），即可得其余 5 个未知量的取值。

将上述力的平衡方程、材料本构关系及相容条件联立求解，求解过程如下：

1）由小到大依次递增选取 ε_d，$\Delta\varepsilon_d$。

2）假设值 ε_r。

3）分别通过式（5.8）、式（5.7）和式（5.9）计算得出 λ、σ_d 和 σ_r 的值。

4）根据式（5.19）计算得出 a，并将其代入式（5.4）验证 ε_l 是否满足条件。

5）根据式（5.5）计算得出 ε_t，若 $\varepsilon_t < \varepsilon_{ty}$，则选用式（5.17）计算 ε_r 的值；若 $\varepsilon_t \geqslant \varepsilon_{ty}$，则检查式（5.16a）是否成立。

6）若步骤5）中得到的 ε_r 与假设 ε_r 的值接近，或式（5.16a）成立，则进行步骤7）计算；否则需要重新假设 ε_r 值，再进行步骤2）～步骤5）。

7）根据式（5.3）计算得出 τ_{lt}，代入式（5.15）计算得出 V。

8）循环步骤1）～步骤7），选取最大剪力 V 作为输出，结束求解。

借助 MATLAB 实现以上流程，其中 ε_d 由 0 单调递增。完成以上步骤，即可得钢筋混凝土深受弯构件截面的受剪承载力 V。具体计算流程如图 5.5 所示。

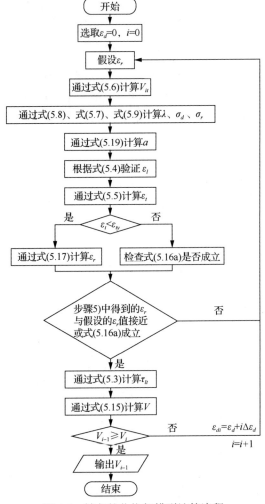

图 5.5　转角软化桁架模型计算流程

5.2　固角软化桁架模型

Hsu 等认为裂缝方向与主应力一致，考虑软化应力-应变关系曲线，提出转角软化桁架模型，给出了钢筋混凝土深受弯构件受剪计算实例[14-16]。1996 年，针对钢筋混凝土薄膜元件的非线性分析结果，Pang 和 Hsu 假定裂缝方向为外加应力的主压缩方向，考虑混凝土沿初始裂缝方向的抗剪强度，提出了固角软化桁架模型（FASTM）[17-19]。

5.2.1　模型简介

钢筋混凝土薄膜单元体的受力情况可按图 5.6（a）分解为混凝土 [图 5.6（b）] 和钢筋 [图 5.6（c）] 两部分。将纵、横向钢筋的方向分别作为 l 轴和 t 轴，形成 l-t 坐标系；以主应力方向定义 2-1 坐标系，其中固定角度 α_2 为 2 轴和 l 轴之间的夹角 [图 5.6（d）]；以混凝土斜压杆方向定义 d-r 坐标系，其中旋转角度 α 为 d 轴和 l 轴之间的夹角 [图 5.6（e）]。转角软化桁架模型认为裂缝方向与主应力方向一致，且随裂缝转动，裂缝方向见图 5.6（g），但固角软化桁架模型假定裂缝沿两轴方向发展，如图 5.6（f）所示。

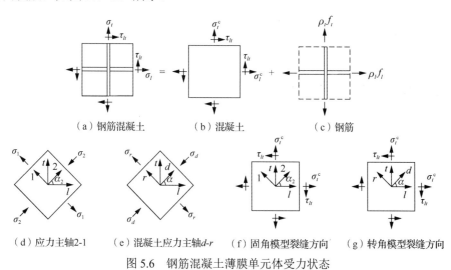

（a）钢筋混凝土　　　　　（b）混凝土　　　　　（c）钢筋

（d）应力主轴2-1　　（e）混凝土应力主轴d-r　　（f）固角模型裂缝方向　　（g）转角模型裂缝方向

图 5.6　钢筋混凝土薄膜单元体受力状态

5.2.2　FASTM 基本方程

1. 平衡条件

利用混凝土平均应力[18]的坐标变换，结合外加应力（σ_l、σ_t 和 τ_{lt}）与薄膜单元体中钢筋（f_l 和 f_t）和混凝土（σ_2^c、σ_1^c 和 τ_{21}^c）的内应力，可得平衡条件：

$$\sigma_l = \sigma_2^c \cos^2\alpha_2 + \sigma_1^c \sin^2\alpha_2 + \tau_{21}^c 2\sin\alpha_2\cos\alpha_2 + \rho_l f_l \tag{5.20}$$

$$\sigma_t = \sigma_2^c \cos^2\alpha_2 + \sigma_1^c \sin^2\alpha_2 + \tau_{21}^c 2\sin\alpha_2\cos\alpha_2 + \rho_t f_t \tag{5.21}$$

$$\tau_{lt} = (-\sigma_2^c + \sigma_1^c)\sin\alpha_2\cos\alpha_2 + \tau_{21}^c(\cos^2\alpha_2 - \sin^2\alpha_2) \tag{5.22}$$

式中：f_l 和 f_t 分别为 l 和 t 方向的钢筋平均应力；σ_l 和 σ_t 分别为在 l 和 t 方向上施加的正应力（以受拉为正）；σ_2^c 和 σ_1^c 分别为混凝土在 2 方向和 1 方向上的平均法向应力；τ_{lt} 为在 l-t 坐标下施加的剪应力；τ_{21}^c 为 2-1 坐标下混凝土的平均剪应力；α_2 为施加的主压应力（2 方向）与纵向钢筋（l 方向）之间的固定角度，视为已知值，可通过施加的应力 σ_l、σ_t 和 τ_{lt} 确定。

2. 相容条件

在固角软化桁架模型中，相容条件表示 l-t 坐标中应变（ε_l、ε_t 和 γ_{lt}）与 2-1 坐标系中应变（ε_2、ε_1 和 γ_{21}）之间的莫尔关系。相容条件可由平均应变的坐标变换表示为[18]

$$\varepsilon_l = \varepsilon_2\cos^2\alpha_2 + \varepsilon_1\sin^2\alpha_2 + \frac{\gamma_{21}}{2}2\sin\alpha_2\cos\alpha_2 \tag{5.23}$$

$$\varepsilon_t = \varepsilon_1\cos^2\alpha_2 + \varepsilon_2\sin^2\alpha_2 + \frac{\gamma_{21}}{2}2\sin\alpha_2\cos\alpha_2 \tag{5.24}$$

$$\frac{\gamma_{lt}}{2} = (-\varepsilon_2 + \varepsilon_1)\sin\alpha_2\cos\alpha_2 + \frac{\gamma_{21}}{2}(\cos^2\alpha_2 - \sin^2\alpha_2) \tag{5.25}$$

式中：ε_1 和 ε_2 分别为 1 方向和 2 方向的平均正应变；ε_l 和 ε_t 分别为在 l 方向和 t 方向的平均正应变；γ_{lt} 为 l-t 坐标下的平均剪切应变；γ_{21} 为 2-1 坐标下的平均剪切应变。

3. 本构关系

微观模型基于素混凝土和钢筋的应力-应变关系，重点研究了黏结滑移和剪切滑移的相互作用。但由于混凝土和钢筋之间的相互作用较为复杂，既不能简单地叠加素混凝土和钢筋的本构关系，也不能通过引入黏结和剪切界面单元来呈现，所以这种微观模型不适用于大型结构。基于此，考虑混凝土和钢筋的平均应力-应变关系，结合黏结滑移和剪切滑移，建立宏观有限元模型，通过钢筋混凝土面板在双向荷载作用下的试验，直接得到混凝土和钢筋的本构关系。式（5.20）~式（5.22）中的应力均是平均应力，式（5.23）~式（5.25）中的应变均为平均应变。

（1）2 方向混凝土的平均拉应力-应变关系

假设 σ_2^c 与 ε_2 的关系为抛物线关系，即

$$\frac{\varepsilon_2}{\zeta\varepsilon_0} \leq 1 \qquad \sigma_2^c = \zeta f_c'\left[2\left(\frac{\varepsilon_2}{\zeta\varepsilon_0}\right) - \left(\frac{\varepsilon_2}{\zeta\varepsilon_0}\right)^2\right] \tag{5.26a}$$

$$\frac{\varepsilon_2}{\zeta\varepsilon_0} > 1 \qquad \sigma_2^c = \zeta f_c'\left[1 - \left(\frac{\frac{\varepsilon_2}{\zeta\varepsilon_0} - 1}{\frac{2}{\zeta} - 1}\right)^2\right] \tag{5.26b}$$

式中：ζ 为混凝土受压软化系数；f'_c 为标准混凝土圆柱体的抗压强度；ε_0 为标准混凝土圆柱体峰值应力对应的混凝土应变。软化系数 ζ 是关于拉伸应变 ε_1、参数 η 和混凝土强度 f'_c 的函数[19]，即

$$\zeta = \frac{5.8}{\sqrt{f'_c}} \frac{1}{\sqrt{\left(1 + \dfrac{400\varepsilon_1}{\eta}\right)}} \tag{5.27}$$

其中

$$\eta = \frac{\rho_t f_{ty} - \sigma_t}{\rho_l f_{ly} - \sigma_l} \tag{5.27a}$$

式中：f_y 为钢筋的屈服应力，当分别表示纵、横向钢筋时，f_y 记为 f_{ly} 和 f_{ty}；ρ 为配筋率，当分别表示纵、横向钢筋时，ρ 记为 ρ_l 和 ρ_t。

（2）1 方向混凝土的平均拉应力-应变关系

σ_1^c 和 ε_1 之间的关系如下：

$$\varepsilon_1 \leqslant 0.000\,08 \qquad \sigma_1^c = E_c \varepsilon_1 \tag{5.28a}$$

$$\varepsilon_1 > 0.000\,08 \qquad \sigma_1^c = f_{cr}\left(\frac{0.000\,08}{\varepsilon_1}\right)^{0.4} \tag{5.28b}$$

式中：E_c 为混凝土的弹性模量；f_{cr} 为混凝土的开裂应力。

（3）混凝土中预埋钢筋的平均拉应力-应变关系

f_s 与 ε_s 的关系用双线性模型表示：

$$\varepsilon_s \leqslant \varepsilon_n \quad f_s = E_s \varepsilon_s \tag{5.29}$$

$$\varepsilon_s > \varepsilon_n \quad f_s = f_y\left[(0.91 - 2B) + (0.02 + 0.25B)\frac{\varepsilon_s}{\varepsilon_y}\right]\left(1 - \frac{2 - \alpha_2/45°}{1000\rho}\right) \tag{5.30}$$

其中

$$\varepsilon_n = \varepsilon_y(0.93 - 2B)\left(1 - \frac{2 - \alpha_2/45°}{1000\rho}\right) \tag{5.31}$$

$$B = \frac{1}{\rho}\left(\frac{f_{cr}}{f_y}\right) \tag{5.32}$$

式中：ε_n 为钢筋在混凝土屈服初期的平均屈服应变，$\varepsilon_n = \varepsilon_y(0.93 - 2B)$；$\varepsilon_s$ 为钢筋的平均应变，当分别表示纵、横向钢筋时，ε_s 记为 ε_l 和 ε_t；ε_y 为钢筋的屈服应变，$\varepsilon_y = f_y/E_s$；f_s 为钢筋的平均应力，当分别表示纵、横向钢筋时，f_s 记为 f_l 和 f_t。

（4）2-1 坐标下混凝土的平均剪应力-应变关系

τ_{21}^c 和 γ_{21} 之间的关系由 Pang 和 Hsu[19]通过试验确定：

$$\tau_{21}^{c} = \tau_{21m}^{c}\left[1 - \left(1 - \frac{\gamma_{21}}{\gamma_{21o}}\right)^{6}\right] \tag{5.33}$$

式中：τ_{21m}^{c} 为 2-1 坐标下混凝土的平均最大剪应力；γ_{21o} 为最大剪应力 τ_{21m}^{c} 时 2-1 坐标中的平均剪应变。混凝土 τ_{21}^{c} 的剪应力可由两个平衡方程式（5.20）和式（5.21）得出：

$$\tau_{21}^{c} = \frac{1}{2\sin 2\alpha_{2}}[(\sigma_{l} - \sigma_{t}) - (\rho_{l}f_{1} - \rho_{t}f_{t})] - (\sigma_{2}^{c} - \sigma_{1}^{c})\cot 2\alpha_{2} \tag{5.34}$$

对于纯剪切构件（$\alpha_2=45°$，$\sigma_l=0$），剪应力为

$$\tau_{21}^{c} = \frac{1}{2}(\rho_{t}f_{t} - \rho_{l}f_{l}) \tag{5.34a}$$

剪应变 γ_{21} 的试验值可由 4 个测量应变（ε_{l}，ε_{t}，ε_{2} 和 ε_{1}）得出：

$$\gamma_{21} = -(\varepsilon_{t} - \varepsilon_{l})\csc 2\alpha_{2} + (\varepsilon_{1} - \varepsilon_{2})\cot 2\alpha_{2} \tag{5.35}$$

对于纯剪切构件（$\alpha_2=45°$，$\sigma_l=0$），剪应变为

$$\gamma_{21} = -(\varepsilon_{t} - \varepsilon_{l}) \tag{5.35a}$$

裂缝可通过最大剪应力时相应的拉伸应变 ε_{1o} 来测量，而 l 方向和 t 方向的钢筋应力差可通过式（5.27a）中定义的参数 η 来评估。纯剪切的经验关系为

$$\gamma_{21o} = -0.85\varepsilon_{1o}(1 - \eta) \tag{5.36}$$

5.2.3　FASTM 求解过程

在 τ_{21m}^{c} 和 γ_{21o} 已知且单元内应力达到最大剪应力 τ_{ltm} 的情况下，等式（5-33）中的 τ_{21}^{c}-γ_{21} 关系才能成立，因此，需要设计一种不使用式（5.33）求 τ_{21m}^{c} 和 γ_{21o} 的方法，该过程称为求解过程的第一阶段。确定 τ_{21m}^{c} 和 γ_{21o} 后的过程称为求解过程的第二阶段。为了得到两个阶段的求解过程，基于平衡方程，结合式（5.20）和式（5.21），给出 t 方向和 l 方向上的钢筋应力总和：

$$\rho_{l}f_{l} + \rho_{t}f_{t} = (\sigma_{l} + \sigma_{t}) - (\sigma_{2}^{c} + \sigma_{1}^{c}) \tag{5.37}$$

用式（5.20）减去式（5.21），得出 l 方向和 t 方向上钢筋的残余应力：

$$\rho_{l}f_{l} - \rho_{t}f_{t} = (\sigma_{l} - \sigma_{t}) - 2(\sigma_{2}^{c} - \sigma_{1}^{c})\cos 2\alpha_{2} - 2\tau_{21}^{c}\sin 2\alpha_{2} \tag{5.38}$$

在求解过程的第一阶段，假设式（5.36）适用于整个加载过程，将最大荷载下的剪切应变 γ_{21o} 和拉伸应变 ε_{1o} 替换为 γ_{21} 和 ε_{1}，可得 γ_{21} 的计算公式：

$$\gamma_{21} = -0.85\varepsilon_{1}(1 - \eta) \tag{5.39}$$

求解过程第一阶段中，每个近似剪应变 γ_{21} 都可以用式（5.39）来计算，通过对式（5.23）和式（5.24）求和，可得用于验证 ε_{1} 的相容方程：

$$\varepsilon_{1} = \varepsilon_{l} + \varepsilon_{t} - \varepsilon_{2} \tag{5.40}$$

将上述平衡方程、相容条件和本构关系联立求解，即可得到计算结果。

5.2.4　FASTM 计算流程

图 5.7 和图 5.8 分别为求解过程第一阶段和第二阶段的流程。在求解过程的第一阶段，最大混凝土剪应力 $\tau_{lt\mathrm{m}}$ 由式（5.22）～式（5.30）、式（5.34）、式（5.37）和式（5.39）确定。这 12 个公式涉及 15 个未知变量（σ_1^c、σ_2^c、τ_{21}^c、σ_t、σ_l、τ_{lt}、f_t、f_l、ε_l、ε_t、γ_{lt}、ε_1、ε_2、γ_{21}、ζ），当给出其中三个变量（σ_l、σ_t、ε_2）时，其余 12 个未知变量可由 12 个方程通过迭代程序求解。选择一系列 ε_2 值，求解每个 ε_2 值对应的 τ_{lt}，可得出 τ_{lt} 与 ε_2 关系曲线，得出 τ_{lt} 中的最大剪应力 $\tau_{lt\mathrm{m}}$ 与 ε_2 的关系，以获得相应的 $\tau_{21\mathrm{m}}^c$ 和 $\gamma_{21\mathrm{o}}$。求解过程的第一阶段步骤如下。

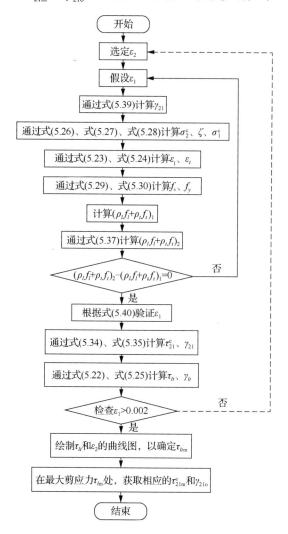

图 5.7　固角软化桁架模型第一阶段计算流程

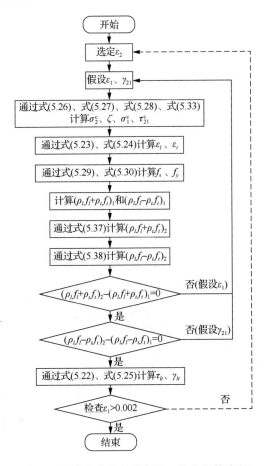

图 5.8　固角软化桁架模型第二阶段计算流程

1）给定 ε_2 值，假设 ε_1。

2）利用步骤 1）的结果，通过式（5.39）计算 γ_{21}。

3）通过式（5.26）、式（5.27）、式（5.28）计算 σ_2^c、ζ、σ_1^c。

4）通过式（5.23）、式（5.24）计算 ε_l、ε_t。

5）通过式（5.29）、式（5.30）计算 f_s、f_y。

6）计算 $(\rho_l f_l + \rho_t f_t)_1$。

7）通过式（5.37）计算 $(\rho_l f_l + \rho_t f_t)_2$。

8）计算 $(\rho_l f_l + \rho_t f_t)_2 - (\rho_l f_l + \rho_t f_t)_1$ 的值，若其值不为零，则重复步骤 2）～步骤 8），直到 $(\rho_l f_l + \rho_t f_t)_2 - (\rho_l f_l + \rho_t f_t)_1 = 0$。

9）通过式（5.40）验证 ε_1 是否满足要求。

10）通过式（5.34）、式（5.35）计算 τ_{21}^c 和 γ_{21}。

11）通过式（5.22）、式（5.25）计算 τ_{lt} 和 γ_{lt}。

12）比较 ε_2 和 0.002 的值，若 $\varepsilon_2 \leqslant 0.002$，则重复步骤 2）～步骤 12），直到 $\varepsilon_2 > 0.002$。

13）绘制 τ_{lt} 与 ε_2 曲线，确定 τ_{lm}。

14）在最大剪应力 τ_{lm} 处，确定 τ_{21m}^c 和 γ_{21o}。

确定 τ_{21m}^c 和 γ_{21o} 后，使用如图 5.8 所示的迭代程序，通过 12 个控制式（5.22）～式（5.30）、式（5.33）、式（5.37）和式（5.38）求解 12 个未知变量。选择一系列的 ε_2 值并绘制 σ_{lt} 与 γ_{lt} 的关系曲线。求解过程的第二阶段步骤如下：

1）给定 ε_2 值，假设 ε_1、γ_{21}。

2）通过式（5.26）、式（5.27）、式（5.28）、式（5.33）计算 σ_2^c、ζ、σ_1^c、τ_{21}^c。

3）通过式（5.23）、式（5.24）计算 ε_l、ε_t。

4）通过式（5.29）、式（5.30）计算 f_s、f_y。

5）计算 $(\rho_l f_l + \rho_t f_t)_1$ 和 $(\rho_l f_l - \rho_t f_t)_1$。

6）通过式（5.37）、式（5.38）计算 $(\rho_l f_l + \rho_t f_t)_2$ 和 $(\rho_l f_l - \rho_t f_t)_2$。

7）计算 $(\rho_l f_l + \rho_t f_t)_2 - (\rho_l f_l + \rho_t f_t)_1$ 的值，若其值不为零，则重新假设 ε_1，并重复步骤 2）～步骤 6），直到 $(\rho_l f_l + \rho_t f_t)_2 - (\rho_l f_l + \rho_t f_t)_1 = 0$。

8）计算 $(\rho_l f_l - \rho_t f_t)_2 - (\rho_l f_l - \rho_t f_t)_1$ 的值，若其值不为零，则重新假设 γ_{21}，并重复步骤 2）～步骤 7），直到 $(\rho_l f_l - \rho_t f_t)_2 - (\rho_l f_l - \rho_t f_t)_1 = 0$。

9）判断 ε_2 和 0.002 的值，若 $\varepsilon_2 \leqslant 0.002$，则重复步骤 1）～步骤 9），直到 $\varepsilon_2 > 0.002$。

5.3　修正压力场理论

1974 年，加拿大学者 Collins[20] 在塑性桁架理论的基础上，引入变形协调条件，用于确定混凝土压杆的倾斜角度，从而提出了二维钢筋混凝土单元（板）受剪分析的压力场理论（compression field theory，CFT），运用应变协调、应力平衡、钢筋混凝土平均应力与平均应变的本构关系对构件的抗剪承载力进行计算分析。压力场理论认为，混凝土开裂后形成的压力场构成了钢筋混凝土构件的主要荷载传递机制，忽略混凝土开裂后垂直于压力场的拉应力，认为开裂后混凝土主应力与主应变的方向相同。

1986 年，Vecchio 和 Collins 对 CFT 进行了改进，考虑了混凝土开裂后拉应力的贡献，认为混凝土的主应力与主应变同向，修正了主应力方向的本构关系，提出准确性较高的修正压力场理论（modified compression field theory，MCFT）[21]。该模型将开裂后钢筋混凝土看作一种新型复合材料，根据平均应力和平均应变满足平衡方程、变形协调关系、钢筋和开裂混凝土的应力-应变关系，可以准确计算钢筋混凝土膜单元在平面剪力和轴力作用下的应力和变形。后者被加拿大 CSA 规范和美国 AASHTO LRFD 桥梁设计规范中的拉压杆模型设计方法采用。

5.3.1　MCFT 模型基本方程

MCFT 根据平衡条件、变形协调条件和钢筋混凝土的应力-应变关系，计算钢筋混凝土膜单元在平面剪力和轴力作用下的应力和变形，模型计算公式见表 5.1。

表 5.1　经典修正压力场理论的计算公式

类别		计算公式
平衡条件	平均应力	$f_x = \rho_x f_{sx} + f_1 - v\cot\theta$　　$f_z = \rho_v f_{sv} + f_1 - v\tan\theta$　　$v = \dfrac{f_1 + f_2}{\tan\theta + \cot\theta}$
	裂缝处应力	$f_{sxcr} = \dfrac{f_x + v\cot\theta + v_{ci}\cot\theta}{\rho_x}$　　$f_{szcr} = \dfrac{f_z + v\tan\theta - v_{ci}\tan\theta}{\rho_z}$
几何协调条件	平均应变	$\gamma_{xz} = \dfrac{2(\varepsilon_x - \varepsilon_2)}{\tan\theta}$　　$\varepsilon_1 = \varepsilon_x + \varepsilon_z - \varepsilon_2$　　$\tan^2\theta = \dfrac{\varepsilon_x - \varepsilon_2}{\varepsilon_z - \varepsilon_2}$
	裂缝宽度	$w = \varepsilon_1 s_\theta$　　$s_\theta = \dfrac{1}{\dfrac{\sin\theta}{s_x} + \dfrac{\cos\theta}{s_z}}$
应力-应变关系	钢筋	$f_{sx} = E_s \varepsilon_x \leqslant f_{yx}$　　$f_{sz} = E_s \varepsilon_z \leqslant f_{yz}$
	混凝土	$f_2 = \dfrac{f_c'}{0.8 + 170\varepsilon_1}\left[2\dfrac{\varepsilon_2}{\varepsilon_c'} - \left(\dfrac{\varepsilon_2}{\varepsilon_c'}\right)^2\right]$　　$f_1 = 0.33\sqrt{f_c'}\big/\left(1 + \sqrt{500\varepsilon_1}\right)$
	裂缝处剪应力	$v_{ci} \leqslant \dfrac{0.18\sqrt{f_c'}}{0.31 + \dfrac{24w}{d_a + 16}}$

注：f_1 为垂直于裂缝方向的平均拉应力；f_2 为平行于裂缝方向的平均压应力；ρ_x、ρ_z 分别为纵向和横向配筋率；f_{sx}、f_{sz} 分别为纵向和横向钢筋的应力；θ 为斜向裂缝与 x 轴的夹角；f_c' 为混凝土圆柱体的抗压强度；f_{sxcr}、f_{szcr} 分别为纵向和横向裂缝处的应力；v 为抗剪强度；ε_1 为垂直于裂缝面的平均主拉应变；ε_2 为沿裂缝方向的平均主压应变；ε_x 为平均纵向应变；ε_z 为平均横向应变；γ_{xz} 为剪应变；w 为平均裂缝宽度；s_θ 为平均裂缝间距；s_x、s_z 分别为垂直于 x 向、z 向裂缝的间距；ε_c' 为混凝土圆柱体的极限压应变；v_{ci} 为沿裂缝面传递的剪应力；d_a 为骨料最大粒径。

5.3.2　模型建立

1.　平衡条件

试件在轴向压应力作用下，膜单元内钢筋和混凝土共同抵抗外力作用。忽略钢筋截面的影响，将混凝土截面面积作为膜单元截面面积，分别计算 x 轴和 y 轴的应力，由图 5.9 可以得到两个方向的平衡方程：

$$f_x = f_{cx} + \rho_{sx} f_{sx} \tag{5.41}$$

$$f_y = f_{cy} + \rho_{sy} f_{sy} \tag{5.42}$$

$$v_{xy} = v_{cx} + \rho_{sx} v_{sx} \tag{5.43}$$

$$\nu_{xy} = f_{cy} + \rho_{sy}\nu_{sy} \tag{5.44}$$

式中：f_x、f_y、ν_{xy} 分别为 x 向、y 向、合力方向的外力；f_{cx}、f_{cy} 分别为 x 向、y 向的平均应力；ρ_{sx}、f_{sx} 分别为 x 向钢筋的配筋率和应力；ρ_{sy}、f_{sy} 分别是 y 向钢筋的配筋率和应力；ν_{sx}、ν_{sy} 分别为 x 向、y 向的剪应力。

假定核心区钢筋不承受任何剪力，即 $\nu_{sx} = \nu_{sy} = 0$，得

$$\nu_{cx} = \nu_{cy} = \nu_{cxy} \tag{5.45}$$

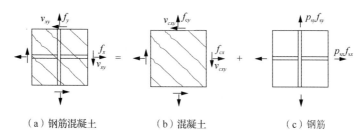

（a）钢筋混凝土　　　　　（b）混凝土　　　　　　（c）钢筋

图 5.9　核心区板单元

根据应力莫尔圆的几何图形关系，如图 5.10 所示，得到以下方程：

$$f_{cx} = f_{c1} - \frac{\nu_{cxy}}{\tan\theta_c} \tag{5.46}$$

$$f_{cy} = f_{c1} - \nu_{cxy}\tan\theta_c \tag{5.47}$$

$$f_{c2} = f_{c1} - \nu_{cxy}\left(\tan\theta_c + \frac{1}{\tan\theta_c}\right) \tag{5.48}$$

式中：θ_c 为主应力角度；f_{c1} 和 f_{c2} 分别为混凝土主拉应力和主压应力。假设主应力与主应变方向相同，即 $\theta_c = \theta$。

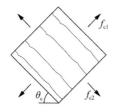 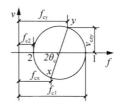

（a）开裂后混凝土的主应力　　　（b）混凝土平均应力莫尔圆

图 5.10　核心区开裂后平均应力莫尔圆

2. 相容条件

假设核心区钢筋和混凝土黏结良好，具有相同应变，可得

$$\varepsilon_{sx} = \varepsilon_{cx} = \varepsilon_x \tag{5.49}$$

$$\varepsilon_{sy} = \varepsilon_{cy} = \varepsilon_y \tag{5.50}$$

根据图 5.11 可以得到

$$\gamma_{xy} = \frac{2(\varepsilon_x - \varepsilon_2)}{\tan\theta} \tag{5.51}$$

$$\varepsilon_1 + \varepsilon_2 = \varepsilon_x + \varepsilon_y \tag{5.52}$$

$$\tan^2\theta = \frac{\varepsilon_x - \varepsilon_2}{\varepsilon_y - \varepsilon_2} = \frac{\varepsilon_1 - \varepsilon_y}{\varepsilon_1 - \varepsilon_x} \tag{5.53}$$

式中：ε_x 和 ε_y 分别为 x 向和 y 向应变；ε_{sx} 为箍筋应变；ε_1 和 ε_2 分别为主拉应变和主压应变；θ 为主压应变与 x 轴方向夹角；γ_{xy} 为剪应变。

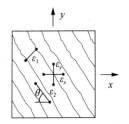 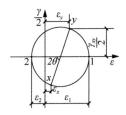

（a）开裂后混凝土的平均应变　　（b）混凝土平均应变莫尔圆

图 5.11　核心区板单元开裂后平均应变莫尔圆

3. 本构关系

钢筋本构关系模型：

$$f_{sx} = E_s\varepsilon_x \leqslant f_{yx} \tag{5.54}$$

$$f_{sy} = E_s\varepsilon_y \leqslant f_{yy} \tag{5.55}$$

式中：E_s 为钢筋的弹性模量；f_{yx} 和 f_{yy} 分别为 x 向和 y 向钢筋的屈服强度。采用 Vecchio 建议的裂缝间平均应力-应变关系模型作为混凝土受压本构关系，即

$$f_{c2} = f_{c2max}\left[2\left(\frac{\varepsilon_2}{\varepsilon_2'}\right) - \left(\frac{\varepsilon_2}{\varepsilon_2'}\right)^2\right] \tag{5.56a}$$

$$\frac{f_{c2max}}{f_c'} = \frac{1}{0.8 - \dfrac{0.34\varepsilon_1}{\varepsilon_c'}} \tag{5.56b}$$

式中：f_{c2max} 为混凝土所能承受的极限压应力；ε_c' 为混凝土单轴受压峰值应力对应的应变，一般取 -0.002。依据垂直于裂缝方向的混凝土拉应变 ε_1 与混凝土开裂应变 ε_{cr} 计算核心区混凝土的平均主应力 f_{c1}：

$$\varepsilon_1 \leqslant \varepsilon_{cr} \qquad f_{c1} = E_c\varepsilon_1 \tag{5.57a}$$

$$\varepsilon_1 \geqslant \varepsilon_{cr} \qquad f_{c1} = \frac{f_{cr}}{1 + \sqrt{500\varepsilon_1}} \tag{5.57b}$$

式中：f_{cr} 为混凝土的抗拉开裂强度；ε_{cr} 为混凝土的开裂应变，取 $\varepsilon_{cr} = f_{cr}/E_c$，$E_c = 2f_c'/\varepsilon_c'$。

4. 裂缝间力的平衡

假设核心区产生的裂缝是平行裂缝，且与水平腹筋的夹角为 θ。混凝土平均应力如图 5.12（b）所示，混凝土裂缝处局部应力如图 5.12（c）所示。当对混凝土单元施加轴向力 f_x、f_y 和剪力 v_{xy} 后，由 x 向和 y 向力平衡得

$$\rho_{sx}(f_{sxcr} - f_{sx}) = f_{c1} + f_{ci} + \frac{v_{ci}}{\tan\theta} \tag{5.58}$$

$$\rho_{sy}(f_{sycr} - f_{sy}) = f_{c1} + f_{ci} - v_{ci}\tan\theta \tag{5.59}$$

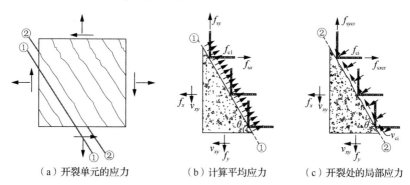

（a）开裂单元的应力　　　　（b）计算平均应力　　　　（c）开裂处的局部应力

图 5.12　裂缝处局部应力和计算应力

如果裂缝界面处没有剪应力和压应力，则式（5.58）和式（5.59）应满足如下方程：

$$\rho_{sy}(f_{sycr} - f_{sy}) = \rho_{sx}(f_{sxcr} - f_{sx}) = f_{c1} \tag{5.60}$$

由于裂缝间钢筋应力必须小于钢筋屈服强度，即 $f_{sxcr} \leqslant f_{yx}$，$f_{sycr} \leqslant f_{yy}$，所以裂缝处有剪力产生，因此主拉应力 f_{c1} 应满足以下条件：

$$f_{c1} \leqslant v_{cimax}(0.18 + 0.3k^2)\tan\theta + \rho_{sy}(f_{yy} - f_{sy}) \tag{5.61}$$

其中

$$k = 1.64 - \frac{1}{\tan\theta}\ \text{且}\ k>0$$

式中：v_{ci} 是开裂混凝土的局部剪应力，满足以下条件：

$$v_{ci} = 0.18v_{cimax} + 1.64f_{ci} - 0.82\frac{f_{ci}^2}{v_{cimax}} \tag{5.62}$$

$$v_{cimax} = \frac{\sqrt{-f_c'}}{0.31 + \dfrac{24w}{a+16}} \tag{5.63}$$

其中

$$w = \varepsilon_1 s_\theta \tag{5.64}$$

$$s_\theta = \cfrac{1}{\cfrac{\sin\theta}{s_{mx}} + \cfrac{\cos\theta}{s_{my}}} \qquad (5.65)$$

$$s_{mx} = 1.5d_x \qquad (5.66a)$$

$$s_{my} = 1.5d_y \qquad (5.66b)$$

式中：a 为骨料的最大粒径；f_{ci} 为混凝土裂缝处压应力，计算方法见文献［22］；w 为裂缝宽度；s_θ 为混凝土单元裂缝的平均间距；s_{mx} 和 s_{my} 分别为裂缝在 x 轴和 y 轴方向的间距；d_x 和 d_y 分别为 x 向和 y 向的钢筋最大间距。

5.3.3　计算过程

将上述方程联立求解，即可得简化 MCFT 的计算结果。计算过程如下[23]：

1）假定核心区 y 向正应力 f_{y0}。

2）通过式（5.66）计算核心区裂缝间距 s_{mx} 和 s_{my}。

3）选择适当混凝土主拉应变 ε_1。

4）假定主压应力倾角 θ。

5）假定箍筋应力 f_{sx0}。

6）通过式（5.64）、式（5.65）计算平均裂缝宽度 w。

7）通过式（5.62）、式（5.63）计算裂缝间剪应力 v_{ci}。

8）通过式（5.57）计算混凝土受拉应力 f_{c1}，同时应满足式（5.61）。

9）通过式（5.41）、式（5.46）计算 f_{cx}、v_{cxy}。

10）通过式（5.48）计算 f_{c2}，同时应满足 $f_{c2} \leqslant f_{c2,max}$。

11）通过式（5.56）计算混凝土主压应变 ε_2。

12）通过式（5.51）～式（5.53）计算 γ_{xy}、ε_x、ε_y。

13）通过式（5.54）计算 f_{sx}，并与步骤5）假定的 f_{sx0} 进行比较，若 $f_{sx}=f_{sx0}$，则继续计算，否则返回步骤5）调整 f_{sx0}，直至 $f_{sx}=f_{sx0}$。

14）通过式（5.42）、式（5.55）计算 f_y、f_{sy}，比较 f_y 与步骤2）假定的 f_{y0}，若 $f_y = f_{y0}$，则继续计算，否则返回步骤4）调整 θ，直至 $f_y = f_{y0}$。

15）通过式（5.58）、式（5.59）计算裂缝处钢筋应力 f_{sxcr}，f_{sycr}，若其值小于钢筋屈服强度，则终止计算；否则返回步骤3），减小 ε_1 后重新计算。

按照以上计算流程，先给出核心区 y 向的假定正应力 f_{y0}，然后按照流程进行迭代计算，即可得到 f_{y0} 对应的剪应力 v_{cxy} 和剪切变形 γ_{xy}，然后再假定一个新的 f_{y0} 进行计算，经过一系列重复计算后可以得到核心区剪应力-剪应变关系曲线，根据曲线得到极限剪应力。修正压力场计算流程如图 5.13 所示。

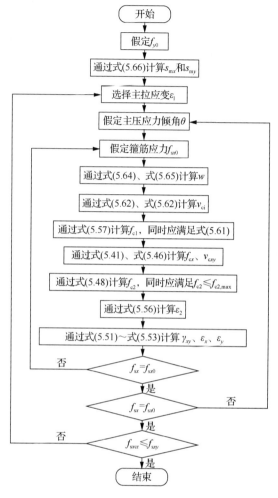

图 5.13　修正压力场计算流程

5.4　软化拉-压杆模型

本节在已有研究基础上，结合黄世健提出的软化拉-压杆模型和转角软化桁架模型中相关的受剪计算理论[24,25]，根据深受弯构件的平衡方程、变形协调条件及混凝土本构关系，引入基于拉-压杆模型的受剪承载力计算公式，合理考虑混凝土软化效应，给出软化拉-压杆模型（SSTM）和简化拉-压杆模型（STM）的计算流程。

5.4.1 深受弯构件受剪模型简介

图 5.14 为深受弯构件的受力计算简图。图 5.14 中，V_{jh} 和 V_{jv} 分别为剪跨范围内水平和竖向剪力；C 和 T 分别为上部混凝土压力的合力和下部钢筋拉杆合力；h_{ct} 为 C 和 T 之间的垂直距离；a 为剪跨；h 为截面高度。由图 5.14 近似可得

$$\frac{V_{bv}}{V_{bh}} \approx \frac{h_{ct}}{a} \tag{5.67}$$

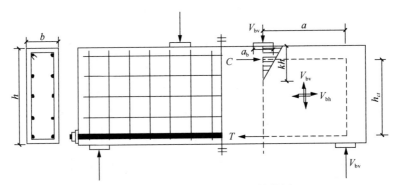

图 5.14　深受弯构件的受力计算简图

对于双筋矩形截面梁，忽略水平腹筋的影响，根据线性弯曲理论及文献[23]，h_{ct} 近似计算为

$$h_{ct} = h - \frac{kh}{3} \tag{5.68}$$

其中

$$k = \sqrt{[n\rho + (n-1)\rho']^2 + 2[n\rho + (n-1)\rho'h']} - [n\rho + (n-1)\rho'] \tag{5.69}$$

式中：h 为深受弯构件的混凝土截面受压区高度；k 为系数；n 为弹性模量比，$n = E_s / E_c$；ρ 和 ρ' 分别为构件底部受拉纵筋和顶部受压钢筋的配筋率；h' 为压杆合力 C 至构件顶部的垂直距离。

深受弯构件发生剪切破坏时，跨中弯矩未达到其受弯承载力，故可采用弹性弯曲理论进行计算。构件的合力 C 和 T 相对某点的力臂长度及中性轴高度可按式（5.68）近似计算。

图 5.15 为深受弯构件软化拉-压杆模型的抗剪机构，由斜向机构、水平机构和竖向机构三部分组成。图 5.15 中斜压杆倾角 θ 和有效混凝土斜压杆面积 A_{str} 分别按式（5.70）和式（5.71）计算：

$$\theta = \arctan\left(\frac{h_{ct}}{a}\right) \tag{5.70}$$

$$A_{str} = a_s \times b_s \tag{5.71}$$

式中：a_s 为斜压杆高度；b_s 为斜压杆宽度，可近似取为构件腹板宽度。斜压杆高度 a_s 由加载支座与构件受压区高度决定，即

$$a_s = \sqrt{(kh)^2 + a_b^2} \qquad (5.72)$$

式中：a_b 为支座宽度。

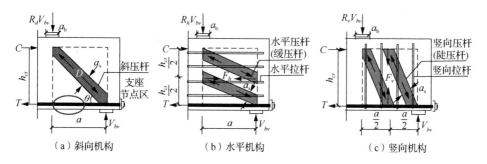

图 5.15　深受弯构件软化拉-压杆模型的抗剪机构

5.4.2　模型基本方程的建立

1. 平衡方程

图 5.16 为深受弯构件剪跨范围内的拉-压杆模型受力图。图 5.17 为混凝土压杆中的各个分力示意图。根据抗剪机构的平衡条件，结合图 5.15 和图 5.16，参考 Hwang 研究成果[24]，可得深受弯构件斜截面抗剪强度：

$$-\sigma_{d,\max} = \frac{1}{A_{str}} \left\{ -D + \frac{\cos\left[\theta - \arctan\left(\dfrac{h_{ct}}{2a} \right) \right]}{\cos\left[\arctan\left(\dfrac{h_{ct}}{2a} \right) \right]} F_h + \frac{\cos\left[\arctan\left(\dfrac{2h_{ct}}{a} \right) - \theta \right]}{\sin\left[\arctan\left(\dfrac{2h_{ct}}{a} \right) \right]} F_v \right\} \qquad (5.73)$$

进一步整理可得

$$\begin{aligned}
-\sigma_{d,\max} &= \frac{1}{A_{str}} \left[-D + \frac{F_h}{\cos\theta_f} \cos(\theta - \theta_f) + \frac{F_v}{\sin\theta_s} \cos(\theta_s - \theta) \right] \\
&= \frac{1}{A_{str}} \left[-D + \frac{F_h}{\cos\theta} \left(1 - \frac{\sin^2\theta}{2} \right) + \frac{F_v}{\sin\theta} \left(1 - \frac{\cos^2\theta}{2} \right) \right]
\end{aligned} \qquad (5.74)$$

式中：$\sigma_{d,\max}$ 以受压为正；θ_f 和 θ_s 分别为水平压杆、竖向压杆与水平轴的夹角。当 $\sigma_{d,\max}$ 达到混凝土的峰值应力时，深受弯构件即达到其承载力峰值。

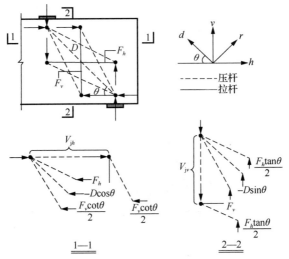

图 5.16 拉-压杆模型

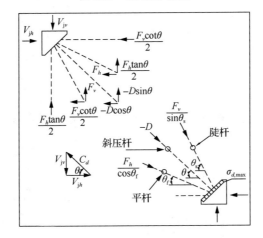

图 5.17 混凝土压杆中的各向分力示意图

深受弯构件的水平和竖向剪力可分别按式（5.75）和式（5.76）近似计算[26]：

$$V_{jh} = -D\cos\theta + F_h + F_v\cot\theta \tag{5.75}$$

$$V_{jv} = -D\sin\theta + F_h\tan\theta + F_v \tag{5.76}$$

同时满足

$$-D\sin\theta : F_h\tan\theta : F_v = R_d : R_h : R_v \tag{5.77}$$

进而可得

$$D = \frac{-1}{\sin\theta} \times \frac{R_d}{(R_d + R_h + R_v)} \times V_{bv} \tag{5.78}$$

$$F_h = \frac{1}{\tan\theta} \times \frac{R_h}{(R_d + R_h + R_v)} \times V_{bv} \tag{5.79}$$

$$F_v = \frac{R_v}{(R_d + R_h + R_v)} \times V_{bv} \tag{5.80}$$

式中：D 为斜压杆的压力；F_h 为水平拉杆的拉力；F_v 为竖向拉杆的拉力。

R_d、R_h、R_v 为三种机构之间的比例关系，满足 $R_d + R_h + R_v = 1$。计算如下：

$$R_d = \frac{(1-\gamma_h)(1-\gamma_v)}{1-\gamma_h\gamma_v} \tag{5.81}$$

$$R_h = \frac{\gamma_h(1-\gamma_v)}{1-\gamma_h\gamma_v} \tag{5.82}$$

$$R_v = \frac{\gamma_v(1-\gamma_h)}{1-\gamma_h\gamma_v} \tag{5.83}$$

根据 Scháfer 等[27]的研究，γ_h 和 γ_v 可计算如下：

$$\gamma_h = \frac{2\tan\theta - 1}{3} \tag{5.84}$$

$$\gamma_v = \frac{2\cot\theta - 1}{3} \tag{5.85}$$

2. 相容条件

开裂混凝土的变形协调满足莫尔圆应变协调条件（图 5.18），即

$$\varepsilon_r + \varepsilon_d = \varepsilon_h + \varepsilon_v \tag{5.86}$$

式中：ε_d 和 ε_r 分别为混凝土的主压应变和主拉应变；ε_h 和 ε_v 分别为混凝土水平向和竖向的平均应变。

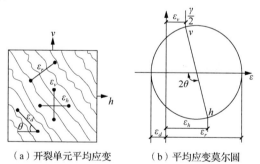

（a）开裂单元平均应变　　　（b）平均应变莫尔圆

图 5.18　开裂混凝土平均应变莫尔圆

3. 本构关系

开裂混凝土的本构模型采用 Zhang 和 Hsu 建议的表达式[28]：

$$\frac{-\varepsilon_d}{\zeta\varepsilon_0} \leqslant 1 \qquad \sigma_d = -\zeta f_c' \left[2\left(\frac{-\varepsilon_d}{\zeta\varepsilon_0}\right) - \left(\frac{-\varepsilon_d}{\zeta\varepsilon_0}\right)^2 \right] \tag{5.87a}$$

$$\frac{-\varepsilon_d}{\zeta\varepsilon_0}>1 \qquad \sigma_d=-\zeta f_c'\left[1-\left(\frac{\dfrac{-\varepsilon_d}{\zeta\varepsilon_0}-1}{\dfrac{2}{\zeta}-1}\right)^2\right] \qquad (5.87\text{b})$$

$$\zeta=\frac{5.8}{\sqrt{f_c'}}\cdot\frac{1}{\sqrt{1+400\varepsilon_r}}\leqslant\frac{0.9}{\sqrt{1+400\varepsilon_r}} \qquad (5.88)$$

式中：σ_d 为混凝土 d 方向上的主应力；ζ 为混凝土软化系数；f_c' 为混凝土圆柱体抗压强度；ε_d 和 ε_r 分别为混凝土的主压应变和主拉应变。常应变 ε_0 可按式（5.89）计算：

$$20\leqslant f_c'\leqslant100 \qquad \varepsilon_0=0.002+0.001\left(\frac{f_c'-20}{80}\right) \qquad (5.89)$$

当构件极限抗压强度 $-\sigma_d$ 小于开裂混凝土的强度 $\zeta f_c'$ 时，构件抗剪强度将继续增大，直到二者相等为止。此时混凝土的应力满足：

$$\sigma_d=-\zeta f_c' \qquad (5.90)$$
$$\varepsilon_d=-\zeta\varepsilon_0 \qquad (5.91)$$

钢筋的本构关系为理想弹塑性模型，即

$$\varepsilon_s<\varepsilon_y \qquad f_s=E_s\varepsilon_s \qquad (5.92\text{a})$$
$$\varepsilon_s\geqslant\varepsilon_y \qquad f_s=f_y \qquad (5.92\text{b})$$

则

$$F_h=A_{th}E_s\varepsilon_h\leqslant F_{yh} \qquad (5.93)$$
$$F_v=A_{tv}E_s\varepsilon_v\leqslant F_{yv} \qquad (5.94)$$

式中：A_{th} 和 A_{tv} 分别为水平和竖直拉杆的面积；F_{yh} 和 F_{yv} 分别为水平和竖直拉杆屈服时的拉力。

5.4.3　计算过程

将上述力的平衡方程、材料本构关系及应变协调条件联立求解，即可得承载力。具体步骤如下，求解流程如图 5.19 所示。

1）根据已知条件，整理数据，计算 θ、f_c'、f_{yh}、f_{yv}、A_{str}、A_{th}、A_{tv}、E_s、ε_0，进一步计算 γ_h、γ_v。

2）利用步骤 1）的计算结果，计算 R_d、R_h、R_v。

3）合理给定 V_{bv}，计算力 D、F_h、F_v，然后根据式（5.74）、式（5.93）、式（5.94）计算 $\sigma_{d,\max}$、ε_h、ε_v。

4）合理给定 ε_d，通过式（5.86）计算 ε_r，确定混凝土的软化作用。当 $1/2 < \tan\theta < 2$ 时，ε_r 通过式（5.86）计算；当 $\tan\theta \leqslant 1/2$ 时，$\varepsilon_h = 0$，ε_r 由 ε_v 和 ε_d 决定；当 $\tan\theta \geqslant 2$ 时，$\varepsilon_v = 0$，ε_r 由 ε_h 和 ε_d 决定。当无腹筋或腹筋屈服时，采用屈服应变（$\varepsilon_h = 0.002$ 或 $\varepsilon_v = 0.002$）计算 ε_r。

5）计算混凝土软化系数 ζ。

6）通过本构关系，计算给定的 ε_d 对应的 σ_d 值。

7）比较 $-\sigma_{d,\max}$ 和 σ_d 的值。若 $-\sigma_{d,\max} < \sigma_d$，重复步骤 3）～步骤 6），直到 $-\sigma_{d,\max} \geqslant \sigma_d$。

8）满足步骤 7）后，比较 $-\varepsilon_d$ 和 $\zeta\varepsilon_0$ 的值。若 $-\varepsilon_d < \zeta\varepsilon_0$，重新给定 ε_d，重复步骤 4）～步骤 7），直到 $-\varepsilon_d \geqslant \zeta\varepsilon_0$，结束求解。

完成以上步骤，即可得支座反力 V_{bv} 及深受弯构件截面的抗剪强度 σ_d。

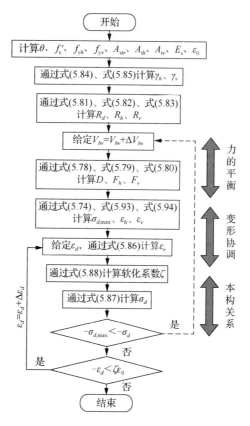

图 5.19　软化拉压杆计算流程

5.4.4　简化分析模型

软化拉-压杆模型的计算结果与试验值吻合良好，但计算过程过于复杂，不便于实际工程应用。故引入简化模型，其力学概念清晰，计算方便。根据 Lu 等的研究成果[29]，深受弯构件斜压杆的抗剪强度可按下式计算：

$$C_d = (K_h + K_v - 1)\zeta f_c' A_{str} \tag{5.95}$$

式中：C_d 为斜压杆强度；K_h 为水平拉杆系数；K_v 为竖直压杆系数；ζ 为受压区混凝土的软化系数。水平拉杆系数按下式计算：

$$K_h = 1 + (\overline{K_h} - 1)\frac{A_{th} f_{yh}}{\overline{F_h}} \leqslant \overline{K_h} \tag{5.96}$$

其中

$$\overline{K_h} \approx \frac{1}{1 - 0.2(\gamma_h + \gamma_h^2)} \tag{5.97}$$

$$\overline{F_h} = \gamma_h \times (\overline{K_h}\zeta A_{str}) \times \cos\theta \tag{5.98}$$

$$\zeta = \frac{3.35}{\sqrt{f_c'}} \leqslant 0.52 \tag{5.99}$$

式中：$\overline{K_h}$ 为配有充足水平箍筋时的水平拉杆系数；f_{yh} 为水平箍筋的屈服应力；$\overline{F_h}$ 为水平拉杆拉力的平衡力。

竖直压杆系数可计算如下：

$$K_v = 1 + (\overline{K_v} - 1)\frac{A_{tv} f_{yv}}{\overline{F_v}} \leqslant \overline{K_v} \tag{5.100}$$

其中

$$\overline{K_v} \approx \frac{1}{1 - 0.2(\gamma_v + \gamma_v^2)} \tag{5.101}$$

$$\overline{F_v} = \gamma_v \times (\overline{K_v}\zeta f_c' A_{str}) \times \sin\theta \tag{5.102}$$

式中：$\overline{K_v}$ 为配有充足竖直箍筋时的竖直压杆系数；f_{yv} 为竖直箍筋的屈服应力；$\overline{F_v}$ 为竖直压杆压力的平衡力。斜压破坏时深受弯构件的受剪承载力 $V_{bv,calu}$ 可通过式（5.103）计算：

$$V_{bv,calu} = C_d \sin\theta \tag{5.103}$$

简化拉-压杆模型的计算流程见图 5.20。

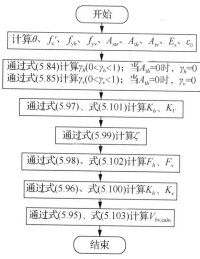

图 5.20　简化拉-压杆模型的计算流程

5.5　模型验证与对比分析

5.5.1　普通混凝土深受弯构件受剪精细化分析结果

结合 691 组普通混凝土深受弯构件试验数据（附录 A），采用上述五种曲型模型对构件受剪问题进行精细化分析，并与我国《混凝土结构设计规范（2015 年版）》（GB 50010—2010）[30]、美国规范 ACI 318-14[31]、加拿大规范 CSA A23.3-04[32]、欧洲规范 EC2[33]的计算结果及试验结果进行对比分析，试验值与各模型及各规范计算结果比值的平均值、标准差及变异系数见表 5.2，计算结果分布趋势如图 5.21所示。

表 5.2　普通混凝土深受弯构件试验值与各模型计算结果比值统计结果

计算模型	GB 50010—2010（2015 年版）	ACI 318-14	CSA A23.3-04	EC2	RASTM	FASTM	MCFT	SSTM	STM
均值	1.639	1.143	1.818	1.288	0.871	1.065	1.576	1.147	1.372
标准差	0.622	0.417	0.957	0.468	0.348	0.572	0.724	0.382	0.447
变异系数	0.379	0.365	0.526	0.363	0.400	0.537	0.459	0.333	0.326

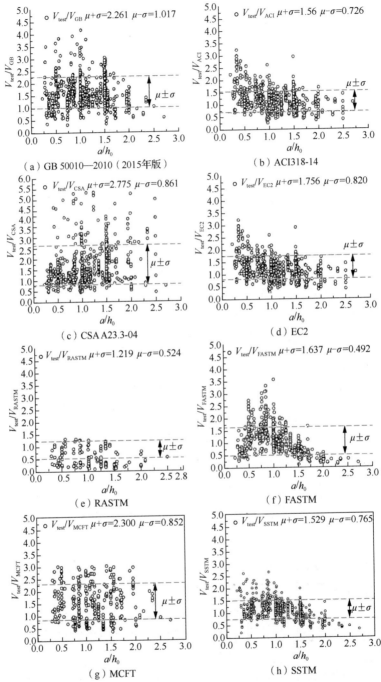

图 5.21　普通混凝土深受弯构件试验值与各模型计算结果对比

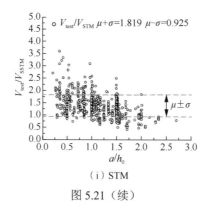

（i）STM

图 5.21（续）

由表 5.2 和图 5.21 可以看出：①各类精细化计算模型的精度高于各规范建议方法，但计算过程较为复杂。RASTM、FASTM、MCFT、SSTM 和 STM 各模型计算结果与试验值吻合良好，其中，FASTM 模型因考虑混凝土沿初始裂缝方向的抗剪强度更接近计算结果，且具有明确的力学模型，能够合理反映深受弯构件受力机理。②对比试验值与五种模型及四类规范计算结果比值的标准差可知，RASTM 的标准差最小，为 0.348，说明试验值与其计算结果比值的整体分布更为集中，离散性和变异性较小，但 RASTM 计算结果小于试验值，计算结果偏于不安全。③SSTM 计算结果比 STM 更接近试验值，离散性更小，但 STM 计算过程更简便，适用于工程计算。

5.5.2　轻骨料混凝土深受弯构件受剪精细化分析结果

为提高各类模型的计算精度，充分考虑轻骨料混凝土的自身特性，本节对各类模型中采用的弹性模量和应力-应变关系进行修正。

其中轻骨料混凝土的弹性模量建议选取第 2 章中给出的计算模型，即

$$E_c = 5681.67(f_c')^{0.403}\left(\frac{\rho}{2250}\right)^{1.146} \qquad (5.104)$$

式中：f_c' 为圆柱体轻骨料混凝土的抗压强度；ρ 为轻骨料混凝土的容重。

文献[34]计算表明：轻骨料混凝土深受弯构件与普通混凝土深受弯构件在单调加载条件下，抗剪能力基本相似。因此，仅对受压本构关系进行修正，采用 2.4.3 节中所建立的建议模型作为轻骨料混凝土受压本构模型，相关参数计算见表 2.21。

结合第 3 章中试验得到的 23 组轻骨料混凝土深受弯构件的试验数据，对上述五种计算模型、我国 GB 50010—2010（2015 年版）、美国规范 ACI 318-14、加拿大规范 CSA A23.3-04、欧洲规范 EC2 的计算结果进行对比分析，试验值与各计算结果比值的均值、标准差和变异系数见表 5.3，计算结果分布趋势见图 5.22，具体计算结果见表 5.4。

表 5.3 轻骨料混凝土深受弯构件试验值与各模型计算结果比值统计结果

计算模型	GB 50010—2010（2015 年版）	ACI 318-14	CSA A23.3-04	EC2	RASTM	FASTM	MCFT	SSTM	STM
均值	1.449	1.174	1.177	1.764	1.188	1.275	0.960	0.961	1.520
标准差	0.297	0.181	0.200	0.673	0.351	0.377	0.173	0.190	0.200
变异系数	0.205	0.154	0.170	0.382	0.295	0.296	0.180	0.198	0.132

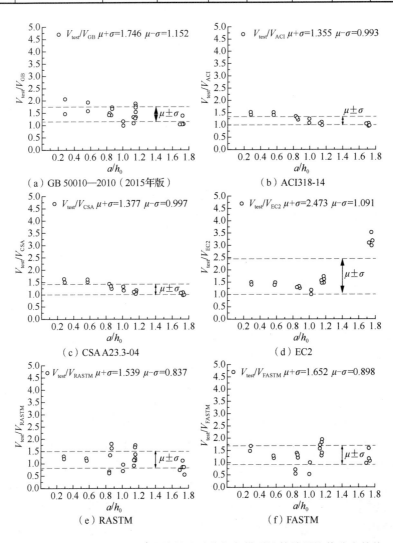

图 5.22 轻骨料混凝土深受弯构件试验值与各模型计算结果比值分布趋势

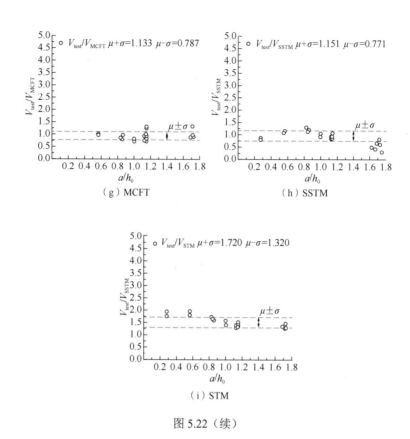

图 5.22（续）

　　由表 5.3 和图 5.22 可知：①各模型与试验结果吻合较好，接近试验值。各模型在计算时并未考虑轻骨料混凝土项的折减，表明普通混凝土深受弯构件受剪承载力计算模型适用于轻骨料混凝土，能够较好地预测其受剪能力。②比较试验值与各类规范及各模型计算结果比值的标准差可知，MCFT 模型的标准差最小，为0.173，说明其计算结果整体分布更集中，离散性和变异性较小，故修正压力场理论可以用于计算深受弯构件的受剪承载力。③SSTM 与 STM 的离散程度接近，SSTM 计算结果更接近试验值，但后者计算过程简便，适用于工程计算。④RASTM、SSTMS、STM 三种模型相比，RASTM 的计算结果离散性较小，计算结果也更接近试验值，计算结果精确度较高；与其他模型相对比，简化拉-压杆模型和欧洲规范的计算结果偏于保守。

表 5.4　轻骨料混凝土深受弯构件的计算结果与试验结果比较

试件编号	V_{test}/kN	GB 50010—2010 (2015年版)		ACI 318-14		CSA A23.3-04		EC2		RASTM		FASTM		MCFT		SSTM		STM	
		V_{GB}/kN	V_{test}/V_{GB}	V_{ACI}/kN	V_{test}/V_{ACI}	V_{CSA}/kN	V_{test}/V_{CSA}	V_{EC2}/kN	V_{test}/V_{EC2}	V_{RASTM}/kN	V_{test}/V_{RASTM}	V_{FASTM}/kN	V_{test}/V_{FASTM}	V_{MCFT}/kN	V_{test}/V_{MCFT}	V_{SSTM}/kN	V_{test}/V_{SSTM}	V_{STM}/kN	V_{test}/V_{STM}
HSLCB-1	655.0	316.5	2.07	425.4	1.54	414.6	1.58	424.4	1.54	496.2	1.32	515.7	1.27	—	—	764.1	0.86	341.8	1.92
HSLCB-2	605.0	412.8	1.47	425.4	1.42	414.6	1.46	424.4	1.43	495.9	1.22	517.1	1.17	—	—	764.1	0.79	341.8	1.77
HSLCB-3	615.0	316.5	1.94	402.4	1.53	392.2	1.57	405.7	1.52	496.0	1.24	452.2	1.36	603.5	0.98	539.2	1.14	319.5	1.92
HSLCB-4	575.0	367.1	1.57	402.4	1.43	392.2	1.47	405.7	1.42	495.7	1.16	452.8	1.27	603.5	1.05	539.2	1.07	319.5	1.80
HSLCB-5	465.0	316.5	1.47	346.1	1.34	337.4	1.38	353.0	1.32	673.9	0.69	347	1.34	402.3	0.87	362.7	1.28	272.5	1.71
HSLCB-6	470.5	334.8	1.41	346.1	1.36	337.4	1.40	353.0	1.33	723.8	0.65	346	1.36	402.3	0.86	362.7	1.30	272.5	1.73
HSLCB-7	418.5	316.5	1.01	289.2	1.10	281.9	1.13	297.6	1.07	328.4	0.97	250.6	1.67	301.7	0.72	343.1	0.93	226.4	1.41
HSLCB-8	360.0	310.7	1.16	289.2	1.25	281.9	1.28	297.6	1.21	507.0	0.71	190.5	1.89	301.7	0.84	343.1	1.05	226.4	1.59
I-800-0.75-130	1099.8	640.0	1.72	902.1	1.22	913.6	1.20	838.2	1.31	594.5	1.85	591.3	1.86	1101.5	0.10	941.0	1.17	696.7	1.58
I-1000-0.75-130	1346.4	806.0	1.67	1104.2	1.22	1120.6	1.20	993.1	1.36	826.0	1.63	765	1.76	1428.7	0.94	1144.0	1.18	839.9	1.60
I-1400-0.75-130	1580.0	1121.0	1.41	1212.1	1.30	1232.5	1.28	1166.5	1.36	1179.1	1.34	1032.7	1.53	1961.5	0.81	1413.5	1.12	956.0	1.65
II-500-1.00-130	673.3	379.4	1.78	593.4	1.14	598.6	1.13	380.6	1.77	378.3	1.78	434.4	1.55	528.2	1.28	626.0	1.08	444.7	1.51
II-800-1.00-130	814.1	608.8	1.34	837.4	0.97	848.2	0.96	523.7	1.55	678.4	1.20	720.4	1.13	1098.4	0.74	912.5	0.89	618.8	1.32
II-1000-1.00-130	923.4	732.4	1.26	950.3	0.97	964.3	0.96	592.8	1.56	810.0	1.14	887.9	1.04	1101.1	0.84	1088.5	0.85	722.5	1.28
II-1400-1.00-130	1121.9	1038.6	1.08	1106.4	1.01	1125.1	1.00	742.5	1.51	1193.5	0.94	1180.9	0.95	1470.1	0.76	1368.5	0.82	857.7	1.31
III-500-1.00-200	703.2	373.9	1.88	717.0	0.98	720.5	0.98	463.4	1.52	416.1	1.69	428.8	1.64	526.6	1.34	709.0	0.99	535.2	1.31
III-800-1.00-200	1066.7	616.3	1.73	1021.4	1.04	1030.8	1.04	627.7	1.70	642.6	1.66	730.6	1.46	1096.9	0.98	1020.5	1.05	731.5	1.46

续表

试件编号	V_{test}/kN	GB 50010—2010（2015年版）		ACI 318-14		CSA A23.3-04		EC2		RASTM		FASTM		MCFT		SSTM		STM	
		V_{GB}/kN	V_{test}/V_{GB}	V_{ACI}/kN	V_{test}/V_{ACI}	V_{CSA}/kN	V_{test}/V_{CSA}	V_{EC2}/kN	V_{test}/V_{EC2}	V_{RASTM}/kN	V_{test}/V_{RASTM}	V_{FASTM}/kN	V_{test}/V_{FASTM}	V_{MCFT}/kN	V_{test}/V_{MCFT}	V_{SSTM}/kN	V_{test}/V_{SSTM}	V_{STM}/kN	V_{test}/V_{STM}
III-1000-1.00-200	1117.1	731.0	1.53	1095.9	1.02	1108.1	1.01	681.1	1.64	809.5	1.38	886.6	1.26	1077.2	1.04	1185.5	0.94	820.2	1.36
III-1400-1.00-200	1368.9	1038.6	1.32	1263.6	1.08	1280.9	1.07	843.7	1.62	1200.8	1.14	1190.3	1.15	1452.0	0.94	1481.0	0.92	964.5	1.42
IV-500-1.50-130	479.1	349.1	1.37	446.2	1.07	450.5	1.06	135.8	3.53	416.6	1.15	704.6	0.68	353.9	1.35	617.5	0.78	323.0	1.48
IV-800-1.50-130	557.2	531.3	1.05	589.8	0.95	597.6	0.93	184.7	3.02	655.5	0.85	1092.5	0.51	549.9	1.01	888.5	0.63	443.6	1.26
IV-1000-1.50-130	679.2	640.6	1.06	683.9	0.99	693.9	0.98	212.5	3.20	780.7	0.87	1358.4	0.50	744.4	0.91	1081.0	0.63	527.1	1.29
IV-1400-1.50-130	880.8	839.1	1.05	835.4	1.05	849.5	1.04	282.6	3.12	1174.4	0.75	889.7	0.99	1007.8	0.91	1355.5	0.65	650.1	1.35
均值			1.449		1.174		1.177		1.764		1.188		1.275		0.96		0.961		1.52
标准差			0.297		0.181		0.200		0.673		0.351		0.377		0.17		0.190		0.20

5.6　轻骨料混凝土框架中节点受剪承载力试验验证

诸多学者根据框架梁柱节点破坏机理[35,36]与深受弯构件存在类似，将各类精细化分析，如修正压力场理论（MCFT）、固角软化桁架模型（FASTM）、转角软化桁架模型（RASTM）及软化拉-压杆模型（SSTM）经过修正后用于节点受剪计算。本章将上述精细化分析方法经过弹性模量和应力-应变本构模型修正后用于轻骨料混凝土框架节点的受剪计算。

5.6.1　受剪承载力计算

初裂时，框架节点处于弹性阶段，剪力主要由混凝土承担，结合文献[37]、[38]，通过式（5.105）对节点进行抗裂计算。我国《轻骨料混凝土结构技术规程》（JGJ 12—2006）综合试验结果和《混凝土结构设计规范（2015 年版）》（GB 50010—2010）中的相关规定，对轻骨料混凝土框架中节点进行受剪承载力的计算时，将混凝土项和轴力项乘以 0.75 的折减系数，见式（5.106）：

$$V_{jc} = \eta_j \eta b_j h_j f_t \left(1 + \frac{\sigma_c}{f_t}\right)^{\frac{1}{2}} \tag{5.105}$$

$$V_j \leqslant 0.83 \eta_j f_t b_j h_j + 0.04 \eta_j N \frac{b_j}{b_c} + f_{yv} A_{svj} \frac{(h_{b0} - a'_s)}{s} \tag{5.106}$$

式中：V_{jc} 为框架节点开裂剪力；V_j 为框架节点受剪承载力；h_j 为框架节点核心区的高度，取框架柱的验算截面高度；b_j 为框架节点核心区的有效宽度；η 为剪应力影响系数，取 0.6；η_j 为正交梁约束影响系数，取 1.0；σ_c 为柱顶轴压应力；b_c、h_c 为柱的截面尺寸；N 为柱顶恒定轴压力；a'_s 为保护层厚度。

各节点试验值与理论初裂和极限剪力的对比结果见表 5.5。各节点的试验初裂剪力随着轴压比的增大呈上升趋势，配箍率对其影响较小，而理论初裂剪力随轴压比的增大上升趋势较小，计算结果较为保守；试验极限剪力随着轴压比和配箍率的提高均有一定程度增加，规范计算值较为安全，即规范对混凝土项的考虑较合理。已有研究表明，轻骨料混凝土框架节点在反复荷载作用下，节点区纵筋黏结锚固性能较差，因骨料强度较低，多数被纵筋肋剪坏，最终，纵筋发生整体滑移进而导致节点区破坏。本节试验节点因骨料强度明显提高，所以在一定程度上改善了节点区的纵筋黏结滑移性能，均未发生纵筋黏结滑移破坏。因此，对轻骨料混凝土框架节点进行受剪承载力计算时，建议适当提高混凝土项的折减系数。

表 5.5　试件理论初裂和极限剪力计算结果

试件编号	阶段	剪力/kN		计算剪力	比值	
		正向	反向		正向	反向
HSLCJ-1	初裂	226.86	−242.83	190.7	1.190	1.273
	极限	421.85	−428.82	284.6	1.482	1.507
HSLCJ-2	初裂	209.02	−254.81	190.7	1.096	1.336
	极限	370.72	−442.04	305.1	1.215	1.449
HSLCJ-3	初裂	317.11	−313.29	224.0	1.416	1.399
	极限	449.92	−458.40	291.2	1.545	1.574
HSLCJ-4	初裂	318.09	−345.85	224.0	1.420	1.544
	极限	426.42	−462.88	311.6	1.237	1.336

5.6.2　精细化模型分析

选取局部平面单元，根据应力协调、应变相容和本构关系，修正上述用于深受弯构件受剪分析的转角软化桁架模型、固角软件桁架模型、修正压力场理论、软化拉-压杆模型和简化拉-压杆模型以及弹性模量和应力-应变曲线，对四个轻骨料混凝土节点进行计算，具体结果见表 5.6。

表 5.6　轻骨料混凝土深受弯构件的计算结果与试验结果比较

计算模型		HSLCJ-1	HSLCJ-2	HSLCJ-3	HSLCJ-4	平均值	标准差
试验值	V_{test}/kN	428.8	442	458.4	462.8		
GB 50010—2010（2015 年版）	V_{GB}/kN	284.6	305.1	291.2	311.6	1.504	0.230
	V_{test}/V_{GB}	1.51	1.45	1.57	1.49		
ACI 318-14	V_{ACI}/kN	320.5	322.7	325.6	319.9	1.391	0.217
	V_{test}/V_{ACI}	1.34	1.37	1.41	1.45		
STM	V_{STM}/kN	363.9	363.9	376.4	376.4	1.210	0.149
	V_{test}/V_{STM}	1.18	1.21	1.22	1.23		
RASTM	V_{RASTM}/kN	350.6	350.6	389.9	389.9	1.212	0.196
	V_{test}/V_{RASTM}	1.22	1.26	1.18	1.19		
FASTM	V_{FASTM}/kN	345.8	345.8	365.9	365.9	1.259	0.128
	V_{test}/V_{FASTM}	1.24	1.28	1.25	1.26		
MCFT	V_{MCFT}/kN	379.4	379.4	416.4	416.4	1.127	0.168
	V_{test}/V_{MCFT}	1.13	1.16	1.1	1.11		
SSTM	V_{SSTM}/kN	334.4	334.4	376.1	376.1	1.263	0.210
	V_{test}/V_{SSTM}	1.28	1.32	1.22	1.23		

结果表明：

1）各模型计算值与试验值比值均大于且接近 1，与试验值吻合良好，精度较高，可以保证节点的安全；标准差均分布在 0.251～0.673 之间，说明各模型离散性较小，可靠性较高。证明各模型对轻骨料混凝土框架中节点核心区受剪承载力计算具有较高的准确性。

2）相比之下，两国规范的计算结果低于试验值，偏于保守。精细化模型计算值明显更接近试验破坏值，说明精细化模型具有精度高随机性小的优越性能，能够更好地用于轻骨料混凝土节点受剪承载力计算。

　　3）规范采用的宏观模型多是基于试验资料的半经验公式，由于试验的离散性和局限性，导致规范对轻骨料混凝土节点受剪计算存在较大偏差。经过对轻骨料混凝土的弹性模量修正后的精细化模型能够更准确地预测节点受剪承载力。

参 考 文 献

[1] Ritter W. Die bauweise hennebique （hennebiques construction method）[J]. Schweizerische Bauzeitung, 1899, 33（7）: 59-61.

[2] Morsch. Der eisenbetonbau, seine anwendung und theorie [M]. Haardt: Wayss and Freytag Ingenieurbau AG, Im Selbstverlag der Firma, Neustadt a d, 1902.

[3] Rausch E. Design of reinforced concrete in torsion （Berechnung des eisenbetons gegen verdrehung） [D]. Berlin: Technische Hochschule, 1929.

[4] Lampert P, Thurlimann B. Torsion tests of reinforced concrete beams [J]. ACI Special Publication, 1969, 65（2）: 101-102.

[5] Elfgren L. Reinforced concrete beams loaded in combined torsion of bending and shear [M]. Gotebory: Chalmers University of Technology, 1972.

[6] Collins M P. Torque-twist characteristics of reinforced concrete beams [J]. Inelasticity and Nonlinearity in Structural Concrete, 1973, 8: 211- 232.

[7] Robinson J R, Demorieux J M. Essais de traction, compression sur modèles d'me de poutre en béton armé: compte rendu partiel [M]. Paris ANN ITBTP, 1968.

[8] Vecchio F, Collins M P. Stress-strain characteristics of reinforced concrete in pure shear [J]. ACI Structural Journal，1981, 83（2）: 211- 225.

[9] Vecchio F, Collins M P. The response of reinforced concrete to in-plane shear and normal stresses [D]. Toronto: University of Toronto, 1982.

[10] Hsu T T C, Mo Y L. Softening of concrete in low-rise shear walls [J]. Structural Journal of the American Concrete Institute, 1985, 82（6）: 883-889.

[11] Hsu T T C. Softening truss model theory for shear and torsion [J]. Structural Journal of the American Concrete Instiute, 1988, 85（6）: 624-635.

[12] Hsu T T C. Nonlinear analysis of concrete membrane elements [J]. Structural Journal of the American Concrete Instiute, 1991, 88（5）:552-561.

[13] Hsu T T C, Thomas T C. Torsion of reinforced concrete [M]. New York: Van Nostrand Reinhold Co, 1984.

[14] Hsu T T C, Mo Y L. Softening of concrete in torsional members-theory and tests [J]. ACI Structural Journal, 1985, 82（3）: 290-303.

[15] Hsu T T C, Mo Y L. Softening of concrete in torsional members-prestressed concrete [J]. ACI Structural Journal, 1985, 82（5）: 603-615.

[16] Hsu T T C, Mau S T, Chen B. A theory on shear transfer strength of reinforced concrete [J]. ACI Structural Journal, 1987, 84（2）: 149-160.

[17] Mau S T, Hsu T T C. Shear behavior of reinforced concrete framed wall panels with vertical loads [J]. ACI Structural Journal, 1987, 84（3）: 228-234.

[18] Hsu T T C. Unified theory of reinforced concrete [M]. Boca Raton: CRC Press, 1993.

[19] Pang X B, Hsu T T C. Fixed-angle softened-truss model for reinforced concrete [J]. ACI Structural Journal, 1996, 93（2）: 197-207.

[20] Collins M P.Towards a rational theory for RC members in shear [J]. Journal of Structural Division, ASCE, 1978, 104（4）: 649-666.

[21] Vecchio F J, Collins M P. The modified compression field theory for reinforced concrete elements subjected to shear [J]. ACI Journal Proceedings, 1986, 83（2）: 219-231.

[22] Vecchio F J, Collins M P. Predicting the response reinforced concrete beams subjected to shear using modified compression field theory [J]. ACI Structural Journal, 1988, 85（3）: 258-268.

[23] Vecchio F J, Collins M P. Simplified modified compression field theory for calculation shear strength of reinforced concrete elements [J]. ACI Structural Journal, 2006, 103（4）: 614-624.

[24] Hwang S J, Lu W Y, Lee H J. Shear strength prediction for deep beams [J]. ACI Structural Journal, 2000, 97（3）: 367-376.

[25] Hwang S J, Lu W Y, Lee H J. Shear strength prediction for reinforced concrete corbels [J]. ACI Structural Journal, 2000, 97（4）: 543-552.

[26] Hwang S J, Lee H J. Strength prediction for discontinuity regions by softened strut-and-tie model [J]. Journal of Structural Engineering, ASCE, 2002, 128（12）: 1519-1526.

[27] Schâfer K. Strut-and-tie models for the design of structural concrete [R]. Taiwan: Cheng Kung University，1996，32（10）: 1376-1381.

[28] Zhang L X, Hsu Thomas T C. Behavior and analysis of 100MPa concrete membrane elements [J]. Journal of the Structural Division, ASCE, 1998, 124（1）: 24-34.

[29] Lu W Y, Hwang S J, Lin I J. Deflection prediction for reinforced concrete deep beams [J]. Computers and Concrete, 2010, 7（1）:1-16.

[30] 中华人民共和国住房和城乡建设部. 混凝土结构设计规范（2015 年版）: GB 50010—2010[S]. 北京: 中国建筑工业出版社，2015.

[31] ACI Committee 318. Building code requirements for structural concrete （ACI318-14）and commentary（318R-14）[S]. American Concrete Institute, 2014.

[32] CSA A23.3-04. Design of concrete structures [S]. Mississauga, Ont.: Canadian Standards Association, 2004.

[33] The European Standard EN 1992-1-1:2004, Eurocode 2. Design of concrete structures [S]. London: British Standards Institution, 2004.

[34] Yang K H. Test on lightweight concrete deep beams [J]. ACI Structural Journal, 2010, 107（6）: 663-670.

[35] 唐九如. 钢筋混凝土框架节点抗震[M]. 南京: 东南大学出版社，1989.

[36] 傅剑平. 钢筋混凝土框架节点抗震性能与设计方法研究[D]. 重庆: 重庆大学，2002.

[37] Paulay T, Park R. Joints reinforced concrete frames designed for earthquake resistance [R]. Christchurch: Department of Civil Engineering, University of Canterbury, 1984.

[38] 框架节点专题研究组. 低周反复荷载作用下钢筋混凝土框架梁柱节点核心区抗剪强度的试验研究[J]. 建筑结构学报，1983，4（6）: 1-17.

第6章 混凝土构件受剪概率模型分析方法

6.1 概　　述

诸多的剪切计算理论表明学者对剪切破坏机理的认识在不断加深，各类模型和计算方法均有了长足的发展，但均存在不足。桁架模型始终无法较好地考虑钢筋和混凝土的应力及二者之间的黏结滑移问题；统计分析方法缺乏明确的力学模型，只是在半经验半理论模式中得出构件受剪承载力设计方法；非线性有限元法缺乏合理的混凝土本构关系，难以全面考虑损伤对构件承载力的影响。目前，混凝土构件抗剪能力的计算方法可归结为两类：一类称为机理模型，主要通过优化受剪模型，将剪切行为和各影响因素通过模型中的规律解释和体现，计算精度高，但计算过程复杂；另一类称为统计概率模型，是以传统频率统计学和试验研究结果为基础，合理考虑各影响因素显著性和可靠度水准而建立的概率统计模型。该方法计算简洁，但仅着眼于当前试验样本，忽视了历史先验信息，其计算精度易受样本容量影响且缺乏明确的理论模型。

传统的频率统计学对此类问题的研究主要分为两种：一是通过大数据验证理论模型；二是以大数据为基础，采用统计方法提出概率模型。前者理论模型分为宏观和细观两种，宏观模型便于应用，但精度较低，细观模型精度高，但应用复杂。后者模型精度高，但仅作为数学问题去解决，缺乏先验认识，无法明确反映破坏机理且力学概念模糊。区别于传统频率统计方法的贝叶斯理论能够结合宏观理论模型和统计方法优势，系统考虑主观先验认识（受剪模型）和样本信息（试验数据）[1]，继承历史先验信息的客观规律，反映先验模型的主观认识，对样本规律进行精准预测，并能通过影响因素显著性不断更新模型，保证样本信息的完备性和准确性，充分利用主观能动性。

鉴于普通混凝土构件丰富的物理试验数据库，本章以钢筋混凝土深受弯构件和框架梁柱节点试验数据库和受剪计算模型为基础，引入贝叶斯动态更新理论，开展了混凝土构件受剪承载力后验概率模型研究，并结合轻骨料混凝土构件受剪试验与理论研究成果，研究了概率模型的适用性，为构件受剪模型的分析与研究提供了新思路。

6.2　贝叶斯理论简介

6.2.1　贝叶斯理论的产生

贝叶斯理论一般可追溯到 1763 年托马斯·贝叶斯发表的题为《论有关机遇问题的求解》的文章[2]。该文提出"贝叶斯理论"，通过分析二项分布的观察值，对其未知参数进行概率推断估计。这种方法逐渐被后人完善成为一种系统的统计方法，简称贝叶斯统计方法。

早在 1713 年，Bernoulli 就在其概率专著《推断的艺术》中介绍了贝叶斯逆概率问题，贝叶斯思想就此诞生。1774 年，Laplace 论述了一般条件的逆概率定理问题。在 1774～1939 年期间，贝叶斯方法几乎无人提及，研究工作停滞不前。直到 1939 年，Jeffrey 才将 Laplace 所论述的问题重新提出。20 世纪 50 年代后，随着统计方法的推广，大量开拓性的研究工作推动了贝叶斯统计方法的迅猛发展和完善，并在其理论基础上逐渐形成了贝叶斯学派，与经典频率学派共同成为现代两大统计学派。目前，贝叶斯理论广泛地应用于可靠性工程、风险管理工程、经济预测与决策及生物统计学等诸多领域。

6.2.2　贝叶斯定理及推断模式

贝叶斯假设：参数在它变化的范围内服从均匀分布[3,4]，且将其作为参数的先验分布。该假设是贝叶斯定理的起点，在已知参数先验分布的基础上，贝叶斯定理可表示为

$$h(\theta \mid x) = \frac{\pi(\theta) f(x \mid \theta)}{\int \pi(\theta) f(x \mid \theta) \mathrm{d}x} \tag{6.1}$$

式中：$\pi(\theta)$ 为参数的先验分布；$f(x \mid \theta)$ 为参数的后验分布。

贝叶斯定理的推断模式一般可概括为："先验信息 $\oplus$ 样本信息 $\Rightarrow$ 后验信息"或

$$\pi(\theta) \oplus p(x \mid \theta) \Rightarrow \pi(\theta \mid x) \tag{6.2}$$

式中："$\oplus$"表示贝叶斯理论的作用。

与经典统计学不同，贝叶斯统计推断是"从有到有"的过程，利用样本信息更新已有认识（参数先验分布），得到后验分布，结构清晰自然，符合逻辑思维。从本质来说，贝叶斯方法概括了一般人的学习过程。

6.2.3　贝叶斯理论分析过程

1.贝叶斯理论推断步骤

在已知样本信息和参数先验分布的基础上，贝叶斯理论可对参数进行后验推

断，步骤如下：

1）将未知参数看成随机变量（或随机向量），记为 θ。当 θ 已知时，样本 x_1, x_2, $\cdots$, x_n 的联合分布密度 $p(x_1, x_2, \cdots, x_n; \theta)$ 就看成是 $x_1, x_2, \cdots, x_n$ 对 θ 的条件密度，记为 $p(x_1, x_2, \cdots, x_n | \theta)$，或简写为 $p(x | \theta)$。

2）设法确定先验分布 $\pi(\theta)$。这是根据以往对参数 θ 的知识来确定的，是贝叶斯方法中容易引起争议的一步。

3）利用条件分布密度 $p(x_1, x_2, \cdots, x_n | \theta)$ 和先验分布 $\pi(\theta)$，可求出 $x_1, x_2, \cdots, x_n$ 与 θ 的联合分布和样本 $x_1, x_2, \cdots, x_n$ 的分布，从而求得 θ 对 $x_1, x_2, \cdots, x_n$ 的条件分布密度，即利用贝叶斯公式求得后验分布密度 $h(\theta | x_1, x_2, \cdots, x_n)$。

4）利用后验分布密度 $h(\theta | x_1, x_2, \cdots, x_n)$ 做出 θ 的推断。

2. 贝叶斯理论与经典概率统计方法的差异

在解决同一个问题时，贝叶斯学派与经典频率学派之间存在本质的不同，主要体现在以下四个方面[2]。

1）频率学派在进行统计推断时，需要依据模型信息与样本信息。贝叶斯理论在此基础上又考虑了总体分布中未知参数的分布信息。

2）频率学派坚持概率的频率解释。与此相反，贝叶斯理论则赞成主观概率，概率是认识主体对事件出现可能性大小的相信程度，它并不依赖于事件发生的重复性。

3）推断理念之间存在根本差异。经典统计学是"从无到有"的过程；在试验前，对未知参数的情况一无所知，信息包含在样本中，抽样分布则决定了统计量的全部性质。贝叶斯理论认为先验分布反映了试验前对总体参数分布的认识，利用样本信息更新认识得到后验分布，即后验分布综合了参数先验分布和样本信息。

4）贝叶斯方法只能基于参数的后验分布来分析问题。在获得后验分布后，样本、原来的统计模型（包括总体分布和先验分布）将不再影响将来的统计推断问题，凡是符合这个准则的推断就是贝叶斯推断。据此，频率学派中的矩估计、显著性统计检验和置信区间估计等都不属于贝叶斯推断的范畴，但最大似然估计（MLE 估计）则可视为均匀先验分布之下的贝叶斯估计。

3. 贝叶斯理论的优点

与频率方法比较，贝叶斯方法具有如下几个方面的优点：①在进行参数估计时，贝叶斯方法能够充分利用样本信息和参数的先验信息，减小估计量的方差和平方误差，提高预测结果的精度；②贝叶斯置信区间比不考虑参数先验信息的频率置信区间短；③能对假设检验或估计问题所做出的判断结果进行量化评价，而不是频率统计理论中如接受、拒绝一般的简单判断。

6.2.4　贝叶斯理论的工程应用

基于不同尺度的样本空间，国内外学者已将贝叶斯理论应用到构件受剪承载能力预测及性能设计预测、混凝土结构碳化深度预测、整体结构的地震反应分析评估等方面。

Gardoni[5]将贝叶斯理论引入往复荷载作用下混凝土桥墩柱的变形与抗剪能力预测。采用贝叶斯多元线性模型，结合已有大量试验数据，建立了考虑各影响因素显著性的钢筋混凝土柱受剪承载力概率模型，通过后验参数期望和方差的估计值，以及考虑计算模型的可靠度，最终得到具有一定物理意义的抗剪能力计算公式；并且给出柱发生变形的置信区间，用以预测柱的延性。研究表明：考虑影响参数显著性建立的贝叶斯后验柱受剪能力和变形概率模型能够在样本容量小的情况下评估整体样本分布和参数置信区间，且精度较高。

Kim 和 LaFave 等[1,6]结合贝叶斯理论提出了统一概率模型用以计算混凝土框架角节点、边节点和中节点核心区的抗剪强度的统一概率模型。构造 10 个物理意义明确的参数，建立节点抗剪强度后验概率统计模型，并采用后验参数剔除法，剔除不显著影响因素，将得到的最终概率模型与 ACI 352R-02、ACI 318-05 等规范进行对比，表明：贝叶斯概率模型所得计算结果较各规范更接近试验值，离散程度更小；并对 ACI 352R-02 规范的设计方法进行修正，基于贝叶斯理论将不同形式节点的受剪模型统一于同一公式中。

2010 年，Song 等[7]收集了 439 组无腹筋梁受剪试验数据，在系统分析了各国规范及典型抗剪计算模型的精度及各影响因素的基础上，采用贝叶斯理论对各模型进行修正，建立了更深入考虑各影响因素且精度更高的抗剪计算模型，同时，在原有公式的基础上对各参数的指数项进行修正，重新评估了模型的准确性。将抗剪模型和统计理论进行有效结合，充分体现了贝叶斯方法继承先验信息的准确性和试验数据的完备性。

Chetchotisak[8]基于拉-压杆模型，结合贝叶斯理论提出了钢筋混凝土深受弯构件的受剪概率模型及可靠性分析。通过 406 组试验数据的计算分析，评估了拉-压杆模型的准确性。同时采用该方法对 7 类典型计算模型进行了修正。对比分析表明：基于拉-压杆模型提出的后验概率模型能充分考虑各影响因素，用于预测深受弯构件的受剪承载力精度更高。但先验分布选取简单，未能准确反映先验信息，并未给出明确的受剪承载力设计方法。

吴涛等[9,10]将贝叶斯理论引入构件受剪预测，系统地对钢筋混凝土深受弯构件、柱及节点的受剪承载力进行了研究。以大量试验数据和各种规范及典型受剪模型为基础，综合两类信息进行推断，建立了不同先验分布下的后验概率模型，并对影响因素的显著性进行分析，简化模型，完成先验模型与后验模型的对比分析。分析表明：贝叶斯后验概率模型能够较好地预测构件的受剪能力，修正后的模型较先验模型更接近试验值，离散程度更小。但计算过程复杂，未进行动态更新且缺乏力学概念，难以实际应用。

同时，2007 年 Sasani[11]将贝叶斯参数估计方法引入钢筋混凝土柱的性能设计研究。Bai 等[12]采用贝叶斯理论对中美地区的钢筋混凝土结构、钢结构和钢-混组合结构在不同性能水平下的状态采用贝叶斯理论进行量化评估。吴本英等[13]、李英民等[14]针对现有混凝土结构碳化深度预测模型不能反映其影响因素具有时变性特点的现状，引入贝叶斯更新方法对已有模型的预测结果进行重新估计。刘书奎等[15]考虑系统参数的随机性，将基于广义卡尔曼滤波的子结构法与贝叶斯更新方法相结合，提出了桥梁结构基于贝叶斯更新物理参数的剩余强度估计算法。易伟建等[16,17]将贝叶斯方法与马尔可夫链的蒙特卡洛模拟方法结合起来对框架结构损伤诊断和固有频率进行了估计。徐龙河等[18]基于贝叶斯理论对钢-混凝土混合结构试验模型进行了地震损伤分析，将贝叶斯理论引入框架结构的地震反应分析。

目前，贝叶斯理论在土木工程领域已有所应用，尤其是在受力复杂、缺乏明确计算理论的结构或构件方面取得了较好的效果。因此，本章将贝叶斯理论应用于钢筋混凝土深受弯构件、框架节点的受剪性能研究。

6.2.5　贝叶斯理论的其他应用

贝叶斯方法在经济计量方法、商业经济和宏观经济的预测方法、经济博弈论等方面[19,20]得到广泛应用。在精算保险研究中，贝叶斯思想和方法被引入到保险精算学中[21,22]，主要集中在经验费率的估计，损失储备与复合损失模型的研究，以及健康保险与生命表的编制。

在可靠性技术[23-25]研究中，当处理对象样本量小，如何利用经验知识来减少试验次数就变得极为关键。尤其是在国防工业中，对武器装备系统可靠性进行评估时多采用贝叶斯小样本推断方法，能充分利用各种信源，考虑先验信息，利用现场试验信息对其进行修正，在不降低置信水平的前提下，通过小样本对系统进行可靠性评估，减少了试验次数，节省试验费用和缩短试验时间。

6.3　基于贝叶斯理论的受剪概率模型

本节采用贝叶斯多元线性参数估计方法建立深受弯构件的受剪承载力概率计算模型，利用贝叶斯后验参数剔除过程，进行公式简化；对比分析简化概率模型与各规范计算结果的精度与离散性，验证概率模型的有效性和优越性。

6.3.1　基于贝叶斯理论的分析模型建立

将已有的设计计算方法和大量试验数据作为先验信息，综合贝叶斯理论，建立基于贝叶斯理论的分析模型：

$$F(X,\Theta) = F_d(X) + \gamma(X,\theta) + \sigma\varepsilon \tag{6.3}$$

式中：X 为影响因素的向量形式；$\Theta = (\theta, \sigma)$ 为未知的模型参数，可通过贝叶斯方法和试验数据对其进行估计；$F_d(X)$ 为假设或已存在的计算模型，即先验模型；$\gamma(X, \theta)$ 为所选取先验模型的修正项，用参数 X 和未知模型参数 $\theta = [\theta_1, \theta_2, \cdots, \theta_p]^T$ 的函数来表示；ε 为正态随机变量，且 $\varepsilon \sim N(0,1)$；σ 为模型进行修正后仍存在的误差。

以上模型基于两个假设：①模型方差 σ^2 独立于影响因素 X，即对于给定的 X、θ 和 σ^2，模型 $F(X, \theta)$ 的方差是 σ^2，而不是 X 的函数；②ε 服从标准正态分布。

因修正项函数 $\gamma(X, \theta)$ 形式未知，可采用 p 个合适的函数 $h_i(x)$ 将其表示为

$$\gamma(x,\theta) = \sum_{i=1}^{p} \theta_i h_i(x) \tag{6.4}$$

式中：$h_i(x)$ 为根据力学理论或已有研究结果选择的函数，是对影响参数的评估。为了满足假设①，对式（6.3）进行对数运算，形式为

$$\ln[F(X,\Theta)] = \ln[F_d(X)] + \sum_{i=1}^{p} \theta_i h_i(x) + \sigma\varepsilon \tag{6.5}$$

以试验数据为基础，采用贝叶斯参数估计方法对式（6.5）中的未知参数进行估计。假设 $p(\Theta)$ 为未知参数 Θ 先验分布的联合概率密度函数，根据贝叶斯定理将其更新为后验分布 $f(\Theta)$，即

$$f(\Theta) = \kappa L(\Theta) p(\Theta) \tag{6.6}$$

式中：$L(\Theta)$ 为试验数据的似然函数；κ 为常数因子，且 $\kappa = [\int L(\Theta) p(\Theta) d\Theta]^{-1}$。对于给定的参数 X，似然函数 $L(\Theta)$ 与试验值的条件概率成正比。

6.3.2　深受弯构件受剪概率模型

基于贝叶斯理论的深受弯构件受剪概率模型，并采用贝叶斯后验参数剔除过程简化计算公式。综合贝叶斯理论和剪力计算理论，可以采用式（6.7）来进行深受弯构件的剪力计算：

$$V(X,\Theta) = V_d(X) + \gamma(X,\theta) + \sigma\varepsilon \tag{6.7}$$

式中：X 为影响钢筋混凝土深受弯构件受剪承载力影响因素的向量形式；$\Theta = (\theta, \sigma)$ 为未知的模型参数，可通过贝叶斯方法和试验数据对其进行估计；$V_d(X)$ 为假设或已存在的计算模型，即先验模型；$\gamma(X, \theta)$ 为所选取先验模型的修正项，用参数 X 和未知模型参数 $\theta = [\theta_1, \theta_2, \cdots, \theta_p]^T$ 的函数来表示；ε 为正态随机变量，且 $\varepsilon \sim N(0,1)$；σ 为模型进行修正后仍存在的误差。

因修正项函数 $\gamma(x, \theta)$ 形式未知，可采用 p 个合适的函数 $h_i(x)$ 将其表示为

$$\gamma(x,\theta) = \sum_{i=1}^{p} \theta_i h_i(x) \tag{6.8}$$

式中：$h_i(x)$ 为根据力学理论或已有研究结果选择的函数，是对影响参数的评估。为了满足假设①，对式（6.7）进行对数运算，形式为

$$\ln[V(\boldsymbol{X},\Theta)]=\ln[V_d(X)]+\sum_{i=1}^{p}\theta_i h_i(x)+\sigma\varepsilon \tag{6.9}$$

以试验数据为基础，采用贝叶斯参数估计方法对式（6.9）中的未知参数进行估计。假设 $p(\Theta)$ 为未知参数 Θ 先验分布的联合概率密度函数，根据贝叶斯定理将其更新为后验分布 $f(\Theta)$，即

$$f(\Theta)=\kappa L(\Theta)p(\Theta) \tag{6.10}$$

式中：$L(\Theta)$ 为试验数据的似然函数；κ 为常数因子，且 $\kappa=[\int L(\Theta)p(\Theta)\mathrm{d}\Theta]^{-1}$。对于给定的参数 $\boldsymbol{X}$，似然函数 $L(\Theta)$ 与试验值的条件概率成正比。

对于第 i 次试验，试验值为下面三种情况之一：

1）目标剪力值在试件破坏时得到，即 $V_i=V_d(x_i)+\gamma(x_i,\theta)+\sigma\varepsilon$；

2）目标剪力值在试件破坏之前得到，即 $V_i<V_d(x_i)+\gamma(x_i,\theta)+\sigma\varepsilon$；

3）在到达目标剪力值之前试件已破坏，即 $V_i>V_d(x_i)+\gamma(x_i,\theta)+\sigma\varepsilon$。

受剪承载力似然函数为

$$\begin{aligned}L(\Theta)=\prod_{\text{破坏}}&\left\{\frac{1}{\sigma}\varphi\left[\frac{V_i-V_d(x_i)-\gamma(x_i,\theta)}{\sigma}\right]\right\}\\ &\times\prod_{\text{下界}}\left\{\Phi\left[-\frac{V_i-V_d(x_i)-\gamma(x_i,\theta)}{\sigma}\right]\right\}\\ &\times\prod_{\text{上界}}\left\{\Phi\left[\frac{V_i-V_d(x_i)-\gamma(x_i,\theta)}{\sigma}\right]\right\}\end{aligned} \tag{6.11}$$

式中：$\varphi(\cdot)$ 和 $\Phi(\cdot)$ 分别为标准正态分布的概率密度函数和累积分布函数。

其中情况 1）和 3）中的数据可用于似然函数的建立，但本节模型推导过程中仅采用情况 1）中的数据建立似然函数，即考虑深受弯构件正常破坏的情况。最终根据需要确定概率模型形式为

$$\boldsymbol{\theta}=\left(\theta_{(1)},\cdots,\theta_{(8)}\right) \tag{6.12}$$

6.3.3　先验模型的选取

1. 无先验模型

在没有先验模型和先验信息的情况下，可采用贝叶斯假设作为先验信息，先验模型假设为"1"进行贝叶斯后验参数估计，进而通过参数剔除法对模型进行简化，得到最终的简化概率模型。假设：

$$p(\theta)\propto 1 \tag{6.13}$$

$$p(\Theta)\cong p(\sigma) \tag{6.14}$$

由式（6.13）和式（6.14）可得

$$p(\sigma) \propto \frac{1}{\sigma} \qquad\qquad (6.15)$$

2. 基于规范的先验模型

选取中国《混凝土结构设计规范（2015 年版）（GB 50010—2010）》[26]、美国规范 ACI 318-14[27]、加拿大规范 CSA A23.3-04[28]、欧洲规范 EC2[29]中计算公式作为先验模型，应用贝叶斯假设作为先验分布，在此基础上采用贝叶斯概率统计方法综合两类先验信息进行推断，最终建立基于各规范的钢筋混凝土深受弯构件受剪承载力概率模型。

6.3.4　影响因素的选取

采用影响深受弯构件受剪承载力参数的函数作为修正项来建立概率模型[30]。根据理论和经验确定 $h_i(x)$，过程如下。选取 $h_1(x)=\ln 2$ 用以修正常数项；考虑深受弯构件混凝土强度和内置钢筋强度对抗剪承载力的影响，采用 $h_2(x)=\ln(f_{cu}/f_y)$（其中 f_{cu} 为混凝土抗压强度标准值，f_y 为构件内受拉钢筋抗拉强度设计值）进行修正；选择 $h_3(x)=\ln(a/d)$、$h_4(x)=\ln(l_0/h)$、$h_5(x)=\ln(b/h)$（其中 a 为剪跨长度，l_0 为构件净长，h 为构件高度，b 为构件厚度）来修正深受弯构件尺寸的影响；由于所收集数据中部分试件未配置竖向腹筋或水平腹筋，选用 $h_6(x)=\ln e^{\rho_v}$、$h_7(x)=\ln e^{\rho_h}$ 及 $h_8(x)=\ln \rho$ 来考虑腹筋影响。

6.3.5　参数先验分布的类型

贝叶斯理论的主要研究思路：将已有信息作为先验分布，通过所得后验分布来估计总体样本信息，即在小样本信息下估计总体样本。估计的准确性取决于先验信息的先进程度，所以先验分布的选取是贝叶斯理论推断的基础和出发点，也是贝叶斯学派研究的重点问题之一。在选取先验分布时应做到两点：一是鉴于已知条件，证明假设的合理性并评估其可信度；二是考查分析结果对于假设和先验的敏感性。

确定先验分布常用的方法有以下几种：无信息先验（扩散先验）、共轭先验、最大熵先验、Jeffrey 先验、专家经验法等。下面介绍前两种。

1. 无信息先验分布

贝叶斯统计推断依赖于先验分布，需要掌握更多有关研究对象的信息。然而，在没有先验信息可利用的情况下，如何确定合理的先验分布成为众多学者研究的重点问题之一。根据一些研究者的观点，无信息先验分布应该满足以下几条性质：不变性、相合的边缘化、相合的抽样性质、普遍性和容许性。

（1）贝叶斯假设

所谓参数 θ 的无信息先验分布是指除了 θ 的取值范围 Θ 和 θ 在总体分布中的地位之外,再也不包含 θ 的任何信息的先验分布,即参数 θ 的无信息先验分布 $\pi(\theta)$ 应在 θ 的取值范围内是"均匀"分布的。

假定参数 θ 取值的范围是在区域 Θ 内,则先验分布密度:

$$\pi(\theta) = \begin{cases} c, & \theta \in \Theta \\ 0, & \theta \notin \Theta \end{cases} \tag{6.16}$$

式中: c 为一常数。如果略去密度取值为 0 的部分,式（6.16）可写为

$$\pi(\theta) = c \qquad \theta \in \Theta \tag{6.17}$$

或

$$\pi(\theta) \propto 1 \qquad \theta \in \Theta \tag{6.18}$$

（2）位置参数的无信息先验

设总体 X 的密度具有形式 $p(x|\theta)$,其样本空间 χ 和参数空间皆为实数集 $\mathbf{R}^1$。这类密度组成位置参数族, θ 称为位置参数。假设 θ 没有信息可以被利用,现在要确定 θ 的先验分布。

设想让 X 移动一个量 a 得到 $Y=X+a$,同时让位置参数 θ 也移动一个量 a 得到 $\eta=\theta+a$,显然 Y 的分布密度函数为 $p(y,\eta)$。它仍然是位置参数族的成员,且其样本空间与参数空间仍为 $\mathbf{R}^1$。所以 (X,θ) 问题与 (Y,η) 问题的统计结构完全相同。因此 θ 与 η 应是有相同的无信息先验分布,即

$$\pi(\tau) = \pi^*(\tau) \tag{6.19}$$

式中: $\pi^*(\cdot)$ 为 η 的无信息先验分布。另一方面,由变换 $\eta=\theta+a$ 可以算得 η 的无信息先验分布为

$$\pi^*(\eta) = \left|\frac{\mathrm{d}\theta}{\mathrm{d}\eta}\right| \pi(\eta-a) = \pi(\eta-a) \tag{6.20}$$

其中 $\mathrm{d}\theta/\mathrm{d}\eta = 1$。

比较式（6.19）和式（6.20）可得

$$\pi(\eta) = \pi(\eta-a) \tag{6.21a}$$

取 $\eta=a$,则有

$$\pi(a) = \pi(0) = 常数 \tag{6.21b}$$

由于 a 的任意性, θ 的无信息先验分布为

$$\pi(\theta) = 1 \tag{6.22}$$

这表明,当 θ 为未知参数时,其先验分布可用贝叶斯假设作为无信息先验分布。

（3）尺度参数的无信息先验

设总体 X 的密度函数具有形式 $(1/\sigma)p(x/\sigma)$ （其中 σ 称为尺度参数）,参数

空间 $R^+=(0,\infty)$。这类密度的全体称为尺度参数族。

设想 X 改变比例尺，即得 $Y=cX(c>0)$。类似地，定义 $\eta=c\sigma$，即让参数 σ 同步变化，算出 Y 的密度函数为 $1/\eta p(y/\eta)$ 仍属于尺度参数族；且若 X 的样本空间为 R^1，则 Y 的样本空间也为 R^1；若 X 的样本空间为 R^+，则 Y 的样本空间也为 R^+。此外 σ 的参数空间与 η 的参数空间都为 R^+，可见（X,σ）问题与（y,η）问题的统计结构完全相同，故 σ 的无信息先验 $\pi(\sigma)$ 与 η 的 $\pi^*(\eta)$ 无信息先验相同，即 $\pi(\tau)=\pi^*(\tau)$。

由变换 $\eta=c\sigma$ 可以得 η 的无信息先验。

$$\pi^*(\eta)=\frac{1}{c}\pi\left(\frac{\eta}{c}\right) \tag{6.23}$$

取 $\eta=c$，比较式（6.20）和式（6.23），则有

$$\pi(c)=\frac{1}{c}\pi(1) \tag{6.24}$$

为计算方便，令 $\pi(1)=1$，可得 σ 的无信息先验为

$$\pi(\sigma)=\sigma^{-1},\sigma>0 \tag{6.25}$$

2. 共轭先验分布

共轭分布是贝叶斯分析中常用的一类参数先验分布，其基础是参数先验分布规律与后验分布规律具有一致性，即先验分布和后验分布属于同一分布族。

设样本 $\boldsymbol{x}=(x_1,\cdots,x_n)$ 对参数 θ 的条件分布为 $p(x|\theta)$，如果 $\pi(\theta)$ 是 θ 的先验密度函数，假如根据抽样信息算得的后验分布密度 $h(x|\theta)$ 与 $\pi(\theta)$ 具有相同的函数形式，则称先验分布 $\pi(\theta)$ 为 θ 的共轭先验分布。利用共轭分布的意义在于：

1）共轭分布要求先验分布密度函数与后验分布密度函数具有相同的形式，即两者的分布属于同一类分布族。这就要求经验和历史的知识同现在样本的信息具有某种同一性，它们能转化为同一类的知识。如果把过去的知识和现在提供的样本信息作为进一步试验的先验分布，经过多次统计试验，获得新的样本后，新的后验分布仍然是属于同一类型的。

2）利用共轭分布法便于综合已有的各种试验结果，提高以后的试验结果分析的合理性。

共轭先验分布的选取是由似然函数 $L(\theta)=p(x|\theta)$ 中 θ 的因式所决定的，即选取与似然函数具有相同核的分布作为先验分布。若此想法得以实现，则可产生共轭先验分布。

在实际中常用的共轭先验分布列于表 6.1 中。

表 6.1　常用的共轭先验分布

总体分布	参数	共轭先验分布
二项分布	成功概率	贝塔分布 Be（α,β）
泊松分布	均值	伽马分布 Ga（α,λ）
指数分布	均值的倒数	伽马分布 Ga（α,λ）
正态分布（方差已知）	均值	正态分布 N（μ,σ^2）
正态分布（方差未知）	方差	倒伽马分布 IGa（α,λ）

假设随机变量 y 和自变量 $x_1, x_2, \cdots, x_p$ 之间存在线性关系，即

$$y_i = \theta_1 x_{1i} + \theta_2 x_{2i} + \cdots + \theta_p x_{pi} + \varepsilon\sigma \tag{6.26}$$

其中 ε 独立同分布 N（0,1），将模型用矩阵形式表示为

$$\boldsymbol{Y} = \boldsymbol{X\theta} + \sigma\boldsymbol{\varepsilon} \tag{6.27}$$

此处 $\boldsymbol{\theta} = [\theta_1, \theta_2, \ldots, \theta_p]^{\mathrm{T}}$ 和 σ 未知。显然，$\boldsymbol{Y} \sim N_n(X\theta, \sigma^2 I_n)$，因此似然函数为

$$
\begin{aligned}
L(\boldsymbol{\theta}, \sigma^2) &= \left(\frac{1}{2\pi\sigma^2}\right)^{\frac{n}{2}} \exp\left\{-\frac{1}{2\sigma^2}(\boldsymbol{Y} - \boldsymbol{X\theta})(\boldsymbol{Y} - \boldsymbol{X\theta})\right\} \\
&= \left(\frac{1}{2\pi\sigma^2}\right)^{\frac{n}{2}} \exp\left\{-\frac{1}{2\sigma^2}\left[S_n^2 + (\boldsymbol{\theta} - \hat{\boldsymbol{\theta}})^{\mathrm{T}} \boldsymbol{X}^{\mathrm{T}}\boldsymbol{X}(\boldsymbol{\theta} - \hat{\boldsymbol{\theta}})\right]\right\} \\
&= \left(\frac{1}{2\pi\sigma^2}\right)^{\frac{n}{2}} \left(\frac{1}{\sigma^2}\right)^{\frac{p+1}{2}} \exp\left\{-\frac{1}{2\sigma^2}(\boldsymbol{\theta} - \hat{\boldsymbol{\theta}})^{\mathrm{T}} \boldsymbol{X}^{\mathrm{T}}\boldsymbol{X}(\boldsymbol{\theta} - \hat{\boldsymbol{\theta}})\right\} \left(\frac{1}{\sigma^2}\right)^{\frac{n-p-1}{2}} \\
&\quad \exp\left\{-\frac{1}{2\sigma^2}S_n^2\right\}
\end{aligned} \tag{6.28}
$$

其中

$$\hat{\boldsymbol{\theta}} = (\boldsymbol{X}^{\mathrm{T}}\boldsymbol{X})^{-1}\boldsymbol{X}^{\mathrm{T}}\boldsymbol{Y}, \quad S_n^2 = (\boldsymbol{Y} - \boldsymbol{X}\hat{\boldsymbol{\theta}})^{\mathrm{T}}(\boldsymbol{Y} - \boldsymbol{X}\hat{\boldsymbol{\theta}}) \tag{6.29}$$

式（6.29）右边第一项在给定方差 σ^2 时，均值为 θ，协方差阵 $(\boldsymbol{X}^{\mathrm{T}}\boldsymbol{X})^{-1}\sigma^2$ 的多维正态分布 $N_{p+1}(\hat{\boldsymbol{\theta}}, (\boldsymbol{X}^{\mathrm{T}}\boldsymbol{X})^{-1}\sigma^2)$ 密度函数的核；第二项是 Wishart 分布 $W_1(n, S_n^{-2})$ 密度函数的核。当方差已知时，多维正态分布的共轭分布是多维正态分布，而 Wishart 分布的共轭分布仍然是 Wishart 分布，因此多维正态 Wishart 分布就是模型未知参数 (θ, σ^2) 的联合共轭先验分布，即

$$\pi(\boldsymbol{\theta}, \sigma^2) = \pi(\boldsymbol{\theta} \,|\, \sigma^2)\pi(\sigma^2) \tag{6.30}$$

其中

$$
\begin{cases}
\pi(\boldsymbol{\theta} \,|\, \sigma^2) = c_1(\boldsymbol{A}, k)\left(\frac{1}{\sigma^2}\right)^{k+1} \exp\left[-\frac{1}{2\sigma^2}(\boldsymbol{\theta} - \boldsymbol{\mu}_0)^{\mathrm{T}} \boldsymbol{A}(\boldsymbol{\theta} - \boldsymbol{\mu}_0)\right] \\
\pi(\sigma^2) = c_2(D, n)\left(\frac{1}{\sigma^2}\right)^{v-2} \exp\left(-\frac{1}{2\sigma^2}D\right)
\end{cases} \tag{6.31}
$$

式中：$c_1(A, k)$ 和 $c_2(D, n)$ 为正则化常数因子；A 为 $(k+1) \times (k+1)$ 正定阵；μ_0 为 $(k+1)$ 维列向量；D 为正数；v 为大于 2 的正整数；$\pi(\theta | \sigma^2)$ 为 σ^2 已知时 θ 的先验分布；$\pi(\sigma^2)$ 为 σ^2 的先验分布。由式（6.30）可得，σ^2 已知时 θ 服从正态分布，即 $\theta | \sigma^2 \sim N_{k+1}(\mu_0, A^{-1}\sigma^2)$，$\sigma^2$ 服从 Wishart 分布，即 $\sigma^2 \sim W_1(v, D^{-1})$。另外，未知模型参数 (θ, σ^2) 的先验分布是由历史试验信息确定的。

在推导模型参数具体后验分布形式之前，首先引入以下两个关系式：

$$\bar{\theta} = (A + X^T X)^{-1}(A\mu_0 + X^T X\hat{\theta}) \tag{6.32}$$

$$C = D + \mu_0^T A\mu_0 + \hat{\theta}^T\hat{\theta} + S_n^2 - (A\mu_0 + X^T X\hat{\theta})^T\bar{\theta} \tag{6.33}$$

则

$$D + (\theta - \mu_0)^T A(\theta - \mu_0) + (Y - X\theta)^T(Y - X\theta)$$
$$= C + (\theta - \bar{\theta})^T(A + X^T X)(\theta - \bar{\theta}) \tag{6.34}$$

根据贝叶斯定理可知，参数的后验分布的密度函数与样本似然函数、参数先验分布的密度函数之积成正比，则模型未知参数的联合后验分布密度函数为
$\pi(\theta, \sigma^2 | Y, X) \propto \pi(\theta, \sigma^2)L(\theta, \sigma^2)$

$$\propto \left(\frac{1}{\sigma^2}\right)^{\frac{n+v+k-1}{2}}\exp\left\{-\frac{1}{2\sigma^2}\Big[D + (\theta - \mu_0)^T A(\theta - \mu_0) + (Y - X\theta)^T(Y - X\theta)\Big]\right\}$$

$$\propto \left(\frac{1}{\sigma^2}\right)^{\frac{n+v+k-1}{2}}\exp\left\{-\frac{1}{2\sigma^2}\Big[C + (\theta - \bar{\theta})^T(A + X^T X)(\theta - \bar{\theta})\Big]\right\} \tag{6.35}$$

$\pi(\theta, \sigma^2 | Y, X)$ 对 σ 在 R^+ 上进行积分，便得参数 θ 的后验边缘密度函数：

$$\pi(\theta) = \int_{R^+} \pi(\theta, \sigma^2 | Y, X)\mathrm{d}\sigma \propto \Big[C + (\theta - \bar{\theta})^T(A + X^T X(\theta - \bar{\theta})\Big]^{-\frac{n+v+k+1}{2}} \tag{6.36}$$

上式最后一项是自由度为 $n+v$，位置参数为 $\bar{\theta}$，精度阵 $C^{-1} \otimes (A + X^T X)$ 的 $k+1$ 维 t 分布密度函数的核，因此参数 θ 的后验分布为多元 t 分布，即 $\theta \sim t(k+1)$，$\bar{\theta}, C^{-1} \otimes (A + X^T X)$。根据 t 分布的性质便可求得参数 θ 的后验期望值和方差值。利用与似然函数分解类似的方法，将参数 θ 和 σ^2 的联合后验分布密度函数分解为两部分：第一部分为给定 σ^2 时 θ 的后验条件分布密度函数；第二部分为 σ^2 的后验边缘分布密度函数，即

$$\pi(\theta, \sigma^2 | Y, X) = \pi(\theta | \sigma^2; Y, X)\pi(\sigma^2 | Y, X) \tag{6.37}$$

其中

$$\begin{cases} \pi(\theta | \sigma^2; Y, X) \propto \left(\frac{1}{\sigma^2}\right)^{k+1}\exp\left[-\frac{1}{2\sigma^2}(\theta - \bar{\theta})(A + X^T X)(\theta - \bar{\theta})\right] \\ \pi(\sigma^2 | Y, X) \propto \left(\frac{1}{\sigma^2}\right)^{\frac{n+v-2}{2}}\exp\left(-\frac{1}{2\sigma^2}C\right) \end{cases} \tag{6.38}$$

由 σ^2 的后验边缘分布密度函数的形式，可以得出：对于给定的 Y 和 X，σ^2 服

从 Wishart 分布 $W_1(n+v, C^{-1})$，根据 Wishart 分布的性质可得 σ 的后验期望值。

6.3.6　概率模型计算过程

贝叶斯参数剔除法允许研究者尝试将任何参数作为修正项，且并不需要大量的回归分析就能系统地确定其对深受弯构件受剪承载力的影响是否显著。所得到的概率计算模型中，通过变异系数反映各个参数影响混凝土受剪承载力的重要程度，剔除对抗剪承载力影响较小的因素，即简化公式过程。简化公式步骤[30]如下。

1）计算参数 $\boldsymbol{\theta} = [\theta_1,\ \theta_2,...,\ \theta_p]$ 及 σ 的后验估计值。

2）求 θ_i 对应的 $h_i(x)$ 的变异系数 COV：

$$\text{COV} = \frac{\sigma_i}{\mu_i} \tag{6.39}$$

式中：σ_i 和 μ_i 分别是 θ_i 后验分布的标准差值和期望值。

3）去除变异系数最大的 θ_i 所对应的 $h_i(x)$，即若某个 θ_i 的后验变异系数最大，则认为与之对应的修正项 $h_i(x)$ 对受剪承载力的影响最小，将其剔除，由剩余的 $h_i(x)$ 组成 $\gamma(x,\theta)$ 继续进行修正。

4）重复上述步骤，直到最大的变异系数在数量上接近 σ。

1. 试验数据库

经过查阅资料，从文献中收集 691 组试验数据（见附录 A）。为便于全面考虑钢筋混凝土深受弯构件受剪承载力的各影响因素，根据试验构件在截面尺寸、混凝土抗压强度、剪跨比及配筋率等方面的差异合理选择数据，并将其进行统一整理。

2. 基于贝叶斯理论的概率模型

（1）基于无先验模型的贝叶斯概率模型

结合在 6.3.3 节已建立的无先验分析模型，以 691 组试验数据为基础，选用贝叶斯假设作为先验分布信息，根据式（6.9）对未知参数进行贝叶斯后验估计，最终计算所得概率模型为

$$V_B = 0.030 f_t^{0.896} b^{1.040} h^{0.838} \left(\frac{a}{h_0}\right)^{-0.615} \left(\frac{l_0}{h}\right)^{-0.064} (\text{e}^{\rho_v})^{0.185} (\text{e}^{\rho_h})^{0.056} \rho^{0.326} \tag{6.40}$$

采用参数剔除方法用以简化式（6.40），剔除参数过程见表 6.2。最终简化贝叶斯概率模型如式（6.41）所示。

表 6.2　参数剔除过程

σ^2	θ_1	θ_2	θ_3	θ_4	θ_5	θ_6	θ_7	θ_8	θ_9
0.053	−8.366	0.896	1.040	0.838	−0.615	−0.064	0.185	0.056	0.326
0.054	−8.286	0.900	1.021	0.847	−0.615	−0.070	0.187		0.329
0.054	−8.386	0.880	1.017	0.854	−0.651		0.189		0.324
0.059	−8.008	0.883	0.992	0.839	−0.657				0.343
0.091	−7.096	1.082	1.059	0.671	−0.542				

$$V_B = 0.0039 f_t^{0.883} b^{0.992} h^{0.839} \left(\frac{a}{h_0}\right)^{-0.657} \rho^{0.343} \tag{6.41}$$

（2）基于四类规范的贝叶斯概率模型

以四类规范计算模型为先验模型，选取 $h_t(x) = \ln 2$、$h_2(x) = \ln(f_{cu}/f_y)$、$h_3(x) = \ln(a/d)$、$h_4(x) = \ln(l_0/h)$、$h_5(x) = \ln(b/h)$、$h_6(x) = \ln e^{\rho_v}$、$h_7(x) = \ln e^{\rho_h}$ 及 $h_8(x) = \ln\rho$ 进行修正。以贝叶斯假设为先验信息，在试验数据的基础上进行参数估计，从而得到基于不同先验模型的贝叶斯概率后验模型，并通过参数剔除法对模型进行简化，参数剔除过程见表 6.3～表 6.6，最终得简化模型见式（6.42）～式（6.45）。

表 6.3　基于 GB 50010—2010（2015 年版）的概率模型参数剔除过程

σ^2	θ_1	θ_2	θ_3	θ_4	θ_5	θ_6	θ_7	θ_8
0.073	0.834	0.070	−0.328	0.078	0.139	−0.086	−0.173	0.387
0.076		−0.069	−0.372	0.186	0.043	−0.070	−0.176	0.422
0.077		−0.064	−0.369	0.187	0.048		−0.178	0.412
0.081		−0.113	−0.272		0.012		−0.185	0.461
0.081		−0.107	−0.267				−0.188	0.462
0.093		−0.091	−0.227					0.453

表 6.4　基于 ACI 318-14 的概率模型参数剔除过程

σ^2	θ_1	θ_2	θ_3	θ_4	θ_5	θ_6	θ_7	θ_8
0.074	−0.846	−0.256	−0.087	−0.343	−0.177	0.126	0.032	0.178
0.074	−0.853	−0.257	−0.088	−0.345	−0.186	0.128		0.180
0.076	−0.788	−0.253	−0.090	−0.355	−0.188			0.197
0.086	−0.347	−0.180	−0.064	−0.294	−0.113			
0.088	0.056	−0.142	−0.094	−0.330				
0.098	−0.596	−0.192	−0.289					

表 6.5　基于 CSA A23.3-04 的概率模型参数剔除过程

σ^2	θ_1	θ_2	θ_3	θ_4	θ_5	θ_6	θ_7	θ_8
0.118	0.227	−0.127	0.711	−0.134	−0.075	0.170	0.025	−0.013
0.118	0.200	−0.132	0.709	−0.139	−0.080	0.167	0.024	
0.118	0.198	−0.131	0.708	−0.140	−0.086	0.169		
0.119	0.509	−0.101	0.684	−0.167		0.165		
0.121	0.933		0.709	−0.197		0.158		
0.124	1.000		0.709	−0.199				

表 6.6　基于 EC2 的概率模型参数剔除过程

σ^2	θ_1	θ_2	θ_3	θ_4	θ_5	θ_6	θ_7	θ_8
0.080	−0.766	−0.295	−0.007	−0.392	−0.156	0.187	0.031	0.206
0.080	−0.774	−0.296	−0.008	−0.395	−0.165	0.189		0.209
0.081	−0.764	−0.295		−0.400	−0.166	0.189		0.208
0.085	−0.660	−0.289		−0.417	−0.168			0.232
0.091	0.043	−0.214		−0.479				0.186

我国规范 GB 50010—2010（2015 年版）：

$$V_{\text{GB.B}} = V_{\text{GB}} \left(\frac{f_{\text{cu}}}{f_{\text{y}}} \right)^{-0.107} \left(\frac{a}{h_0} \right)^{-0.267} \left(\text{e}^{\rho_h} \right)^{-0.188} \rho^{0.462} \tag{6.42}$$

美国规范 ACI 318-14：

$$V_{\text{ACI.B}} = 1.040 V_{\text{ACI}} \left(\frac{f_{\text{c}}'}{f_{\text{y}}} \right)^{-0.142} \left(\frac{a}{d} \right)^{-0.094} \left(\frac{l_0}{h} \right)^{-0.330} \tag{6.43}$$

加拿大规范 CSA A23.3-04：

$$V_{\text{CSA.B}} = 1.909 V_{\text{CSA}} \left(\frac{a}{d} \right)^{0.709} \left(\frac{l_0}{h} \right)^{-0.197} \left(\text{e}^{\rho_v} \right)^{0.158} \tag{6.44}$$

欧洲规范 EC2：

$$V_{\text{EC2.B}} = 0.633 V_{\text{EC}} \left(\frac{f_{\text{c}}'}{f_{\text{y}}} \right)^{-0.289} \left(\frac{l_0}{h} \right)^{-0.417} \left(\frac{b}{h} \right)^{-0.168} \rho^{0.232} \tag{6.45}$$

对式（6.9）进行指数运算，则概率剪切强度模型变为

$$\begin{aligned} V(X) &= V_d(X) \exp \left[\sum_{i \in S}^{p} \mu_{\theta_i} h_i(x) \right] \exp(\mu_\sigma \varepsilon) \\ &= \tilde{V}_d(X) \exp(\mu_\sigma \varepsilon) \end{aligned} \tag{6.46}$$

式中：S 为经过参数剔除之后剩余修正项。若忽略模型参数 Θ 的不确定性，则 ε 是模型中唯一的随机变量。此时剪切强度服从指数正态分布，平均值和变异系数分别为 $V_d(X)\exp(\mu_\sigma^2/2)$ 和 $[\exp(\mu_\sigma^2)-1]^{0.5}$。当 $\mu_\sigma \ll 1$ 时，平均值和变异系数可近似为 $V_d(X)$ 和 μ_σ，则概率模型 $V(X)$ 的变异系数及 $V(X)/V_d(X)$ 之比分别为 σ 的后验期望值和修正函数。最终计算结果见表 6.7。

表 6.7　概率模型的均值和标准差

先验模型	$V(X)/V_d(X)$	COV
GB 50010—2010（2015 年版）	$\left(\dfrac{f_{cu}}{f_y}\right)^{-0.107}\left(\dfrac{a}{h_0}\right)^{-0.267}(e^{\rho_k})^{-0.188}\rho^{0.462}$	0.304
ACI 318-14	$1.040\left(\dfrac{f_c'}{f_y}\right)^{-0.142}\left(\dfrac{a}{d}\right)^{-0.094}\left(\dfrac{l_0}{h}\right)^{-0.330}$	0.295
CSA A23.3-04	$1.909\left(\dfrac{a}{d}\right)^{0.709}\left(\dfrac{l_0}{h}\right)^{-0.197}(e^{\rho_v})^{0.158}$	0.414
EC2	$0.633\left(\dfrac{f_c'}{f_y}\right)^{-0.289}\left(\dfrac{l_0}{h}\right)^{-0.417}\left(\dfrac{b}{h}\right)^{-0.168}\rho^{0.232}$	0.318

（3）基于共轭先验分布的贝叶斯概率模型

为建立基于共轭先验分布的钢筋混凝土深受弯构件概率受剪模型，所用建模方法和修正函数 $h_i(x)$ 均与建立基于无信息先验分布的概率模型时相同。以共轭分布为先验信息、各规范为先验模型，在试验数据的基础上进行参数估计，从而得到基于不同先验模型的共轭概率模型，再通过参数剔除法对模型进行简化，得到简化模型。参数剔除过程及最后剔除结果见表 6.8～表 6.11。

表 6.8　基于 GB 50010—2010（2015 年版）的共轭概率模型参数剔除过程

σ^2	θ_1	θ_2	θ_3	θ_4	θ_5	θ_6	θ_7	θ_8
0.032	0.808	0.059	-0.321	0.048	0.141	-0.063	-0.144	0.379
0.032	0.918	0.068	-0.299		0.148	-0.066	-0.145	0.384
0.033	0.887	0.067	-0.296		0.147		-0.146	0.376
0.035	0.951	0.076	-0.289		0.190			0.366
0.037		-0.108	-0.273		0.049			0.445
0.040			-0.216		-0.105			0.496

表 6.9　基于 ACI 318-14 的共轭概率模型参数剔除过程

σ^2	θ_1	θ_2	θ_3	θ_4	θ_5	θ_6	θ_7	θ_8
0.034	−0.846	−0.256	−0.087	−0.343	−0.177	0.126	0.032	0.178
0.039	−1.569	−0.308	−0.255		−0.210	0.140	0.039	0.140
0.040	−1.519	−0.306	−0.262		−0.211		0.043	0.157
0.043	−1.047	−0.238	−0.214		−0.142		0.054	
0.044	−1.054	−0.238	−0.217		−0.156			
0.047	−1.272	−0.250	−0.253					

表 6.10　基于 CSA A23.3-04 的共轭概率模型参数剔除过程

σ^2	θ_1	θ_2	θ_3	θ_4	θ_5	θ_6	θ_7	θ_8
0.052	0.227	−0.127	0.711	−0.134	−0.075	0.170	0.025	−0.013
0.054	−0.055	−0.147	0.645		−0.088	0.176	0.028	−0.028
0.057	0.012	−0.144	0.636		−0.089		0.034	−0.008
0.058	−0.001	−0.145	0.633		−0.099			−0.005
0.058	−0.016	−0.147	0.632		−0.101			
0.096	0.613	−0.112			0.179			

表 6.11　基于 EC2 的共轭概率模型参数剔除过程

σ^2	θ_1	θ_2	θ_3	θ_4	θ_5	θ_6	θ_7	θ_8
0.038	−0.683	−0.286	−0.010	−0.408	−0.154	0.188	0.034	0.175
0.038	−0.671	−0.284		−0.414	−0.156	0.188	0.034	0.174
0.039	−0.681	−0.286		−0.417	−0.166	0.188		0.177
0.040	0.011	−0.219		−0.486		0.185		0.135
0.040		−0.221		−0.484		0.185		0.135
0.042		−0.209		−0.400		0.212		

最终计算结果如下：

$$V_{\mathrm{GB,BG}} = V_{\mathrm{GB}} \left(\frac{f_{\mathrm{cu}}}{f_{\mathrm{y}}}\right)^{-0.108} \left(\frac{a}{h_0}\right)^{-0.273} \left(\frac{b}{h}\right)^{0.049} \rho^{0.445} \tag{6.47}$$

$$V_{\mathrm{ACI,BG}} = 0.482 V_{\mathrm{ACI}} \left(\frac{f_{\mathrm{c}}'}{f_{\mathrm{y}}}\right)^{-0.238} \left(\frac{a}{d}\right)^{-0.2172} \left(\frac{b}{h}\right)^{-0.156} \tag{6.48}$$

$$V_{\mathrm{CSA,BG}} = 0.989 V_{\mathrm{CSA}} \left(\frac{f_{\mathrm{c}}}{f_{\mathrm{y}}}\right)^{-0.147} \left(\frac{a}{d}\right)^{0.632} \left(\frac{b}{h}\right)^{-0.101} \tag{6.49}$$

$$V_{\text{EC2,BG}} = V_{\text{EC2}} \left(\frac{f_c'}{f_y} \right)^{-0.221} \left(\frac{l_0}{h} \right)^{-0.484} (\mathrm{e}^{\rho_v})^{0.185} \rho^{0.135} \qquad (6.50)$$

修正项 $\ln \mathrm{e}^{rh}$ 在四个概率模型建立过程中被剔除，表明四个先验模型已充分考虑腹筋配筋率的作用；相反，修正项 $\ln(f_{\text{cu}}/f_y)$ 均被保留，体现了各个模型对混凝土抗压强度考虑不足。

6.4　基于 Bayesian-MCMC 方法的受剪概率模型

试验数据、模型结构、求解过程、影响参数等的不确定性，导致混凝土构件的受剪计算模型争议众多。故深入分析、解决不确定性的来源，对于从根本上提高结果的可靠性，降低主观判断误差，改进、优化分析模型具有重要的意义。6.3 节中已引入区别于传统频率统计方法、以小样本为基础的贝叶斯后验概率统计方法，对深受弯构件受剪承载力进行预测与分析。但是采用贝叶斯推断方法，在实际应用中，难以对参数的后验分布直接进行计算且结果偏差较大，马尔可夫链蒙特卡罗[31-34]（Markov Chain Monte Carlo，MCMC）方法将高维积分的计算问题用随机模拟的方式来求解，有效地解决了积分计算困难的问题。

本节结合贝叶斯理论和大量的钢筋混凝土深受弯构件受剪试验数据，利用 MCMC 方法，考虑各种不确定性影响因素，编辑 R 语言脚本，建立基于贝叶斯-马尔可夫链蒙特卡罗方法（Bayesian-MCMC）的深受弯构件受剪承载力概率模型，根据预定的置信水平确定深受弯构件的受剪承载力特征值，为深受弯构件受剪承载力的概率极限状态设计和概率安全性评估提供一定的依据，并为分析深受弯构件的受剪问题提供新方法。

6.4.1　Bayesian-MCMC 方法简介

1. MCMC 组成介绍

MCMC 方法的基础思想是运用马尔可夫链从后验分布中获取样本数，以目标后验分布作为其平稳分布的马尔可夫链生成随机数，用来代替从后验分布中直接抽取的样本，利用蒙特卡罗逼近方法，获得相应的蒙特卡罗积分的模拟结果。

（1）马尔可夫链

设 $\{X_n, \ n \geqslant 0\}$ 是只取有限或可列个值的随机过程，若 $X_n = i$，表示过程在时刻 n 的状态 i，$S = (0,1,2,\cdots)$ 为状态集。若对一切 n 有

$$P(X_{n+1} = j \mid X_0 = i_0, X_1 = i_1, \cdots, X_{n-1} = i_{n-1}, X_n = i) = P(X_{n+1} = j \mid X_n = i) \qquad (6.51)$$

则称 $\{X_n, n \geqslant 0\}$ 是离散时间马尔可夫链，常简称为马氏链。

由定义可知，对随机过程 $\{X_n, n \geqslant 0\}$，将来状态 $\{X_{n+1} = j\}$ 只与现在的状态 $\{X_n = i\}$ 有关，而与过去的状态 $\{X_k = i_k, k \leqslant n-1, n \geqslant 0\}$ 无关。

条件概率 $P = (X_{n+1} = j \mid X_n = i)$ 称为马氏链的一步转移概率，若转移概率与 n 无关，且为固定值，则称马氏链有平稳转移概率，记为 p_{ij}。具有平稳转移概率的马氏链也称为时间齐性马氏链。$P=(p_{ij})$ 称为马氏链的转移概率矩阵，满足条件

$$P_{ij} \geqslant 0, \quad 且 \sum_{i=0}^{\infty} P_{ij} = 1$$

$$EY = Eh(X) = \int_{-\infty}^{\infty} h(x)f(x)\mathrm{d}x$$

（6.52）

（2）蒙特卡罗方法

蒙特卡罗方法[35]也叫随机模拟方法，它既能求解确定性数学问题，也能求解随机性的问题。其基本思想是：首先建立一个概率模型或随机过程，使它的参数等于问题的解，然后通过对模型、求解或过程的观察或抽样试验来计算所求参数的统计特征，最后给出所求解的近似值。

蒙特卡罗方法是以概率和统计理论方法为基础的一种算法[36]，基本步骤如下：

1）对研究的问题构造一个符合其特点的概率模型（随机事件、随机变量等），包括将确定性问题或具体问题变为概率问题，然后建立概率模型。

2）产生随机数序列，作为系统的抽样输入，进行大量的数字模拟试验，得到大量的模拟试验值。

3）对模拟试验结果进行统计处理（计算频率、均值和方差等特征值），给出所求问题的解的估计值及精度。

蒙特卡罗方法在数学上的应用主要是求解蒙特卡罗积分。假设 h 是一个可积函数，需要求解其积分 $\int_a^b h(x)\mathrm{d}x$。在概率论中，如果假设随机变量 X 的密度函数为 $f(x)$，则 $EY = Eh(X) = \int_{-\infty}^{\infty} h(x)f(x)\mathrm{d}x$。

通过从 X 的分布中产生大量随机数，计算其相应的样本均值就得到了 $Eh(x)$ 的无偏估计。蒙特卡罗方法的基础是随机模拟抽样，所以理论上只需知道 X 的分布就能产生所需要的样本，最常用的分布是 0 到 1 之间的均匀分布 $U(0,1)$，大部分其他的分布都可以对其转换得到。[0,1]区间上的积分也是最常见的积分，考虑估计 $\theta = \int_0^1 h(x)\mathrm{d}x$，随机抽取 $x_1,\cdots,x_n$ 为 $U(0,1)$ 上的样本，根据大数定理可得

$$\hat{\theta} = \overline{h_n(x)} = \frac{1}{n}\sum_{i=1}^{n} h(x_i)$$

（6.53）

因此 $\int_0^1 h(x)\mathrm{d}x$ 的蒙特卡罗估计量为 $\overline{h_n(x)}$，当积分区间不在[0,1]上时，可以通过积分变量代换将积分区间转换到[0,1]上。

蒙特卡罗方法是从给定的分布或其他分布中随机抽取一系列样本，当这些样本独立时，根据大数定理，其样本均值一定会收敛到期望值，但是如果抽样得到的样本不独立，此时就要借助马尔可夫链进行抽样。

2. MCMC 方法

近年来，MCMC[37]方法的研究为推广贝叶斯推断理论和方法的应用开辟了广阔的前景，着重体现在解决复杂的高维积分运算的贝叶斯分析领域上。MCMC 方法的核心思想是通过建立一个平稳分布为 $\pi(x)$ 的马尔可夫链，对 $\pi(x)$ 抽样得到一系列样本，最后基于这些样本就可做各种统计推断。根据随机过程理论，马尔可夫链是一个随机变量序列 $\{X^{(0)}, X^{(1)}, \cdots\}$，$X^{(t+1)}$ 由条件分布 $\pi(x \mid X^{(t)})$ 产生，$X^{(t+1)}$ 的产生只与 $X^{(t)}$ 有关，与以前的状态 $\{X^{(0)}, X^{(1)}, \cdots, X^{(t-1)}\}$ 无关，而本节中的后验样本刚好满足这一性质。若该链满足遍历性、不可约性，则无论初始值 $X^{(0)}$ 取什么，$X^{(t)}$ 都会收敛到平稳分布，即马尔可夫链有收敛解。

MCMC 方法的基本步骤如下：

1）在某一状态空间 B 上构造一条能收敛到平稳分布 $\pi(x)$ 的马尔可夫链。

2）从 B 中的某一点 $X^{(0)}$ 开始，用上述产生的马尔可夫链进行模拟，通过对后验分布 $\pi(x)$ 抽样可得一系列后验样本：$X^{(0)}, \cdots, X^{(n)}$。

3）进行蒙特卡罗积分，对抽样得到的样本进行以下积分：

$$E_\pi f = \int_D f(x)\pi(x)\mathrm{d}x$$

根据大数定理，此积分可写成以下形式：

$$\hat{f}_n = \frac{1}{n}\sum_{i=1}^{n} f(X^{(i)})$$

最后可得任意函数 $f(x)$ 的后验估计值为

$$E[f(x)] = \frac{1}{n-m}\sum_{t=m+1}^{n} f(X^{(t)}) \tag{6.54}$$

$$\mathrm{VAR}[f(x)] = \frac{1}{n-m}\sum_{t=m+1}^{n} \left[f(X^{(t)})\right]^2 - \left[\frac{1}{n-m}\sum_{t=m+1}^{n} f(X^{(t)})\right]^2 \tag{6.55}$$

式中：n 为通过模拟产生的总样本数；m 为马尔可夫链达到平稳时的样本数。

6.4.2　MCMC 抽样方法的实现

本研究综合应用了最常见的两种 MCMC 随机模拟方法抽样算法，即吉布斯抽样方法与 Metropolis-Hastings 算法。

1. 吉布斯采样法

吉布斯采样法[38]是一种基于条件分布的迭代取样方法，它利用满条件分布成功地将多个相关参数的复杂问题降低为每次只需要处理一个参数的简单问题，在用于高维总体或复杂总体的取样时，主要是通过 $\pi(x)$ 的条件分布族，构造一个不可约正常返的马尔可夫链，其平稳分布为 $\pi(x)$，该方法可实现将高维总体化为一系列一维分布进行取样。

在给定了一个 m 维分布 $\pi(x_1, x_2, \cdots, x_m)$ 后，可构造以下的转移核：

$$P_{xy} = p(x, y) = \prod_{k=1}^{m} \pi(y_k \mid y_1, \cdots, y_{k-1}, x_{k+1}, \cdots, x_m) \qquad (6.56)$$

其中

$$x = (x_1, x_2, \cdots, x_m) , \quad y = (y_1, y_2, \cdots, y_m) , \quad x_i, y_i \in B$$

式中：B 是高维空间中的一个区域；$\pi(y_k \mid y_1, \cdots, y_{k-1}, y_{k+1}, \cdots, y_m)$ 是在除第 k 个分量外，将第 1 至第 $k-1$ 个分量固定为 $y_1, \cdots, y_{k-1}$，并将第 $k+1$ 至 m 个分量固定为 $x_{k+1}, \cdots, x_m$ 的条件下，第 k 个分量在 y_k 处的条件分布。根据文献可验证 $P(x, y)$ 为一个概率转移矩阵 $\sum_y P(x, y) = 1$，即还可验证 $\pi(\pi_1, \pi_2, \cdots, \pi_m)$ 是以 $P(x, y)$ 为转移核的马尔可夫链的平稳分布，吉布斯采样法的具体步骤如下。

根据已知的马尔可夫链在 n 时刻的样本 X_n，构造一个以 P_{xy} 为转移概率的马尔可夫链，可得到 $n+1$ 时刻 X_{n+1} 的样本的各个分量 $(y_1, \cdots, y_m)$。

1）产生服从分布 $\{\pi(y_1 \mid x_2, \cdots, x_m) : y_1 \in X\}$ 的随机变量 $X_{n+1,1}$ 的一个样本 y_1。

2）同理产生服从分布 $\{\pi(y_2 \mid y_1, x_3, \cdots, x_m) : y_1 \in X\}$ 的随机变量 $X_{n+1,2}$ 的一个样本 y_2。依次下去，可得服从分布的随机变量 $\{\pi(y_k \mid y_1, y_2, y_{k-1}, x_{k+1}, \cdots, x_m) : y_k \in X\}$ 的一个样本 y_k。

3）得到服从分布 $\{\pi(y_m \mid y_1, y_2, \cdots, y_{m-1}) : y_k \in X\}$ 的随机变量 $X_{n+1,m}$ 的一个样本 y_m。综上所述，令 $y = (y_1, \cdots, y_m)$ 为 X_{n+1} 的样本。

根据以上递推公式，任取一个初值 $X_0 = y(0)$，就可得到 X_1 的样本 $y(1)$，依次可得 $(X_2, \cdots, X_n)$ 的样本 $(y(2), \cdots, y(n))$，当 n 足够大时，马尔可夫链会近似达到平稳分布 $\pi(x)$，因此 $y(n)$ 可看作是服从 $\pi(x)$ 的一个样本。

2. Metropolis-Hastings 采样法

Metropolis-Hastings 采样法[39]的思想是构造一个平稳分布为 $P(x)$ 的马尔可夫链。对于一个平稳分布 $P(x)$，假设存在一个建议密度函数 $q(x, x')$，满足 $q(x, x') \in P(x)$，则该算法具体步骤如下：

1）确定一个当前的状态 $X_n = x$。

2）由建议密度函数 $q(x, x')$ 产生新的状态 X_{n+1}。

3）计算接受概率 $\alpha(X_n, X_{n+1})$，其中

$$\alpha(x, x') = \min\left[1, \frac{p(x')q(x', x)}{p(x)q(x, x')}\right] \qquad (6.57)$$

4）从均匀分布 $u \sim U(0,1)$ 中采样，如果 $u \in \alpha(x, x')$，则状态更新为 X_{n+1}；否则不更新，即 $X_{n+1} = X_n$。

6.4.3　深受弯构件受剪概率模型

1. 概率模型的建立

（1）先验模型

选取我国混凝土结构设计规范 GB 50010—2010（2015 年版）、美国规范
ACI 318-14、加拿大规范 CSA A23.3-04、欧洲规范 EC2 中深受弯构件的受剪承载
力计算公式作为先验模型。

（2）后验分布密度函数的产生

根据贝叶斯理论，综合先验信息、总体信息与样本信息，取无信息先验分布
$\pi(\theta,\sigma)\propto\dfrac{1}{\sigma}$ 可得后验分布函数为

$$\pi(\boldsymbol{\theta},\sigma\,|\,\boldsymbol{Y},\boldsymbol{X})\propto L(\boldsymbol{\theta},\sigma\,|\,\boldsymbol{Y},\boldsymbol{X})\pi(\boldsymbol{\theta},\sigma)$$
$$\propto\frac{1}{\sigma^{n+1}}\exp\left\{-\frac{1}{2\sigma^2}[S_n^{\,2}+(\boldsymbol{\theta}-\hat{\boldsymbol{\theta}})^{\mathrm{T}}\boldsymbol{X}^{\mathrm{T}}\boldsymbol{X}(\boldsymbol{\theta}-\hat{\boldsymbol{\theta}})]\right\}\tag{6.58}$$

根据吉布斯抽样方法可得式（6.58）的满足条件分布如下：

$$\pi(\boldsymbol{\theta}_j\,|\,\theta^{(-j)},\sigma,\boldsymbol{Y},\boldsymbol{X})\propto L(\boldsymbol{\theta},\sigma\,|\,\boldsymbol{Y},\boldsymbol{X})\times 1$$
$$\propto\frac{1}{\sigma^{n}}\exp\left\{-\frac{1}{2\sigma^2}[S_n^{\,2}+(\boldsymbol{\theta}-\hat{\boldsymbol{\theta}})^{\mathrm{T}}\boldsymbol{X}^{\mathrm{T}}\boldsymbol{X}(\boldsymbol{\theta}-\hat{\boldsymbol{\theta}})]\right\}\tag{6.59}$$

$$\pi(\boldsymbol{\sigma}_j\,\big|\,\sigma^{(-j)},\theta,\boldsymbol{Y},\boldsymbol{X})\propto L(\boldsymbol{\theta},\sigma\,|\,\boldsymbol{Y},\boldsymbol{X})\pi(\boldsymbol{\theta},\sigma)$$
$$\propto\frac{1}{\sigma^{n+1}}\exp\left\{-\frac{1}{2\sigma^2}[S_n^{\,2}+(\boldsymbol{\theta}-\hat{\boldsymbol{\theta}})^{\mathrm{T}}\boldsymbol{X}^{\mathrm{T}}\boldsymbol{X}(\boldsymbol{\theta}-\hat{\boldsymbol{\theta}})]\right\}\tag{6.60}$$

（3）概率模型

根据贝叶斯理论，可基于已有的拉-压杆计算模型建立斜压杆承载力概率模
型。本节选取的概率模型为

$$V(\boldsymbol{X},\varTheta)=V_d(\boldsymbol{X})+\gamma(\boldsymbol{X},\theta)+\sigma\varepsilon\tag{6.61}$$

式中：$\boldsymbol{X}$ 为影响钢筋混凝土深受弯构件抗剪因素的向量形式；$\varTheta=(\theta,\sigma)$，为拟合
试验数据时所需要的模型参数，通过贝叶斯方法和实验数据可对其进行估计；
$V_d(\boldsymbol{X})$ 为假设或实际已存在的钢筋混凝土深受弯构件剪力计算公式，即先验模型；
$\gamma(\boldsymbol{X},\theta)$ 为偏差修正函数；$\theta=[\theta_1,\theta_2,\cdots,\theta_p]$，表示对 x 的修正系数；ε 为正态随机
变量；σ 为模型进行修正后仍存在的误差。

为满足均方差假设，对式（6.61）两边取对数，其表示为

$$\ln[V(X,\varTheta)]=\ln[V_d(X)]+\gamma(X,\theta)+\sigma\varepsilon\tag{6.62}$$

其中偏差修正项 $\gamma(X,\theta)$ 函数可以表示为

$$\gamma(X,\theta)=\sum_{i=1}^{p}\theta_ih_i(x)\tag{6.63}$$

通过对产生的后验分布进行随机模拟，可得到概率模型参数的估计值，代入

式（6.62）中可得抗剪概率模型，本节选取的深受弯构件已有受剪承载力计算模型为四种规范。

2. 试验数据整理

结合 691 组国内外深受弯构件受剪试验结果，采用 6.3.4 节中选取的影响因素来建立深受弯构件受剪承载力概率模型。

3. 抽样过程

在得到模型参数 (θ,σ) 的后验分布密度函数后，可基于 MCMC 方法对参数进行估计，具体抽样过程如下：

1）根据式（6.59）对参数 θ 进行吉布斯抽样，X 和 Y 为数据，θ 为未知参数，且 $\boldsymbol{\theta}=[\theta_1,\ \theta_2,\cdots,\ \theta_8]$，选取参数 θ 的一个初始值 $\theta^{(0)}$，若第 i 次迭代开始时 θ 的值是 $\theta^{(i-1)}$，则迭代算法如下。

① 从式（6.64）所示的满条件分布中抽取一个样本 $\theta_{(1)}^{(i)}$：

$$\pi\left(\theta_{(1)}\big|X,Y,\theta_{(2)}^{(i-1)},\cdots,\theta_{(8)}^{(i-1)}\right)=\pi\left(\theta_{(1)}\Big|\theta_{(k)}^{(i-1)},\sigma^*,Y,X_k\right)$$
$$\propto\frac{1}{\sigma^{*n}}\exp\left\{-\frac{1}{2\sigma^{*2}}\left[S_n^2+\sum_{k=2}^{8}\left(\left(\theta_{(k)}^{(i-1)}-\hat{\theta}_k\right)^{\mathrm{T}}X_k^{\mathrm{T}}X_k\left(\theta_{(k)}^{(i-1)}-\hat{\theta}_k\right)\right)\right]\right\}$$
（6.64）

② 从式（6.65）所示的满条件分布中抽取一个样本 $\theta_{(2)}^{(i)}$：

$$\pi\left(\theta_{(2)}\big|X,Y,\theta_{(1)}^{(i)},\theta_{(3)}^{(i-1)},\cdots,\theta_{(8)}^{(i-1)}\right)=\pi\left(\theta_{(2)}\Big|\theta_{(1)}^{(i)},\theta_{(k)}^{(i-1)},\sigma^*,Y,X_k\right)$$
$$\propto\frac{1}{\sigma^{*n}}\exp\left\{-\frac{1}{2\sigma^{*2}}\left[S_n^2+\left(\theta_{(1)}^{(i)}-\hat{\theta}_1\right)^{\mathrm{T}}\boldsymbol{X}_1^{\mathrm{T}}X_1\left(\theta_{(1)}^{(i)}-\hat{\theta}_{(1)}\right)\right.\right.$$
$$\left.\left.+\sum_{k=3}^{8}\left(\left(\theta_{(k)}^{(i-1)}-\hat{\theta}_k\right)^{\mathrm{T}}\boldsymbol{X}_k^{\mathrm{T}}X_k\left(\theta_{(k)}^{(i-1)}-\hat{\theta}_k\right)\right)\right]\right\}$$
（6.65）

③ 从式（6.66）所示满条件分布中抽取一个样本 $\theta_{(8)}^{(i)}$：

$$\pi\left(\theta_{(8)}\big|X,Y,\theta_{(1)}^{(i)},\theta_{(2)}^{(i)},\cdots,\theta_{(7)}^{(i)}\right)=\pi\left(\theta_{(8)}\Big|\theta_{(k)}^{(i)},\sigma^*,Y,X_k\right)$$
$$\propto\frac{1}{\sigma^{*n}}\exp\left\{-\frac{1}{2\sigma^{*2}}\left[S_n^2+\sum_{k=1}^{7}\left(\left(\theta_{(k)}^{(i)}-\hat{\theta}_k\right)^{\mathrm{T}}\boldsymbol{X}_k^{\mathrm{T}}X_k\left(\theta_{(k)}^{(i)}-\hat{\theta}_k\right)\right)\right]\right\}$$
（6.66）

④ 对 $i=1,2,\cdots,n$ 重复以上各步，进而可得后验样本 $\theta^{(1)},\theta^{(2)},\cdots,\theta^{(n)}$，再通过式（6.54）和式（6.55）计算后验样本的统计值。

2）根据式（6.60）对参数 σ 进行 Metropolis-Hastings 算法抽样，先找到一个和后验分布相近的分布函数，称为建议分布密度函数：

$$q(\sigma;\sigma^{(i-1)}) = \frac{1}{\sigma^n}\exp\left(-\frac{S_n^2}{2\sigma^2}\right) \tag{6.67}$$

从马尔可夫链中任意选取初始值 $\sigma^{(0)}$，设第 i 次迭代开始时 σ 的值是 $\sigma^{(i-1)}$，迭代过程如下。

① 从建议分布密度函数 $q(\sigma,\sigma^{(i-1)})$ 抽取一个待选样本 σ^*。

② 计算接受概率

$$\alpha(\sigma;\sigma^{(i-1)},\sigma^*) = \min\left\{\frac{\pi(\sigma=\sigma^*|X,Y)q(\sigma=\sigma^{(i-1)};\sigma^*)}{\pi(\sigma=\sigma^{(i-1)}|X,Y)q(\sigma=\sigma^*;\sigma^{(i-1)})},1\right\} \tag{6.68}$$

③ 以概率 $\alpha(\sigma;\sigma^{(i-1)},\sigma^*)$ 接受 $\sigma^{(i)}=\sigma^*$，以概率 $1-\alpha(\sigma;\sigma^{(i-1)},\sigma^*)$ 接受 $\sigma^{(i)}=\sigma^{(i-1)}$。

④ 重复过程①～过程③ n 次，进而可得后验样本 $\sigma^{(1)}$、$\sigma^{(2)}$,…, $\sigma^{(n)}$，再根据式（6.54）和式（6.55）计算后验样本的统计值。

4. 抽样过程的实现

上述两种抽样过程都通过 R 语言实现。根据整理好的试验数据，计算出式（6.62）中的参数 $\ln\dfrac{V(X,\Theta)}{V_d(X)}$、$\gamma(X,\theta)$，然后利用 R 语言软件对参数 (θ,σ^2) 进行 MCMC 随机模拟，具体抽样流程如图 6.1 所示。

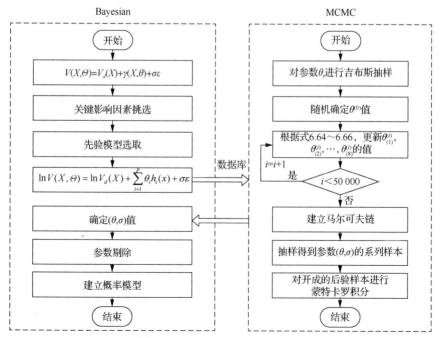

图 6.1　Bayesian-MCMC 流程图

5. 抽样结果分析

在随机模拟过程中，输入多个初始值，产生一条马尔可夫迭代链，在运行 $n=$ 50 000 次迭代分析后，去除前 2000 个值，根据式（6.54）、式（6.55）可以得出待估参数 (θ, σ^2) 的估计值。

表 6.12～表 6.15 为基于四种规范的概率模型参数（θ, σ）的运行结果，其中包括了（θ, σ）的均值、方差、MCMC 误差和参数估计值的 2.5%、97.5%分位数。由表 6.12～表 6.15 可知，模型参数估计值的方差均在 0.05 左右，MCMC 误差更是不到千分之一。结果表明，此随机模拟方法能精确地确定待估参数，并且具有较高的可信度。

表 6.12　基于中国规范的受剪承载力概率模型参数运行结果

模型参数	θ_1	θ_2	θ_3	θ_4	θ_5	θ_6	θ_7	θ_8	σ^2
均值	0.7037	0.0942	-0.3436	0.1216	0.1314	-0.0148	-0.1938	0.3299	0.0754
方差	0.0538	0.0279	0.0314	0.0379	0.0269	0.0274	0.0192	0.0217	0.0043
MCMC 误差	0.0008	0.0004	0.0004	0.0005	0.0004	0.0004	0.0003	0.0003	0.0001
2.5%分位数	0.5123	0.0402	-0.4051	0.0475	0.0780	-0.0688	-0.2310	0.2881	0.0676
97.5%分位数	0.8974	0.1486	-0.2832	0.1954	0.1831	0.0390	-0.1556	0.3726	0.0844

表 6.13　基于美国规范的受剪承载力概率模型参数运行结果

模型参数	θ_1	θ_2	θ_3	θ_4	θ_5	θ_6	θ_7	θ_8	σ^2
均值	-0.6492	-0.2501	-0.0760	-0.3515	-0.1927	-0.1173	0.0294	0.1821	0.0748
方差	0.0518	0.0278	0.0313	0.0378	0.0268	0.0273	0.0191	0.0216	0.0043
MCMC 误差	0.0009	0.0004	0.0004	0.0005	0.0004	0.0004	0.0003	0.0003	0.0001
2.5%分位数	-0.5034	-0.3039	-0.1373	-0.4252	-0.2459	0.0636	-0.0077	0.1405	0.0671
97.5%分位数	-0.7529	-0.1960	-0.0160	-0.2779	-0.1412	0.1709	0.0674	0.2247	0.0837

表 6.14　基于加拿大规范的受剪承载力概率模型参数运行结果

模型参数	θ_1	θ_2	θ_3	θ_4	θ_5	θ_6	θ_7	θ_8	σ^2
均值	0.5087	0.0238	0.8342	-0.0079	-0.1342	0.1120	0.0098	-0.0644	0.0896
方差	0.0758	0.0310	0.0346	0.0408	0.0292	0.0302	0.0210	0.0237	0.0051
MCMC 误差	0.0009	0.0004	0.0004	0.0005	0.0004	0.0004	0.0003	0.0003	0.0001
2.5%分位数	0.3145	-0.0363	0.7664	-0.0881	-0.1915	0.0527	-0.0314	-0.1107	0.0802
97.5%分位数	0.6772	0.0848	0.9025	0.0724	-0.0768	0.1716	0.0511	-0.0180	0.1001

表 6.15　基于欧洲规范的受剪承载力概率模型参数运行结果

模型参数	θ_1	θ_2	θ_3	θ_4	θ_5	θ_6	θ_7	θ_8	σ^2
均值	-0.6619	-0.2505	-0.0779	-0.3502	-0.1910	0.1182	0.0297	0.1815	0.0746
方差	0.0524	0.0277	0.0312	0.0377	0.0267	0.0272	0.0191	0.0216	0.0043
MCMC 误差	0.0009	0.0004	0.0004	0.0005	0.0004	0.0004	0.0003	0.0003	0.0001
2.5%分位数	-0.4723	-0.3041	-0.1390	-0.4238	-0.2441	0.0645	-0.0073	0.1399	0.0669
97.5%分位数	-0.8576	-0.1964	-0.0179	-0.2768	-0.1396	0.1717	0.0676	0.2240	0.0834

　　基于中国规范的深受弯构件受剪概率模型的模拟结果如图 6.2 和图 6.3 所示。

　　以图 6.2（a）中左上图为例，横坐标代表迭代次数，本节取 50 000 次，纵坐标为参数 θ_1 的估计值，迭代开始时先任取一初值，在经过 50 000 次迭代算法后，参数 θ 的值会趋于一个固定值，表明该马尔可夫链最终收敛。以图 6.2（a）中右上图为例，横坐标表示估计值 θ_1 的取值范围，模拟环境是后验样本 N=5000 个，估计值 θ_1 的频率宽度为 0.019 62，纵坐标表示其累积概率，由图 6.2 可知该后验分布密度函数曲线比较接近正态分布函数曲线，参数估计值会在最大概率处取到它的固定值；图 6.2 中其他参数 $\theta_2 \sim \theta_8$ 的模拟结果图内容与 θ_1 一致。由图 6.2 可知，利用 R 语言模拟出来的马尔可夫链在运行 50 000 次迭代分析后，后验样本会趋于一个固定值，表明该链最终达到收敛，该值就是待估参数的统计值。

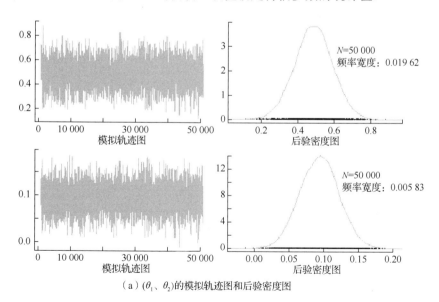

（a）（θ_1、θ_2）的模拟轨迹图和后验密度图

图 6.2　模型参数的模拟轨迹图和后验密度图

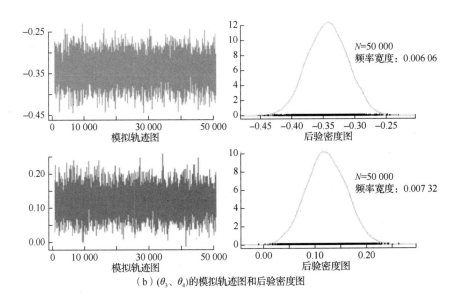

（b）$(\theta_3、\theta_4)$的模拟轨迹图和后验密度图

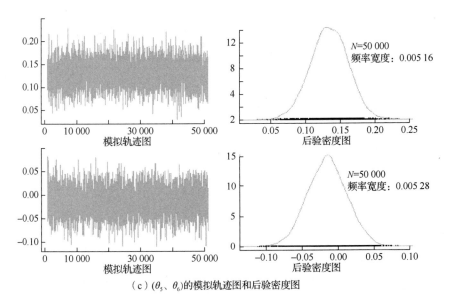

（c）$(\theta_5、\theta_6)$的模拟轨迹图和后验密度图

图 6.2（续）

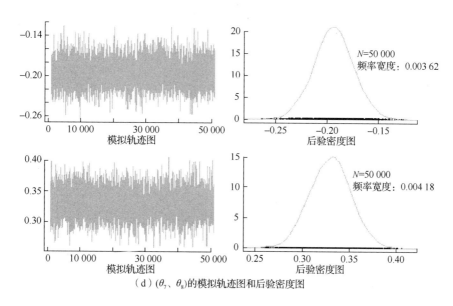

（d）$(\theta_7、\theta_8)$的模拟轨迹图和后验密度图

图 6.2（续）

图 6.3 为对模型参数抽样产生的后验频数直方图，横坐标表示待估参数具有一定组距的取值范围，纵坐标表示其样本数。由图 6.3 可见，模型参数在进行 50 000 次迭代分析后，其估计值的后验频数大多集中在模拟结果值附近区域，与模拟轨迹图和后验密度函数图中模型参数 θ 的值基本一致，说明 MCMC 方法在对参数进行抽样模拟和迭代分析时有较高的可信度，并且有效解决了运用一般数理统计方法估计模型参数时所存在的系统误差问题。

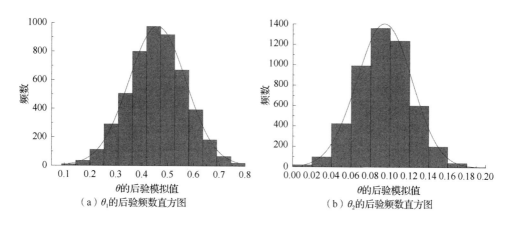

（a）θ_1的后验频数直方图　　　　（b）θ_2的后验频数直方图

图 6.3　模型参数的后验频数直方图

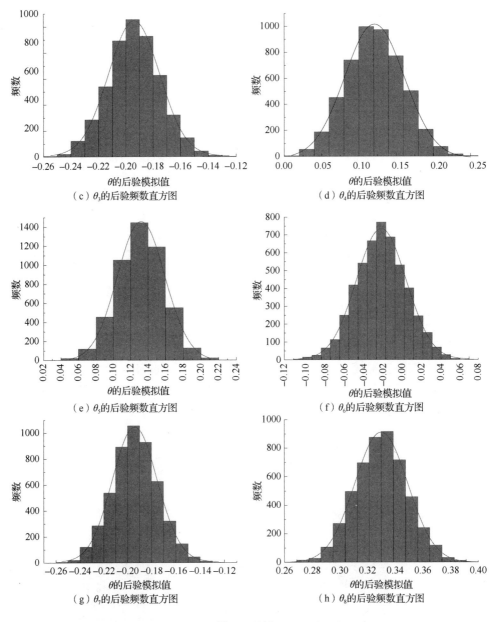

（c）θ_3的后验频数直方图　　　　　　（d）θ_4的后验频数直方图

（e）θ_5的后验频数直方图　　　　　　（f）θ_6的后验频数直方图

（g）θ_7的后验频数直方图　　　　　　（h）θ_8的后验频数直方图

图 6.3（续）

　　根据后验样本的 2.5%和 97.5%分位数，以文献[4]中编号为 5～30 的一组深梁为例，可得受剪承载力概率模型计算值具有置信水平为 50%、80%和 95%的特征值分别为 162.0kN、189.3kN 和 222.6kN。图 6.4 为由本节方法得到的深受弯构件受剪承载力的累计分布密度函数曲线。由图 6.4 可见，基于 MCMC 方法建立的受剪承载力概率模型，能简便地确定不同置信水平下钢筋混凝土深受弯构件受剪承载力的特征值，并为深受弯构件受剪承载力的安全性评估和概率极限状态设计提供一定的依据。

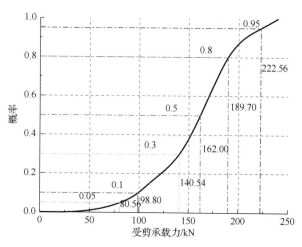

图 6.4　不同置信水平下的受剪承载力特征值

6. 基于四种规范的深受弯构件受剪概率模型

应用 MCMC 方法得到模型参数 (θ, σ^2) 的模拟结果，将各参数的运行结果值代入概率模型的通式，即可形成基于四种规范的深受弯构件受剪承载力概率计算模型，具体如下。

基于中国规范先验模型：

$$V'_{\text{MCMC.GB}} = V_{\text{GB}} \times 1.6287 \times \left(\frac{f_{\text{cu}}}{f_{\text{y}}}\right)^{0.0942} \left(\frac{a}{d}\right)^{-03436} \left(\frac{l_0}{h}\right)^{0.1216} \left(\frac{b}{h}\right)^{0.1314}$$
$$\times (e^{\rho_v})^{-0.0148} (e^{\rho_h})^{-0.1938} \rho^{0.3299} \tag{6.69}$$

基于美国规范先验模型：

$$V'_{\text{MCMC.ACI}} = V_{\text{ACI}} \times 0.6376 \times \left(\frac{f_{\text{cu}}}{f_{\text{y}}}\right)^{-0.2501} \left(\frac{a}{d}\right)^{-0.0760} \left(\frac{l_0}{h}\right)^{-0.3515} \left(\frac{b}{h}\right)^{-0.1927}$$
$$\times (e^{\rho_v})^{-0.1173} (e^{\rho_h})^{0.0294} \rho^{0.1821} \tag{6.70}$$

基于加拿大规范先验模型：

$$V'_{\text{MCMC.CSA}} = V_{\text{CSA}} \times 1.4228 \times \left(\frac{f_{\text{cu}}}{f_{\text{y}}}\right)^{0.0240} \left(\frac{a}{d}\right)^{0.8342} \left(\frac{l_0}{h}\right)^{-0.0087} \left(\frac{b}{h}\right)^{-0.1340}$$

$$\times (e^{\rho_v})^{0.1117} (e^{\rho_h})^{0.0098} \rho^{-0.0644} \tag{6.71}$$

基于欧洲规范先验模型：

$$V'_{\mathrm{MCMC.EC2}} = V_{\mathrm{EC2}} \times 0.6320 \times \left(\frac{f_{\mathrm{cu}}}{f_y}\right)^{0.2505} \left(\frac{a}{d}\right)^{-0.0779} \left(\frac{l_0}{h}\right)^{-0.3502} \left(\frac{b}{h}\right)^{0.1910}$$

$$\times (e^{\rho_v})^{0.1182} (e^{\rho_h})^{0.0297} \rho^{0.1815} \tag{6.72}$$

同样采用公式简化方法，剔除对深受弯构件受剪承载力影响不显著的参数，即基于中国规范先验模型，剔除对计算结果影响较小的参数 θ_3、θ_5、θ_8，可将公式化简为

$$V_{\mathrm{MCMC.GB}} = 0.731\,48 \lambda_1 V_{\mathrm{GB}} \tag{6.73}$$

其中

$$\lambda_1 = \left(\frac{f_{\mathrm{cu}}}{f_y}\right)^{-0.073\,55} \left(\frac{l_0}{h}\right)^{0.543\,80} \exp(0.004\,39\rho_v + 0.002\,32\rho_h) \tag{6.74}$$

基于美国规范先验模型，剔除参数 θ_2、θ_4、θ_8，可将公式化简为

$$V_{\mathrm{MCMC.ACI}} = 0.986\,23 \lambda_2 V_{\mathrm{ACI}} \tag{6.75}$$

其中

$$\lambda_2 = \left(\frac{a}{d}\right)^{-0.219\,11} \left(\frac{b}{h}\right)^{-0.100\,30} \exp(0.145\,22\rho_v + 0.045\,11\rho_h) \tag{6.76}$$

基于加拿大规范先验模型，剔除参数 θ_3、θ_5、θ_6，可将公式化简为

$$V_{\mathrm{MCMC.CSA}} = 0.840\,44 \lambda_3 V_{\mathrm{CSA}} \tag{6.77}$$

其中

$$\lambda_3 = \left(\frac{f_{\mathrm{cu}}}{f_y}\right)^{-0.073\,60} \left(\frac{l_0}{h}\right)^{0.542\,91} (e^{\rho_h})^{0.004\,26} \rho^{0.003\,10} \tag{6.78}$$

基于欧洲规范先验模型，剔除参数 θ_2、θ_4、θ_8，可将公式化简为

$$V_{\mathrm{MCMC.EC2}} = 0.981\,38 \lambda_4 V_{\mathrm{EC2}} \tag{6.79}$$

其中

$$\lambda_4 = \left(\frac{a}{h_0}\right)^{-0.220\,49} \left(\frac{b}{h}\right)^{-0.098\,65} \exp(0.145\,88\rho_v + 0.045\,38\rho_h) \tag{6.80}$$

6.5　模　型　验　证

6.5.1　普通混凝土深受弯构件

1. 基于无先验模型的贝叶斯概率模型分析

基于数据库，采用式（6.40）进行计算，将计算结果与试验值和各规范计算值进行对比，统计结果如表 6.16 所示。简化概率模型计算结果与各规范计算结果的对比见图 6.5。

表 6.16　各规范计算值与试验结果对比

类别	均值	标准差
GB 50010—2010（2015 年版）	1.634	0.416
ACI 318-14	1.121	0.171
CSA A23.3-04	1.818	0.911
EC2	1.308	0.224
贝叶斯概率模型	1.028	0.236

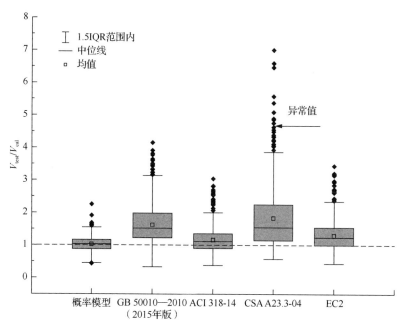

图 6.5　规范与基于无先验模型的概率模型计算值对比分析

由表 6.16 和图 6.5 可知：试验值与概率模型的计算结果比值的均值为 1.018，标准差为 0.176，表明概率模型合理地考虑了各因素的影响，显著减少了总体偏差和离散性，且异常值较少，证实了所建立概率模型的合理性和优越性。

2. 基于四种规范的贝叶斯概率模型

以四种规范计算模型为先验模型，结合试验数据库，采用式（6.42）～式（6.45）进行计算，具体计算结果见表 6.17。概率模型的方差较先验模型显著减小，故经修正后因影响参数引起的误差显著降低。

表6.17 各模型计算值与试验值比值统计表

类别	GB 50010—2010（2015 年版）		ACI 318-14		CSA A23.3-04		EC2	
	规范计算值	概率模型	规范计算值	概率模型	规范计算值	概率模型	规范计算值	概率模型
均值	1.634	1.055	1.121	1.028	1.818	1.057	1.301	1.043
标准差	0.416	0.092	0.171	0.087	0.911	0.172	0.224	0.101

图 6.6 给出了基于四种规范抗剪模型所得的概率模型剪力计算值 $V_{GB.B}$、$V_{ACI.B}$、$V_{CSA.B}$、$V_{EC2.B}$ 与 V_{test} 之间的偏差。由图 6.6 可见，基于确定性受剪模型和试验数据库，采用贝叶斯方法修正后的概率模型比相应的先验模型具有更高的精度（即接近 1 的均值）和较小的离散性（即较短的箱体），特别是对规范 GB 50010—2010（2015 年版）和 CSA A23.3-14 改进后在偏差和不确定性方面具有显著改善。表明贝叶斯方法继承了历史先验模型的发展趋势，且很好地利用了试验数据，修正后所得概率模型简单易用，且偏差和随机性均显著减小。

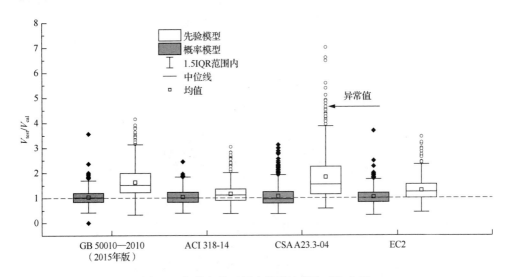

图6.6 规范与基于概率模型计算值对比分析

由图 6.7 可见，基于四种规范所得概率模型的平均曲线符合试验值的中心趋势，且大多数试验值在概率模型均值±SD 的范围内。研究表明，先验模型的离散性与偏差较大，且偏差大多出现在保守一侧；概率模型能够实现无偏预测，具有较高的精度和较低的离散度（较窄的阴影区域），适用于钢筋混凝土深受弯构件受承载力的预测。

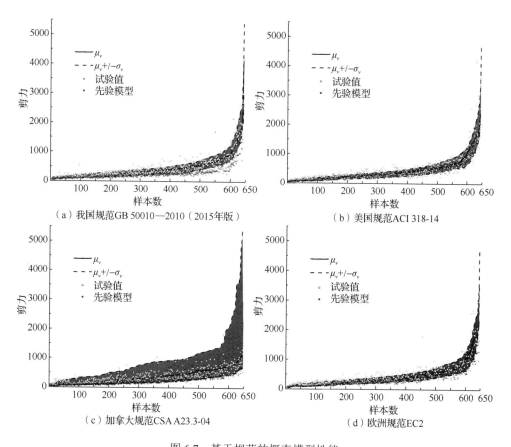

图 6.7　基于规范的概率模型性能

3. 基于共轭先验分布的贝叶斯概率模型

简化模型式（6.47）～式（6.50）进行计算。具体先验模型和共轭概率模型统计计算结果见表 6.18。图 6.8 给出了试验值与先验模型和概率模型之间的偏差。由表 6.18 和图 6.8 可知，共轭概率模型的计算值较先验模型更接近试验值，且 σ^2 值较先验模型明显减小。该类过程显著减少了参数不确定性引起的误差，即概率模型具有精度高、随机性小的优越性能，尤其是对我国规范和加拿大规范受剪模型的修正效果更为明显。

表 6.18　各模型计算值与试验值比值统计表

类别	GB 50010—2010 (2015 年版)		ACI 318-14		CSA A23.3-04		EC2	
	规范计算值	概率模型	规范计算值	概率模型	规范计算值	概率模型	规范计算值	概率模型
均值	1.634	1.091	1.121	1.035	1.818	1.068	1.301	1.028
标准差	0.416	0.106	0.171	0.094	0.911	0.182	0.224	0.101

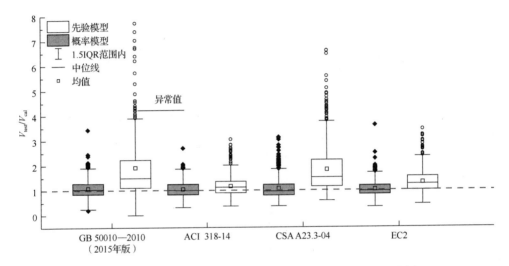

图 6.8　各规范与基于共轭先验分布的概率模型计算值对比分析

　　图 6.9 给出基于不同先验模型的共轭概率模型剪力计算值曲线，大部分先验模型剪力计算值同样位于试验值下方，计算结果较为保守；阴影部分覆盖 80%以上的试验值，并且各概率模型剪力计算值曲线的走向与试验值基本相同，即修正后的概率模型较先验模型更接近试验值。阴影部分越窄，说明随机性越小，尤以图 6.9（a）表现明显，说明我国混凝土结构设计规范受剪承载力计算模型的修正效果最为显著。综合表明：基于贝叶斯理论建立的钢筋混凝土深受弯构件概率简化模型计算值与试验结果吻合良好，很好地利用了已有试验数据，继承了先验模型的发展趋势，验证了简化模型的合理性和适用性。

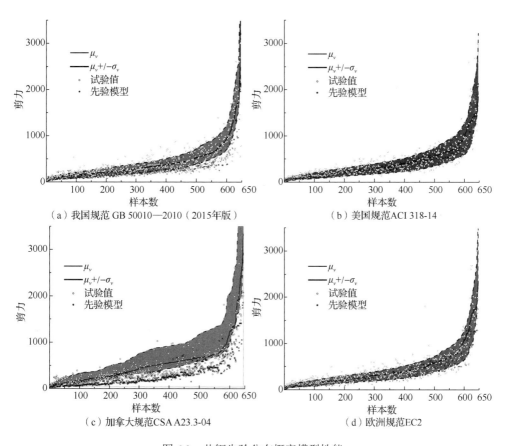

图 6.9　共轭先验分布概率模型性能

4. 基于 Bayesian-MCMC 方法的深受弯构件受剪概率模型分析

四种规范受剪承载力计算值和基于 Bayesian-MCMC 方法所得概率模型计算值的比值的统计结果见表 6.19，试验值与概率模型计算值比值的均值更接近 1，标准差较小，说明所得概率模型较四种规范计算模型更接近试验破坏值，且离散性较小，精度较高。

表 6.19　各受剪模型计算值与试验值比值统计

类别	GB 50010—2010（2015 年版）		ACI 318-14		CSA A23.3-04		EC2	
	规范计算值	MCMC$_{GB}$	规范计算值	MCMC$_{ACI}$	规范计算值	MCMC$_{CSA}$	规范计算值	MCMC$_{EC2}$
均值	1.634	1.038	1.121	1.113	1.818	1.046	1.301	1.047
标准差	0.416	0.289	0.171	0.328	0.911	0.326	0.224	0.292

　　为进一步对此分析四种国规范与概率模型，图 6.10 给出了先验模型和相应概率模型的误差箱型图。由图可知，采用 Bayesian-MCMC 方法改进后的预测模型具有较小偏差以及离散性（接近 1 的平均值与中间值以及轻短的矩形）且异常值较少，表明经过 MCMC 方法优化后的概率模型在很大程度上减小了先验模型的偏差。

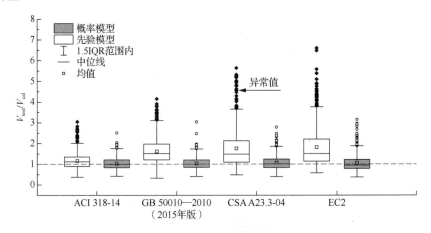

图 6.10　四种规范与基于 Bayesian-MCMC 方法的概率模型计算值对比分析

　　图 6.11 为基于 Bayesian-MCMC 方法的概率模型计算值与四种规范和试验结果的样本分布图。由图 6.11 可见，平均受剪承载力曲线通过大部分试验值的中心，$\mu_v +/- \sigma_v$ 的区间涵盖了数据库中整个强度范围内的大多数试验数据，即经 Bayesian-MCMC 方法改进后，大多数概率模型具有较高的精度和较低的离散性（较窄的阴影区域），计算结果更接近其试验值。先验模型表现出相对较大的离散性和偏差，计算值相对保守。

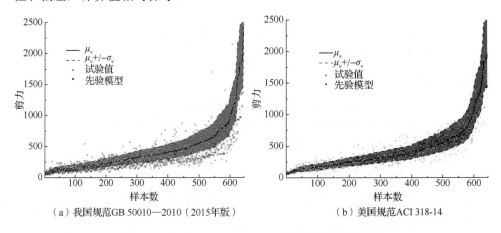

（a）我国规范GB 50010—2010（2015年版）　　　　（b）美国规范ACI 318-14

图 6.11　基于 Bayesian-MCMC 方法的概率模型性能

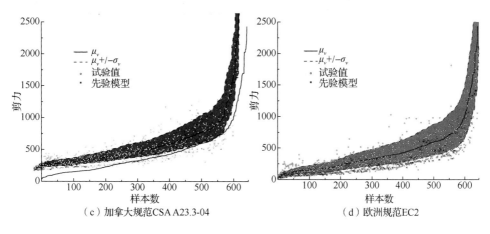

（c）加拿大规范CSA A23.3-04　　　　　（d）欧洲规范EC2

图 6.11（续）

6.5.2　轻骨料混凝土深受弯构件

在分析深梁受剪机理和破坏特征的理论基础上，结合已完成的 23 组轻骨料混凝土受弯构件的试验结果，将贝叶斯概率模型引入轻骨料深受弯构件的受剪承载力分析计算中，并与我国《混凝土结构设计规范》GB 50010—2010（2015 年版）、美国规范 ACI 318-14、加拿大规范 CSA A23.3-04、欧洲规范 EC2 等相关计算模型进行对比分析。

1. 基于无先验模型的贝叶斯概率模型分析

计算结果及其与试验值和不同规范计算值的对比结果见表 6.20 和图 6.12。

表 6.20　模型与试验值比值统计结果

类别	均值	标准差
GB 50010—2010（2015 年版）	1.449	0.296
ACI 318-14	1.174	0.181
CSA A23.3-04	1.177	0.199
EC2	1.764	0.673
贝叶斯概率模型	1.203	0.243

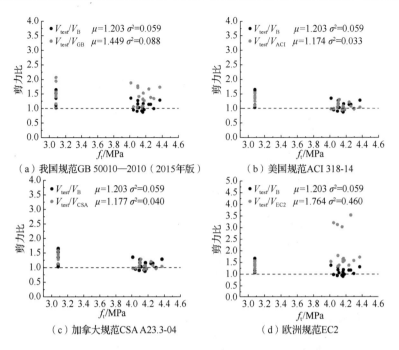

图 6.12　不同规范与基于贝叶斯概率模型计算值对比分析

结果表明：简化概率模型合理考虑了各个影响因素，试验值与模型计算结果比值的均值为 1.230，标准差为 0.243，说明离散性较小，精度较高，证明了该模型适用于轻骨料混凝土深受弯构件的受剪承载力的计算，准确性较高。

2. 基于不同规范的贝叶斯概率模型

基于贝叶斯概率后验模型，即式（6.42）～式（6.45），对轻骨料混凝土深受弯构件的受剪承载力进行分析计算，规范计算模型和贝叶斯概率简化模型统计对比结果见表 6.21 和图 6.13。

表 6.21　各模型计算值与试验值比值统计表

类别	GB 50010—2010（2015 年版）		ACI 318-14		CSA A23.3-04		EC2	
	规范计算值	概率模型	规范计算值	概率模型	规范计算值	概率模型	规范计算值	概率模型
均值	1.449	0.973	1.164	1.150	1.177	0.851	1.764	1.493
标准差	0.303	0.226	0.184	0.100	0.207	0.525	0.687	0.703

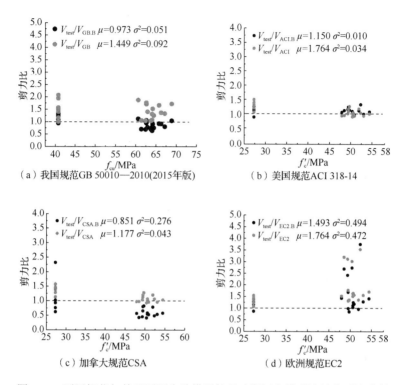

图 6.13　不同规范与基于不同先验模型的贝叶斯概率模型计算值对比分析

由表 6.21 和图 6.13 可知: 试验值与各概率模型计算结果之比的均值依次分别为 0.973、1.150、0.851、1.493，各概率模型计算结果与试验值吻合良好，能较好地对深受弯构件受剪承载力进行计算；各模型的标准差均较小，计算结果分布更为集中，离散性较小，精度较高。欧洲规范和基于欧洲规范的贝叶斯概率后验模型预测结果较为离散。

3. 基于共轭先验分布的贝叶斯概率模型

结合贝叶斯概率模型分析计算轻骨料深受弯构件的受剪承载力。先验模型和共轭概率模型计算结果见表 6.22 和图 6.14。修正后的共轭概率模型受剪剪力与规范预测值分布相近，但共轭概率模型计算值更接近试验值，其中基于我国规范和美国规范修正后的概率模型呈现出较小的偏差和随机性。这证明概率模型具有精度高、随机性小的优越性能。

表 6.22　各模型计算值与试验值比值统计表

类别	GB 50010—2010 (2015 年版)		ACI 318-04		CSA A23.3-14		EC2	
	规范计算值	概率模型	规范计算值	概率模型	规范计算值	概率模型	规范计算值	概率模型
均值	1.436	1.264	1.132	1.083	1.129	0.751	1.851	1.713
标准差	0.293	0.241	0.167	0.095	0.182	0.867	0.724	0.867

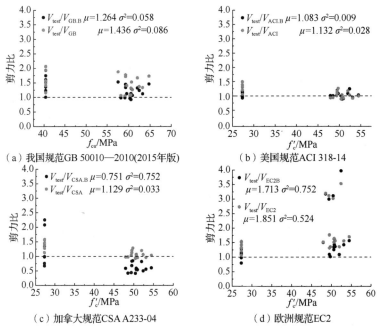

（a）我国规范GB 50010—2010(2015年版)　　（b）美国规范ACI 318-14

（c）加拿大规范CSA A233-04　　（d）欧洲规范EC2

图 6.14　不同规范与基于共轭先验分布的贝叶斯概率模型计算值对比分析

4. 基于 Bayesian-MCMC 方法的深受弯构件受剪概率模型分析

　　四种规范受剪承载力计算值和基于四种规范所得受剪概率模型计算值与试验值的比值的统计结果见表 6.23，概率模型较四种规范计算模型更接近试验破坏值，且离散性较小，精度较高。

表 6.23　各模型计算值与试验值比值统计表

类别	GB 50010—2010 (2015 年版)		ACI 318-14		CSA A23.3-04		EC2	
	规范计算值	概率模型	规范计算值	概率模型	规范计算值	概率模型	规范计算值	概率模型
均值	1.449	0.960	1.174	0.720	1.177	0.685	1.764	1.456
标准差	0.297	0.265	0.182	0.071	0.200	0.187	0.673	0.698

　　图6.15表示四种规范受剪承载力与概率模型计算结果相对于混凝土强度的偏差对比。由图6.15可见，基于四种规范的概率模型计算值与试验值接近，且分布更集中，离散性较小，可用于轻骨料混凝土深受弯构件的受剪承载力预测。

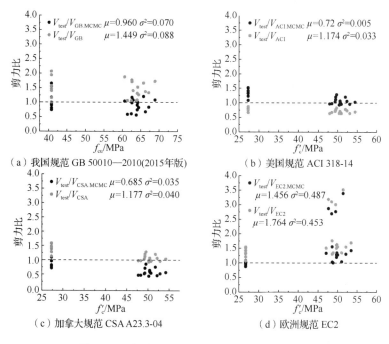

　　（a）我国规范 GB 50010—2010(2015年版)　　　（b）美国规范 ACI 318-14

　　（c）加拿大规范 CSA A23.3-04　　　　　　　（d）欧洲规范 EC2

图 6.15　不同规范与概率模型计算值对比分析

6.6　基于贝叶斯理论的混凝土框架节点受剪承载力概率模型

　　本节采用贝叶斯概率统计方法分析研究钢筋混凝土中节点抗剪能力，以贝叶斯动态信息更新思路，根据主观经验信息选定先验模型，将国内外已完成 101 组钢筋混凝土框架中节点试件的试验结果作为数据库，建立混凝土框架中节点受剪承载力概率模型，再采用贝叶斯后验模型参数剔除理论，对概率模型进行动态更新，得到中节点受剪强度简化模型。

6.6.1　混凝土框架中节点受剪承载力概率模型

1. 概率模型建立

　　通过对梁柱中节点受剪强度的研究，将已掌握的节点抗剪信息作为先验信息，合理采用贝叶斯方法修正先验模型的偏差，并确定其残余误差，即建立新的混凝土节点受剪强度概率模型[7]，该模型的形式为

$$C(\boldsymbol{X},\boldsymbol{\Theta}) = C_d(X) + \gamma(X,\theta) + \sigma\varepsilon \tag{6.81}$$

式中：$\boldsymbol{X}$ 为钢筋混凝土梁柱中节点抗剪影响因素的向量形式；$\boldsymbol{\Theta} = (\theta,\sigma)$ 为拟合试验数据时所需要的模型参数，通过贝叶斯方法和试验数据可对其进行估计；$C_d(X)$ 为假设或实际已存在的钢筋混凝土梁柱节点受剪强度计算公式，即先验模型；$\gamma(X,\theta)$ 为偏差修正函数；$\theta = [\theta_1,\theta_2,...,\theta_p]$ 为对 x 的修正系数；ε 是正态随机变量，且 $\varepsilon \sim N(0,1)$；σ 为模型进行修正后仍存在的误差。

与前文概率方法相同，以上模型基于以下两个假设：①模型方差 σ^2 独立于影响因素 $\boldsymbol{X}$，即对于给定的 $\boldsymbol{X}$，θ 和 σ^2，模型 $V(X,\theta)$ 的方差是 σ^2，而不是 $\boldsymbol{X}$ 的函数；②ε 服从标准正态分布。

因为偏差修正项函数 $\gamma(X,\theta)$ 的真正形式是未知的，可以采用 p 个合适的函数 $h_i(x)$ 将其表示为

$$\gamma(x,\theta) = \sum_{i=1}^{p} \theta_i h_i(x) \tag{6.82}$$

式中：$h_i(x)$ 为根据力学理论或已有研究结果选择的函数，是对影响参数的评估。为了满足假设①对式（6.81）进行对数运算，形式为

$$\ln[C(X,\Theta)] = \ln[C_d(X)] + \sum_{i=1}^{p} \theta_i h_i(x) + \sigma\varepsilon \tag{6.83}$$

以试验值为基础，采用贝叶斯方法对式（6.83）中的未知参数进行估计。假设 $p(\Theta)$ 为未知参数 Θ 先验分布的联合概率密度函数，由贝叶斯定理将其更新为后验分布 $f(\Theta)$，即

$$f(\Theta) = \kappa L(\Theta) p(\Theta) \tag{6.84}$$

式中：$L(\Theta)$ 为试验数据的似然函数；κ 为常数因子，且 $\kappa = \left[\int L(\Theta)p(\Theta)\mathrm{d}\Theta\right]^{-1}$。

先验分布 $p(\Theta)$ 由贝叶斯假设知，在对先验信息掌握不明确的情况下：

$$p(\theta) \propto 1 \tag{6.85}$$

$$p(\Theta) \cong p(\sigma) \tag{6.86}$$

由式（6.85）和式（6.86）可得

$$p(\sigma) \propto \frac{1}{\sigma} \tag{6.87}$$

在模型的两个假设前提下，似然函数可表示为

$$L(\Theta) = \prod_{\text{破坏}} \left\{ \frac{1}{\sigma} \varphi \left[\frac{V_i - V_d(x_i) - \gamma(x_i, \theta)}{\sigma} \right] \right\}$$

$$\times \prod_{\text{下界}} \left\{ \Phi \left[-\frac{V_i - V_d(x_i) - \gamma(x_i, \theta)}{\sigma} \right] \right\}$$

$$\times \prod_{\text{上界}} \left\{ \Phi \frac{V_i - V_d(x_i) - \gamma(x_i, \theta)}{\sigma} \right\} \tag{6.88}$$

式中：$\varphi(\cdot)$ 和 $\Phi(\cdot)$ 分别为标准正态分布的概率密度函数和累积分布函数。

破坏试验表示：　　　　$V_i > V_d(x_i) + \gamma(x_i, \theta) + \sigma\varepsilon$

下界破坏表示：　　　　$V_i < V_d(x_i) + \gamma(x_i, \theta) + \sigma\varepsilon$

上界破坏表示：　　　　$V_i > V_d(x_i) + \gamma(x_i, \theta) + \sigma\varepsilon$

为进一步了解贝叶斯理论的优越性，研究其计算过程和简化参数过程，本节提出一种在无先验信息条件下的钢筋混凝土中节点抗剪强度计算模型，其形式为

$$\ln[C(x, \Theta)] = \sum_{i=1}^{p} \theta_i h_i(x) + \sigma\varepsilon \tag{6.89}$$

2. 试验数据整理

影响钢筋混凝土梁柱中节点抗剪性能的因素有很多，主要可以分为以下 5 个方面：材料性质（如混凝土强度等级）、节点的几何尺寸、轴压比、配筋率和黏结性能。根据已有研究[40]，诸多影响因素可归纳为表 6.24 所选定的影响因素。

表 6.24　选定的因素

类别	符号	Min	Max
混凝土强度等级	f_c'（MPa）	22.5	117.8
梁高与柱高之比	h_b/h_c	0.75	1.50
梁宽与柱宽之比	b_b/b_c	0.56	1.00
节点配箍指数	$JI: \rho_{\text{jointreinf}} f_{y,\,\text{jointreinf}}/f_c'$	0.02	0.31
梁纵向配筋指数	$BI: \rho_{\text{beamreinf}} f_{y,\,\text{beamreinf}}/f_c'$	0.10	0.68
箍筋截面总面积与规范要求的最小截面面积（A_{sh}）之比	$A_{\text{sh,ratio}}: A_{\text{sh, pro}}/A_{\text{sh,req}}$	0.29	18.68
箍筋实际间距与规范要求的最小间距之比	Spacing ratio: $s_{\text{pro}}/s_{\text{req}}$	0.62	2.50

注：f_c' 为标准混凝土圆柱体标准试件的抗压强度，国内试验数据取 $f_c'=0.79f_{\text{cu}}$；节点配箍率（$\rho_{\text{jointreinf}}$）为节点中梁上部钢筋与下部钢筋之间的箍筋体积和节点核心区体积（柱宽、柱高和梁上部钢筋与下部钢筋的距离的乘积）之比；梁的纵筋配筋率（$\rho_{\text{beamreinf}}$）等于节点内部的梁纵筋总面积与梁宽、梁高的乘积之比。

从文献中搜集了 101 组钢筋混凝土梁柱中节点试件的试验信息包括：试件的几何尺寸、配箍率、所用材料等，并按表 6.24 所选参数进行统一整理，具体整理结果见附录 C。

3. 影响因素的选取

根据理论和经验确定 $h_i(x)$，选取 $h_1(x)=\ln2$ 为修正常数项，$h_2(x)=\ln(s_{pro}/s_{req})$ 为考虑箍筋实际间距与规范要求的最小间距之比的影响，$h_3(x)=\ln(b_b/b_c)$ 为考虑梁宽 b_b 和柱宽 b_c 的影响，$h_4(x)=\ln(A_{sh,pro}/A_{sh,req})$ 为考虑 (A_{sh}) 之比，$h_5(x)=\ln(h_b/h_c)$ 为考虑梁高 h_b 和柱高 h_c 的影响，$h_6(x)=\ln(JI)$ 为考虑节点配箍指数的影响，$h_7(x)=\ln(BI)$ 为考虑梁纵向配筋指数的影响，$h_8(x)=\ln(f_c')$ 为考虑混凝土强度等级的影响。

4. 参数剔除过程

根据参数影响因素的显著性，利用贝叶斯后验参数剔除方法对概率模型进行简化。后验参数的期望和方差能够反映出估计参数的变异系数，基于此，剔除对概率模型影响较小的参数项，可达到优化和简化概率模型的目的。根据参数 $\theta=[\theta_1,\theta_2,\cdots,\theta_p]^T$ 的后验分布可计算每一个分量 θ_i 的变异系数（COV）：

$$\text{COV}(\theta_i)=\frac{\sigma_i}{\mu_i} \tag{6.90}$$

式中：σ_i 和 μ_i 分别为 θ_i 后验分布的标准差和期望值。

6.6.2 简化概率模型

在试验样本数据的基础上，选用贝叶斯假设作为先验信息，进行贝叶斯参数估计得到以下节点抗剪强度公式：

$$v_j(\text{MPa})=0.6926\left(\frac{s_{pro}}{s_{req}}\right)^{0.0091}\left(\frac{b_b}{b_c}\right)^{0.3463}\left(\frac{A_{sh,pro}}{A_{sh,req}}\right)^{0.0180}\left(\frac{h_b}{h_c}\right)^{0.2640}$$
$$(JI)^{0.1389}(BI)^{0.5593}(f_c')^{0.9206} \tag{6.91}$$

从表 6.25 中可以观察到依次剔除 h_b/h_c、$A_{sh,ratio}$、s_{pro}/s_{req}、h_b/h_c 时 σ 无显著，但当剔除梁纵向配筋指数 BI，节点配箍指数 JI 时 σ 急剧增大，这说明 BI、JI 和 f_c' 对节点抗剪能力的影响很大，保留这三个因素，回归拟合得式（6.92），简化公式的 σ 等于 0.102，与式（6.91）的 σ 很相近，说明两者离散性相同。

表 6.25　逐步回归分析过程

σ	θ_1	θ_2	θ_3	θ_4	θ_5	θ_6	θ_7	θ_8
0.0995	−0.5300	0.0091	0.3463	0.0180	0.2640	0.1389	0.5593	0.9206
0.0990	−0.5142		0.3427	0.0151	0.2680	0.1394	0.5583	0.9186
0.0985	−0.4850		0.3344		0.2727	0.1576	0.5507	0.9259
0.1034	−0.6557				0.1611	0.1604	0.5228	0.9235
0.1058	−0.6093					0.1528	0.5023	0.9058
0.1162						0.1650	0.5235	0.8129

$$v_j(\text{MPa}) = 0.655(JI)^{0.153}(BI)^{0.502}(f_c')^{0.906} \tag{6.92}$$

6.6.3　试验验证

1. 普通混凝土框架中节点

在规范 ACI 352R-02[41]中，节点设计抗剪强度公式为极限剪切应力与节点受剪有效面积的乘积，其中极限剪切应力为节点剪切应力系数与混凝土强度等级平方根的乘积，即

$$v_j = \phi \times 0.083\gamma\sqrt{f_c'} \tag{6.93}$$

式中：v_j 为节点水平抗剪强度；ϕ 为抗剪强度降低系数，取 0.85；γ 为节点类型系数，按表 6.26 进行取值。

表 6.26　节点类型系数

节点类型	内节点	外节点	角节点
γ	20	15	12

注：内节点是指节点四周均有梁深入框架柱，每侧梁宽至少应为柱宽的 3/4。满足上述条件方可划为内节点，否则为外节点。外节点是指至少有两根梁以相反方向伸入框架柱，每侧梁宽至少应为柱宽的 3/4。满足上述条件可分为外节点，否则为角节点。

本节选取的试验中节点均为外节点，γ 取 15。

与本节建议模型的对比可以通过式（6.94）进行：

$$C(x,\Theta) = c_d(x) + \theta + \sigma\varepsilon \tag{6.94}$$

当 $c_d(x_i)$ 为式（6.92）时，其 θ 和 σ^2 的值分别为 0.002 和 0.011；当 $c_d(x_i)$ 为 ACI 352R-02 中节点抗剪强度计算公式时，其 θ 和 σ^2 的值分别为 –0.157 和 0.059。可以看出：简化公式（6.92）计算结果的离散性相比规范计算公式（6.93）大大减小，说明简化公式计算值更加准确。基于数据库，对比分析 ACI 规范公式和简化公式的计算精度和离散性，绘制试验值与模型计算值比值的散点图（图 6.16 和图 6.17）。可以直观看到，简化公式计算值的离散程度比规范 ACI 352R-02 中抗剪强度计算公式小，简化公式的计算值与试验值吻合较好。两种简化模型计算值的整体分布相近，说明两者均很好地继承了试验数据包含的信息，而贝叶斯模型更接近试验值，偏差更小，体现了贝叶斯方法的优越性。

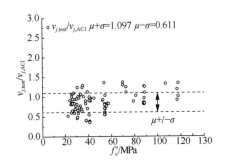
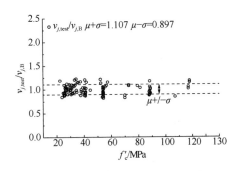

图 6.16　试验值与 ACI 建议公式计算值对比　　图 6.17　试验值与贝叶斯概率模型计算值对比

2. 轻骨料混凝土框架中节点

将概率计算模型用于轻骨料混凝土框架中节点试件（4 个强度等级为 LC40 级轻骨料页岩陶粒混凝土框架中节点）的受剪性能分析。各节点试验值与各模型计算值的对比结果见表 6.27。结果表明：概率模型计算结果较规范值更接近试验值，能够合理地考虑各因素的影响，可用于轻骨料混凝土框架中节点的受剪承载力计算。

表 6.27　轻骨料混凝土深受弯构件计算结果对比

试件	θ	A_{str}/cm^2	V_{test}/kN	ACI		贝叶斯		V_{test}/V_{ACI}	V_{test}/V_B
				v_j	V_{ACI}	v_j	V_B		
HSLCJ-1	49.57	255.19	428.80	5.53	320.50	4.23	360.96	1.338	1.188
HSLCJ-2	49.57	255.19	442.00	5.53	322.50	4.12	360.96	1.371	1.225
HSLCJ-3	49.57	312.65	458.40	5.53	325.60	4.45	400.89	1.408	1.143
HSLCJ-4	49.57	312.65	462.80	5.53	325.60	4.45	400.89	1.421	1.154
均值								1.384	1.178
标准差								0.019	0.036

参 考 文 献

[1] Kim J, LaFavee J M, Song J. A new statistical approach for joint shear strength determination of RC beam-column connections subjected to lateral earthquake loading [J]. Structural Engineering and Mechanics, 2007, 27（4）: 439-456.

[2] 成平. 数理统计中的两个学派-数理统计和 Bayes 学派[J]. 数理统计与应用概率, 1990, 5（4）: 387-388.

[3] 张尧庭. 贝叶斯统计推断[M]. 北京: 科学出版社, 1991.

[4] 朱慧明, 韩玉启. 贝叶斯多元统计推断理论[M]. 北京: 科学出版社, 2006.

[5] Gardoni P, Kiureghian A D, Mosalam K M. Probabilistic capacity models and fragility estimates for reinforced concrete columns based on experimental observations [J]. Journal of Engineering Mechanics, ASCE, 2002, 128（10）: 1024-1038.

[6] Kim J, LaFave J M. Probabilistic joint shear strength models for design of RC beam-column connections [J]. ACI Structural Journal, 2008, 105（6）: 770-780.

[7] Song J, Kang W H, Kim K S, et al. Probabilistic shear strength models for reinforced concrete beams without shear reinforcement [J]. Structural Engineering and Mechanics, 2010, 34（1）: 15-38.

[8] Chetchotisak P, Teerawong J, Yindeesuk S, et al. New strut-and-tie models for shear strength prediction and design of

RC deep beams [J]. Computers and Concrete, 2014, 14（1）: 19-40.

[9] 吴涛, 刘喜, 邢国华. 基于贝叶斯理论的钢筋混凝土柱受剪承载力计算[J]. 工程力学, 2013, 30（5）: 203-209, 214.

[10] 吴涛, 刘喜, 邢国华. 基于贝叶斯理论的钢筋混凝土框架中节点抗剪强度计算[J]. 工程力学, 2015, 32（3）: 167-174.

[11] Sasani M. Life-safety and near-collapse capacity models for seismic shear behavior of reinforced concrete columns [J]. ACI Structural Journal, 2007, 104（1）: 30-38.

[12] Bai J W, Hueste M B D, Gardoni P. Probabilistic assessment of structural damage due to earthquakes for buildings in mid-america[J]. Journal of Structural Engineering, 2009, 135（10）: 1155-1163.

[13] 吴本英, 周锡武. 基于贝叶斯方法的混凝土结构碳化深度预测研究[J]. 武汉理工大学学报, 2011, 33（3）: 103-107.

[14] 李英民, 周小龙, 贾传果. 混凝土碳化深度预测中的贝叶斯方法及应用[J]. 中南大学学报（自然科学版）, 2014, 45（9）: 3121-3126.

[15] 刘书奎, 吴子燕, 韩晖, 等. 基于物理参数贝叶斯更新的桥梁剩余强度估计研究[J]. 工程力学, 2011, 28（8）: 126-132.

[16] 易伟建, 刘翔. 基于贝叶斯估计的结构固有频率不确定性分析[J]. 振动与冲击, 2010, 29（7）: 19-23.

[17] 易伟建, 周云, 李浩. 基于贝叶斯统计推断的框架结构损伤诊断研究[J]. 工程力学, 2009, 26（5）: 121-128.

[18] 徐龙河, 李佩芬, 李忠献. 基于贝叶斯理论的钢-混凝土混合结构试验模型地震损伤分析[J]. 建筑结构学报, 2014, 35（9）: 20-26.

[19] Zellner A. Bayesian estimation and prediction using asymmetric loss functions [J]. Journal of the American Statistical Association, 1986, 81（394）: 446-451.

[20] Litterman R B. Forecasting with Bayesian vector autoregressions-five years of experience [J]. Journal of Business and Economic Statistics, 1986, 4（1）: 25-38.

[21] Bühlmann H. Experience rating and credibility [J]. Astin Bulletin, 1967, 4（3）: 199-207.

[22] Schafer R E, Martz H F, Waller R A. Bayesian reliability analysis[J]. Technometrics, 1983, 25（2）: 209.

[23] Chang E Y, Thompson W E. Bayes analysis of reliability for complex systems[J]. Operations Research, 1976, 24（1）: 156-168.

[24] Erto P. New practical Bayes estimators for the 2-parameter Weibull distribution[J]. Reliability, IEEE Transactions on Reliability, 1982, 31（2）: 194-197.

[25] Martz H F, Wailer R A, Fickas E T. Bayesian reliability analysis of series systems of binomial subsystems and components[J]. Technometrics, 1988, 30（2）: 143-154.

[26] 中华人民共和国住房和城乡建设部. 混凝土结构设计规范（2015 年版）: GB 50010—2010[S]. 北京: 中国建筑工业出版社, 2015.

[27] ACI Committee 318. Building code requirements for structural concrete （ACI 318-14）and commentary（318R-14）[S]. American Concrete Institute, 2014.

[28] CSA A23.3-04. Design of concrete structures [S]. Mississauga, Ont.: Canadian Standards Association, 2004.

[29] The European Standard EN 1992-1-1:2004, Eurocode 2. Design of concrete structures [S]. London: British Standards Institution, 2004.

[30] 刘伯权, 刘喜, 吴涛. 基于共轭先验分布的深受弯构件受剪承载力概率模型分析[J]. 工程力学, 2015, 32（4）: 169-177.

[31] 余波, 陈冰, 吴然立. 剪切型钢筋混凝土柱抗剪承载力计算的概率模型[J]. 工程力学, 2017, 34（7）: 136-145.

[32] 吴然立. 锈蚀钢筋混凝土柱的抗剪机理及概率抗剪承载力研究[D]. 南宁: 广西大学, 2016.

[33] Beck J L, Au S K. Bayesian updating of structural models and reliability using Markov chain Monte carlo simulation [J]. Journal of Engineering Mechanics, 2002, 128（4）: 380-391.

[34] Muto M, Beck J L. Bayesian updating and model class selection for hysteretic structural models using stochastic simulation [J]. Journal of Vibration and Control, 2008, 14（1-2）: 7-34.

[35] 叶钫. 马尔可夫链蒙特卡罗方法及其 R 实现[D]. 南京：南京大学，2014.

[36] 曹晨. 基于 MCMC 方法的统计模型的参数估计[D]. 南京：南京航空航天大学，2007.

[37] 赵琪. 基于 MCMC 方法的贝叶斯统计推断[J]. 中国科技信息，2012（10）：64-65.

[38] Mauro G. Markov chain monte carlo in practice [J]. Technometrics, 1997, 39（3）: 338-338.

[39] 邵伟. 蒙特卡罗方法及在一些统计模型中的应用[D]. 济南：山东大学，2012.

[40] Kim J, LaFave M. Key influence parameters for the joint shear behavior of reinforced concrete beam-column connections [J]. Engineering Structures, 2007, 29（12）: 2523-2539.

[41] Joint ACI-ASCE Committee 352. Recommendations for design of beam-column connections in monolithic reinforced concrete structures: ACI 352R-02[S]. Farmington Hills: American Concrete Institute, MI, 2002: 37.

第7章 轻骨料结构混凝土构件受剪设计方法

7.1 现行规范中深受弯构件受剪建议设计方法

深受弯构件相比于普通梁受力机理更为复杂，基于平截面假定的设计方法不再适用。目前，针对该类构件的设计方法主要有两类：一类是基于大量试验数据回归分析得到的经验公式，如我国《混凝土结构设计规范（2015 年版）》（GB 50010—2010）[1]，但缺乏明确的受力机理，对于小剪跨比的深受弯构件往往设计偏于保守；另一类是基于传统桁架理论建立的拉-压杆模型设计方法，该方法具有明确力学模型，能够合理反映深受弯构件的真实传力机理，已普遍被美国规范 ACI 318-14[2]、加拿大规范 CSA A23.3-04[3]、欧洲规范 EC2[4]、美国公路桥梁规范 AASHTO LRFD[5]等引入深受弯构件的设计和计算中。

7.1.1 中国规范 [GB 50010—2010 （2015 年版）]

《混凝土结构设计规范（2015 年版）》（GB 50010—2010）规定：在集中荷载作用下，对于配有竖向腹筋及纵向钢筋的深受弯构件，其斜截面受剪承载力应符合

$$V \leqslant \frac{1.75}{\lambda+1} f_t b h_0 + \frac{(l_0 / h - 2)}{3} f_{yv} \frac{A_{sv}}{s_h} h_0 + \frac{(5 - l_0 / h)}{6} f_{yh} \frac{A_{sh}}{s_v} h_0 \qquad (7.1)$$

《轻骨料混凝土结构技术标准》（JGJ/T 12—2019）[6]中并未对轻骨料混凝土深受弯构件的计算和设计提出建议方法。通过上述计算表明：我国规范《混凝土结构设计规范（2015 年版）》（GB 50010—2010）未能合理考虑尺寸效应对轻骨料混凝土深受弯构件受剪承载力的影响，基于此，对我国规范深受弯构件设计方法提出如下考虑尺寸效应的改进：

$$V \leqslant \frac{1.5}{\lambda+1} f_t b h_0 + \frac{(l_0 / h - 2)}{3} f_{yv} \frac{A_{sv}}{s_h} h_0 + \frac{(5 - l_0 / h)}{6} f_{yh} \frac{A_{sh}}{s_v} h_0 \qquad (7.2)$$

式中：a 为考虑尺寸效应影响的折减系数，建议当 $h<800$mm 时，取 $a=1.00$；当 $h \geqslant 800$mm 时，对于 $a / h_0 \leqslant 1.0$ 的试件，取 $a=0.80$，对于 $a / h_0 > 1.0$ 的试件，取 $a=0.76$。

采用式（7.1）对 3.2 节完成的 15 根大尺寸轻骨料混凝土深受弯构件进行受剪承载力预测，结果见表 7.1 和图 7.1。由此可见，改进后模型的计算结果较试验结果偏于安全，受尺寸效应的影响较小，可用于该类大尺寸构件受剪承载力的设计与计算。

表 7.1　改进后模型计算结果与试验值的对比

试件编号	$b \times h$	h_0/mm	l_0/mm	a/h_0	l_0/h	ρ_h/%	ρ_v/%	V_{test}/kN	V_{adv}/kN	V_{test}/V_{adv}
I-800-0.75-130	180mm×800mm	697.5	2200	0.86	2.75	0.40	0.34	1099.8	543.1	2.03
I-1000-0.75-130	180mm×1000mm	867.5	2500	0.86	2.50	0.40	0.34	1346.4	681.8	1.97
I-1400-0.75-130	180mm×1400mm	1240.0	3100	0.85	2.21	0.40	0.34	1580.0	947.0	1.67
II-500-1.00-130	180mm×500mm	435.0	2000	1.15	4.00	0.40	0.34	673.3	379.4	1.77
II-800-1.00-130	180mm×800mm	697.5	2600	1.15	3.25	0.40	0.34	814.1	520.9	1.56
II-1000-1.00-130	180mm×1000mm	867.5	3000	1.15	3.00	0.40	0.34	923.4	626.3	1.47
II-1400-1.00-130	180mm×1400mm	1240.0	3800	1.13	2.71	0.40	0.34	1121.9	885.9	1.27
III-500-1.00-200	180mm×500mm	435.0	2000	1.15	4.00	0.40	0.34	703.2	373.9	1.88
III-800-1.00-200	180mm×800mm	697.5	2600	1.15	3.25	0.40	0.34	1066.7	526.9	2.02
III-1000-1.00-200	180mm×1000mm	867.5	3000	1.15	3.00	0.40	0.34	1117.1	625.2	1.79
III-1400-1.00-200	180mm×1400mm	1240.0	3800	1.13	2.71	0.40	0.34	1368.9	885.9	1.55
IV-500-1.50-130	180mm×500mm	435.0	2500	1.72	5.00	0.40	0.34	479.1	349.1	1.37
IV-800-1.50-130	180mm×800mm	697.5	3400	1.72	4.25	0.40	0.34	557.2	450.9	1.24
IV-1000-1.50-130	180mm×1000mm	867.5	4000	1.73	4.00	0.40	0.34	679.2	543.4	1.25
IV-1400-1.50-130	180mm×1400mm	1240.0	5200	1.69	3.71	0.40	0.34	880.8	715.2	1.23
均值										1.60
方差										0.08

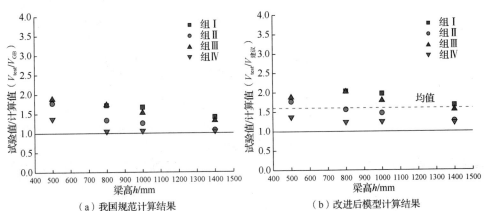

（a）我国规范计算结果　　　　　　（b）改进后模型计算结果

图 7.1　改进后模型预测结果对比

7.1.2　美国规范（ACI 318-14）

在桁架模型基础上，美国规范（ACI 318-14）附录中提出了基于拉-压杆模型的深受弯构件设计方法，考虑了拉杆强度、压杆强度、斜压杆倾角及混凝土受压软化等因素影响，计算简图如图 7.2 所示，开裂后混凝土强度折减系数见表 7.2。根据力学平衡条件，在满足图 7.2 中各个拉压杆强度和各个节点区（椭圆内）细部拉压杆强度的基础上，对深受弯构件受剪进行设计。本书第 3 章中已给出受剪计算过程。对于轻骨料混凝土深受弯构件，规范 ACI 318-14 中对混凝土强度进行了折减，即对砂轻和全轻混凝土的混凝土强度折减系数分别取 0.65 和 0.75。但上述计算表明：轻骨料混凝土深受弯构件的受剪承载力与普通混凝土构件差异较小，故不考虑对轻骨料混凝土构件的强度折减。

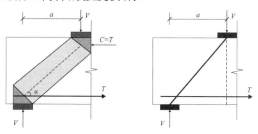

图 7.2　拉-压杆模型计算简图

表 7.2　混凝土强度折减系数 β 取值

类别	满足条件		取值
压杆	（1）混凝土压杆的截面面积保持恒定		$\beta_s=1.00$
	（2）对"瓶型"压杆而言（即压杆中部截面面积大于端部截面面积）	a）当满足最小配筋率要求时	$\beta_s=0.75$
		b）当不满足最小配筋率要求时	$\beta_s=0.6\lambda$
	（3）当混凝土压杆位于受拉构件或构件受拉翼缘时		$\beta_s=0.40$
节点区	（1）对于 C-C-C 类型的节点		$\beta_n=1.00$
	（2）对于 C-C-T 类型的节点		$\beta_n=0.80$
	（3）对于 C-T-T 或者 T-T-T 类型的节点		$\beta_n=0.60$

1. 设计信息

图 7.3 给出试件 II-800-1.00-130 的具体设计尺寸信息，图中试件截面尺寸为 $b\times h=180mm\times800mm$，剪跨长度 $a=800mm$，设计荷载 $P_u=500kN$，标准圆柱体混凝土轴心抗压强度 $f_c'=53.1MPa$，纵筋选用 HRB400 级，屈服强度 $f_y=360MPa$，加载板尺寸为 $180mm\times130mm$，分别采用美国规范 ACI 318-14 与简化拉-压杆模型对试件进行设计。

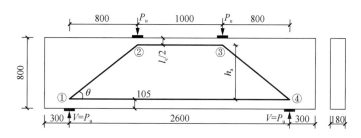

图 7.3　试件 II-800-1.00-130 的具体设计尺寸信息（单位：mm）

2. 设计过程

确定桁架模型的高度 h_a，即试件底部拉杆中心至顶部水平向压杆中心的垂直距离。通过假定纵筋拉杆中心至试件底面的垂直距离为105mm，可计算出试件截面有效高度 h_0=800mm-105mm=695mm。

1）桁架模型高度可按 $0.9h_0$ 进行估计，得到 $h_a=0.9h_0=0.9×695$mm= 625.5mm。

2）确定压杆倾角 θ，可按下式计算：

$$\theta = \arctan\left(\frac{h_a}{a}\right) = \arctan\left(\frac{625.5}{800}\right) \approx 38° > 25°$$

满足规范要求。

3）确定拉杆、压杆内力。以压杆底部节点①为研究对象，则有

$$F_{tie1-4} = F_{strut2-3} = P_u \cot\theta = 500\text{kN} \times \cot 38.0° \approx 639.97\text{kN}$$

$$F_{strut1-2} = \frac{P_u}{\sin\theta} = \frac{500\text{kN}}{\sin 38.0°} \approx 812.13\text{kN}$$

4）确定试件顶部压杆 2-3 的高度。根据表 7.2 中 β_n 的取值规定，考虑节点②为 C-C-C 型节点，故取 β_n=1，则试件顶部压杆 2-3 的高度 l_c 计算如下：

$$l_c = \frac{F_{strut2-3}}{0.85\beta_n f_c' b} = \frac{639.97}{0.85 \times 1 \times 53.1 \times 180} \approx 79(\text{mm})$$

5）验证压杆倾角 θ。

$$\theta = \arctan\left(\frac{h_0 - l_c/2}{a}\right) = \arctan\left(\frac{695 - 79/2}{800}\right) \approx 39.3°$$

与预估值 38.0° 较接近，则无须进行烦琐的迭代过程对压杆倾角进行调整，因此，仍取 θ=38.0° 和 h_a=625.5MPa 进行后续计算。

6）验算节点②的承载力。将节点②单独取出如图 7.4（a）所示，试件选取加载板尺寸为 180mm×130mm，则 A 面应力计算如下：

$$f_{bearing-2} = \frac{P_u}{A_{bearing}} = \frac{500}{180 \times 130} \approx 21.36\text{MPa}$$

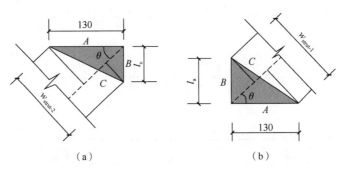

（a）　　　　　　　　　　　（b）

图 7.4　拉-压杆模型中节点和压杆尺寸确定（单位：mm）

　　在美国规范 ACI 318-14 中节点支撑面的应力限制为 $0.85f_c'$=0.85×53.1≈45.14MPa，故 $f_{bearing\text{-}2}$ 满足要求。因试件顶部压杆 2-3 的高度 l_c 由最大许用应力确定，故无须验算节点②的 B 面承载力。根据图 7.4（a）所示，节点②与压杆 1-2 接触面 C 的宽度为

$$w_{strut\text{-}2} = l_c\cos\theta + w_{bearing}\sin\theta = 79\times\cos 38.0° + 130\times\sin 38.0° \approx 142(mm)$$

　　参考表 7.2 中 β_s 取值的规定，取 β_s=0.75，则压杆 1-2 的强度计算如下：

$$f_{ce(strut1\text{-}2)} = 0.85\beta_s f_c' = 0.85\times 0.75\times 53.1 \approx 33.85(MPa)$$

而压杆 1-2 作用于节点②的力为

$$f_{strut\text{-}2} = \frac{F_{strut1\text{-}2}}{bw_{strut\text{-}2}} = \frac{812.13\times 1000}{180\times 142} \approx 31.77(MPa) < f_{ce(strut1\text{-}2)}$$

满足要求。

　　7）确定节点①的尺寸。根据图 7.4（b）所示，节点①的尺寸可确定为

$$l_a = 2(h - h_0) = 2\times(800 - 695) = 210(mm)$$

$$w_{strut\text{-}1} = l_a\cos\theta + w_{bearing}\sin\theta = 210\times\cos 38.0° + 130\times\sin 38.0° \approx 245(mm)$$

　　8）验证节点①的承载力。因节点①为 CCT 型节点，取 β_n=0.80，则节点的许用应力和支撑面的承载力分别计算为

$$f_{ce(1)} = 0.85\beta_n f_c' = 0.85\times 0.80\times 53.1 \approx 36.11(MPa)$$

$$f_{bearing\text{-}1} = \frac{P_u}{A_{bearing}} = \frac{500}{180\times 130} \approx 21.36(MPa) < f_{ce(1)}$$

满足要求。

　　同理，对节点①的 B 面验算如下：

$$f_{vertical\text{-}1} = \frac{F_{tie1\text{-}4}}{bl_a} = \frac{639.97\times 1000}{180\times 210} \approx 16.9(MPa) < f_{ce(1)}$$

满足要求。

　　确保压杆 1-2 的最大许用应力小于节点①的许用应力，对斜面 C 进行如下验算：

$$f_{strut\text{-}1} = \frac{F_{strut1\text{-}2}}{bw_{strut\text{-}1}} = \frac{812.13\times 1000}{180\times 245} \approx 18.42(MPa) < f_{ce(strut1\text{-}2)}$$

满足要求。

　　9）确定底部纵筋配置。

$$A_{s(tie1\text{-}4)} = \frac{F_{tie1\text{-}4}}{f_y} = \frac{639.97\times 1000}{360} \approx 1778(mm^2)$$

选取 4Φ25 作为试件底部纵筋（A_s=1963mm^2），并对钢筋锚固长度进行验算。假定钢筋端部的混凝土保护层厚度为 50mm，则根据图 7.2 计算出允许的锚固长度为 450mm。同时，根据规范中给定锚固长度公式可计算 l_{dh} 如下：

$$l_{dh} = \frac{0.24 f_y}{\sqrt{f_c'}} d_b = \frac{0.24 \times 360}{\sqrt{53.1}} \times 25 \approx 296.4(\text{mm})$$

因此，纵筋的锚固长度取二者中较大值，即取 450mm 进行锚固。

10）配置分布钢筋。竖向腹筋选取 Φ8@200，水平腹筋选取 Φ10@200，并参考美国规范 ACI 318-14 进行验算。

$$\sum \frac{A_{si}}{bs_i} \sin\theta_i = \frac{100.5}{180 \times 200} \sin(90° - 38°) + \frac{157}{180 \times 200} \sin38° \approx 0.0048 \geqslant 0.003$$

即满足要求。此外，试件顶部布置 2Φ10 架立钢筋以满足构造要求。构件设计配筋信息见图 7.5。

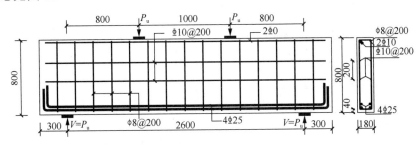

图 7.5　构件设计配筋信息（单位：mm）

7.2　考虑可靠度的深受弯构件受剪拉-压杆设计方法

在采用拉-压杆模型进行深受弯构件受剪承载力计算时，由于压杆有效系数差异引起计算结果差异较大[7-12]，本节结合已有的大量试验数据对压杆有效系数考虑剪跨比和混凝土强度进行二次修正，并综合考虑水平腹筋和竖向腹筋作用，基于可靠度修正拉-压杆模型设计方法。

7.2.1　腹筋作用与配筋率

1. 腹筋作用

拉-压杆模型中仅给出腹筋配筋限制，未明确考虑腹筋作用的影响[13]。本节提出腹筋有效配筋率的概念，将水平和竖向腹筋等效在斜压杆范围内（图 7.6），可得

$$\rho_\perp = \frac{A_v \cos\theta}{bs_v} + \frac{A_h \sin\theta}{bs_h} \tag{7.3}$$

则腹筋所承担的剪力为

$$F_\perp - \rho_\perp f_y b \frac{d}{\sin\theta} \tag{7.4}$$

式中：$\rho_\perp$ 为等效腹筋配筋率；A_v 和 A_h 分别为竖向和水平腹筋面积；s_v 和 s_h 分别为竖向和水平腹筋间距；b 为截面宽度；d 为截面高度；$F_\perp$ 为腹筋承担的剪力。

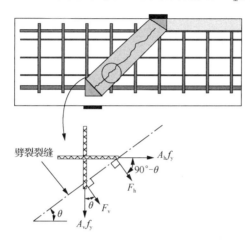

图 7.6　腹筋作用

结合压杆有效系数模型，则最终深受弯构件的受剪承载力为

$$V = \nu f_c' A_c + \rho_\perp f_y b \frac{d}{\sin\theta} \tag{7.5}$$

2. 腹筋配筋率的确定

当深受弯构件在支座处和加载点处受力后，应力在斜压杆范围内会产生应力的扩散，具体如图 7.7 所示，可得

$$T = \frac{F}{m} = \frac{\nu f_c' A_c}{m} \tag{7.6}$$

进而可得

$$\frac{\nu f_c' A_c}{m} = \frac{\rho_\perp f_y bd}{\sin\theta} \tag{7.7}$$

$$\rho_{\perp,\min} \geqslant \frac{\nu f_c' A_c \sin\theta}{f_y bdm} \tag{7.8}$$

式中：m 为压杆内应力的扩散斜率，建议取 2。因此由式（7.8）可确定腹筋配筋率。

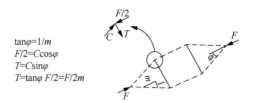

图 7.7　斜压杆应力扩散角

7.2.2　压杆有效系数修正

给出压杆有效系数 v 与 $a/d\sqrt{f_c'}$ 的关系，如图 7.8 所示。采用指数形式进行数据回归，得到式（7.9），进而斜压杆的承载力可按式（7.10）进行计算。

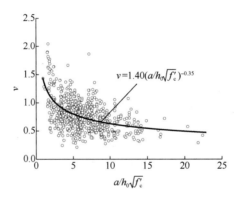

图 7.8　压杆有效系数 v 与 $a/d\sqrt{f_c'}$ 的关系

$$v = 1.40\left(\frac{a}{d}\sqrt{f_c'}\right)^{-0.35} \tag{7.9}$$

$$V = 1.40\left(\frac{a}{d}\sqrt{f_c'}\right)^{-0.35} f_c' A_c \tag{7.10}$$

采用式（7.10）对 691 组试验数据进行计算，计算结果如图 7.9 所示。由图 7.9 可知：计算结果与试验结果吻合较好，离散程度优于其他模型。此处需说明本节建议压杆有效模型是基于 691 组试验数据得出的，考虑到数据量较大，故采用该模型对原有数据进行了计算。

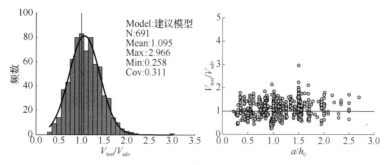

图 7.9　建议模型计算结果

7.2.3　考虑可靠度和不同腹筋配筋率的压杆有效系数

上述研究表明：腹筋配筋率影响深受弯构件的受剪承载力，在此结合深受弯构件试验数据库，以美国规范 ACI 318 中规定的腹筋配筋率限值为依据分别考虑 95%可靠度得到压杆有效系数，如图 7.10 所示。

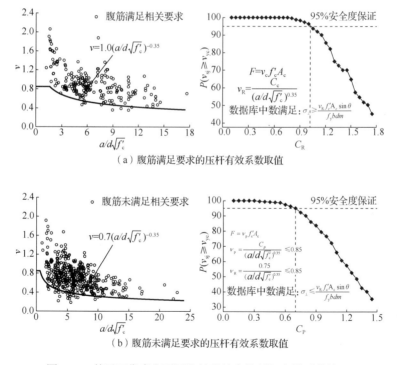

图 7.10　基于可靠度和不同腹筋配筋率的压杆有效系数修正

因此，根据不同腹筋配筋率即可确定相应的压杆有效系数，用于不同类深受弯构件受剪承载力计算。由图 7.10 可得

$$\nu_R = \frac{C_R}{\left(\frac{a}{d}\sqrt{f_c'}\right)^{0.35}} = \frac{1.0}{\left(\frac{a}{d}\sqrt{f_c'}\right)^{0.35}} \qquad (7.11)$$

$$\nu_P = \frac{C_P}{\left(\frac{a}{d}\sqrt{f_c'}\right)^{0.35}} = \frac{0.7}{\left(\frac{a}{d}\sqrt{f_c'}\right)^{0.35}} \qquad (7.12)$$

7.2.4　拉-压杆模型设计流程

1. 拉-压杆模型节点受力平衡

结合美国规范 ACI 318，节点处的受力见表 7.3，各参数含义参考美国规范 ACI 318-14。

表 7.3　拉-压杆模型节点计算

类别	内容	
受力简图		
支座处或加载板处	$F_b = \nu_H f_c' b l_b$	$F_b = \nu_{NH1} f_c' b l_b$
节点左侧力	$F_c = \dfrac{\nu_H f_c' b l_b}{\tan\theta}$	$F_t = \nu_{NH2} f_c' b w_t$
斜压杆	$F_s = \dfrac{\nu_H f_c' b l_b}{\sin\theta}$	$F_s = \nu_{NH3} f_c' b w_s$

2. 拉-压杆模型设计具体流程

在压杆有效系数的基础上，区分静力节点和非静力节点，考虑不同腹筋配筋率影响，结合拉-压杆模型按流程进行设计，保障各节点、斜压杆的容许应力，继而确定腹筋配筋率，具体见图 7.11。

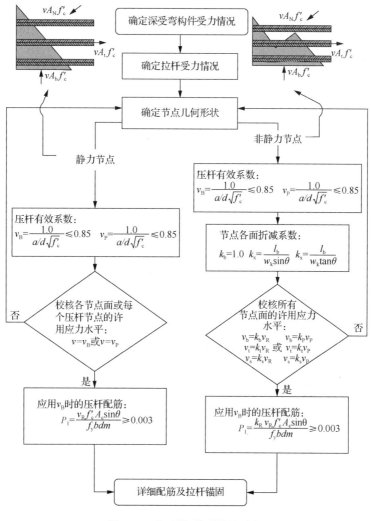

图 7.11　拉-压杆模型设计流程

7.3　轻骨料混凝土框架梁、柱中节点受剪设计建议

7.3.1　国内规范设计建议

我国《轻骨料混凝土应用技术标准》（JGJ/T 12—2019）中对节点的受剪设计是建立在国家标准《混凝土结构设计规范（2015 年版）》（GB 50010—2010）的基础上，采用对混凝土项进行折减提出的。我国《混凝土结构设计规范（2015 年版）》（GB 50010—2010）规定：一级、二级、三级抗震等级的框架应进行核心区抗震受剪承载力验算，四级抗震等级的框架节点可不进行计算，但应符合抗震构造措

施的要求。

1. 验算框架中节点主要步骤

（1）节点设计剪力计算

对于二级框架中间层中节点核心区剪力设计值为

$$V_j = \frac{\eta_{jb}\sum M_b}{h_{b0} - a_s'}\left(1 - \frac{h_{b0} - a_s'}{H_c - h_b}\right) \tag{7.13}$$

式中：$\sum M_b$ 为节点左右两侧的梁端的组合弯矩设计值之和；η_{jb} 为节点剪力增大系数；h_{b0}、h_b 分别为梁的截面有效高度和截面高度；H_c 为节点上下柱反弯点之间的距离；a_s' 为梁纵向受压钢筋合力点至截面近边的距离。对于轻骨料混凝土框架中节点，计算方法与普通混凝土相同。

（2）水平截面限制条件

对于普通混凝土框架中节点核心区的水平截面受剪应符合

$$V_j \leqslant \frac{1}{\gamma_{RE}}(0.3\eta_j\beta_c f_c b_j h_j) \tag{7.14}$$

对于轻骨料混凝土节点在普通混凝土节点截面限制条件基础上乘以 0.85 的折减系数，即

$$V_j \leqslant \frac{1}{\gamma_{RE}}(0.26\eta_j\beta_c f_c b_j h_j) \tag{7.15}$$

式中：V_j 为节点核心区建议设计值；h_j、b_j 分别为框架节点核心区的截面高度和有效验算宽度；η_j 为正交梁对节点的约束影响系数。

（3）节点抗震受剪承载力计算

对于普通混凝土框架中节点按下式计算：

$$V_j \leqslant 1.1\eta_j f_t b_j h_j + 0.05\eta_j N\frac{b_j}{b_c} + f_{yv}A_{svj}\frac{(h_{b0} - a_s')}{s} \tag{7.16}$$

对于轻骨料混凝土，分别给混凝土项和轴力项乘以 0.75 的折减系数，即

$$V_j \leqslant 0.83\eta_j f_t b_j h_j + 0.04\eta_j N\frac{b_j}{b_c} + f_{yv}A_{svj}\frac{(h_{b0} - a_s')}{s} \tag{7.17}$$

式中：V_{jc} 为节点开裂剪力；V_j 为框架节点受剪承载力；h_j 为框架节点核心区的高度，取框架柱的验算截面高度；b_j 为框架节点核心区的有效宽度；η 为剪应力影响系数，取 0.6；η_j 为正交梁约束影响系数，取 1.0；σ_c 为柱顶轴压应力；b_c、h_c 为柱的截面尺寸；N 为柱顶恒定轴压力；a_s' 为梁保护层厚度。

（4）构造要求

构造要求主要包括梁柱纵向受力钢筋的搭接和锚固、核心区的配箍率两个方面。

2. 设计建议

1) 计算结果表明,往复荷载作用下,轻骨料混凝土框架节点的抗剪能力相对低强度轻骨料混凝土有所改善。因而建议适当提高混凝土项的折减系数,即

当 f_{cu} <40MPa 时,按照式(7.17)进行计算。

当 f_{cu} ≥40MPa 时,按照式(7.18)进行计算。

参考美国规范 ACI 318-14 中对砂轻轻骨料混凝土强度进行 0.85 的折减,建议在我国《混凝土结构设计规范(2015 年版)》(GB 50010—2010)的基础上对混凝土项进行 0.85 的折减用以轻骨料混凝土框架节点的受剪承载力计算。表 7.4 给出经修正后的试验节点受剪承载力计算值与规范计算值的对比结果。由表 7.4 可见,建议计算值较规范值略有提高,且离散性较小,同时与试验值相比具有一定的安全性,式(7.18)仅是在 3.3 节试验基础上提出的,其安全性和可靠性仍需进一步研究。

$$V_j \leqslant 0.94\eta_j f_t b_j h_j + 0.04\eta_j N \frac{b_j}{b_c} + f_{yv} A_{svj} \frac{(h_{b0} - a_s')}{s} \tag{7.18}$$

表 7.4　轻骨料混凝土节点受剪承载力对比

试件 编号	剪力值/kN			$V_{试验}/V_{规范}$	$V_{试验}/V_{建议}$
	$V_{试验}$	$V_{规范}$	$V_{建议}$		
HSLCJ-1	428.8	284.6	310.0	1.507	1.383
HSLCJ-2	442.0	305.1	328.0	1.449	1.348
HSLCJ-3	458.4	291.2	314.1	1.574	1.460
HSLCJ-4	462.8	311.6	334.5	1.485	1.384
均值				1.504	1.394
方差				0.003	0.002

2) 3.3 节研究表明,轻骨料混凝土框架节点在往复荷载作用下,骨料抗剪性能较差,界面区黏结强度降低,引起节点抗剪强度有所降低,在此建议增加节点区横向钢筋,提高核心区配箍率,构造约束混凝土,进而提高混凝土项受剪强度。

7.3.2　美国规范 ACI-ASCE 352 设计建议

1. 节点剪力计算

ACI-ASCE 352 委员会[14]建议节点的设计剪力 V_u 大小为

$$V_u = T_{b1} + T_{b2} - V_{col} \tag{7.19}$$

式中:T_{b1}、T_{b2} 分别为右梁、左梁向节点区传入的拉力,$T_{b1}=A_{s1}×\alpha×f_y$,$T_{b2}=A_{s2}×\alpha×f_y$(其中 f_y 为钢筋强度的标准值,A_{s1}、A_{s2} 分别为右梁、左梁中单侧受拉钢筋截面积,α 为受力钢筋超强系数);V_{col} 为框架柱剪力,$V_{col}=(M_{n1}+M_{n2})/H_c$(其中 H_c 为节点上

柱和下柱反弯点间的距离，M_{n2}、M_{n1} 分别为左、右梁的名义弯矩），建议按式（7.20）计算为

$$M_n = \alpha f_y A_s \left(h_0 - \frac{x}{2} \right) \tag{7.20}$$

式中：M_n 为框架梁截面抗弯强度；A_s 为梁单侧受拉钢筋截面积；h_0 为框架梁截面有效高度；x 为忽略受压区钢筋后受压区高度，大小可按式（7.21）计算为

$$x = \frac{\alpha f_y A_s}{0.85 f_c' b} \tag{7.21}$$

式中：f_c' 为圆柱体混凝土的抗压强度；b 为混凝土梁的截面宽度。

2. 节点抗剪强度

节点水平抗剪强度应满足：

$$V_u \leqslant \phi \times 0.083 \gamma \sqrt{f_c'} b_j h_c \tag{7.22}$$

式中：V_u 为梁柱节点剪力设计值；ϕ 为抗剪强度降低系数，取 0.85；γ 为节点类型系数；f_c' 为混凝土的抗压强度；h_c 为框架柱验算截面高度；b_j 为节点有效宽度，可按式（7.23）计算为

$$b_j = \min(0.5 b_b + 0.5 b_c, b_b + 0.5 h_c) \tag{7.23}$$

式中：b_b 为梁截面宽度，若左、右梁宽不同时取二者的平均值；b_c 为框架柱截面宽度；h_c 为框架柱截面高度。

将 ACI-ASCE 352 委员会建议设计方法运用到轻骨料混凝土节点受剪承载力分析计算中，并将计算结果与试验值进行对比，统计结果见表 7.5。

表 7.5　轻骨料混凝土节点受剪承载力对比

试件编号	剪力值/kN		V_{test}/V_{ACI}
	V_{test}	V_{ACI}	
HSLCJ-1	428.8	320.5	1.338
HSLCJ-2	442.0	322.7	1.370
HSLCJ-3	458.4	325.6	1.408
HSLCJ-4	462.8	319.9	1.447
均值			1.394
方差			0.002

由表 7.5 可见，美国规范建议设计方法计算结果与试验值吻合较好，试验值与其比值均值和方差分别为 1.394 和 0.002，同时该方法计算简捷，适用于轻骨料混凝土框架中节点核心区受剪设计。

参 考 文 献

[1] 中华人民共和国住房和城乡建设部. 混凝土结构设计规范：GB 50010—2010（2015 年版）[S]. 北京：中国建筑工业出版社，2015.

[2] ACI Committee 318. Building code requirements for structural concrete （ACI 318-14）and commentary（318R-14）[S]. American Concrete Institute, 2014.

[3] CSA A23.3-04. Design of concrete structures [S]. Mississauga, Ont.: Canadian Standards Association, 2004.

[4] The European Standard EN 1992-1-1:2004, Eurocode 2. Design of concrete structures [S]. London: British Standards Institution, 2004.

[5] AASHTO LRFD. Bridge design specifications [S]. Washington D.C.: American Association of State Highway and Transportation Officials, 1998.

[6] 中华人民共和国住房和城乡建设部. 轻骨料混凝土应用技术标准：JGJ/T 12—2019[S]. 北京：中国建筑工业出版社，2019.

[7] Matamoros A B, Wong K H. Design of simply supported deep beams using strut-and-tie model[J]. ACI Structural Journal, 2003, 100（6）: 704-712.

[8] Tan K H, Cheng G H. Size effect on shear strength of deep beams: investigating with strut-and-tie model[J]. Journal of Structural Engineering, ASCE, 2006, 132（5）: 673-685.

[9] The International Federation for Structural Concrete（FIB）. FIB Model Code for Concrete Structures 2010[M]. New Jersey: John Wiley and Sons Ltd, 2013.

[10] Foster S J, Gilbert R I. Experimental studies on high-strength concrete deep beams[J]. ACI Structural Journal, 1998, 95（4）: 382-390.

[11] Tang C Y, Tan K H. Interactive mechanical model for shear strength of deep beams[J]. Journal of Structural Engineering, ASCE, 2004, 130（10）: 1534-1544.

[12] Russo G, Venir R, Pauletta M. Reinforced concrete deep beams-shear strength model and design formula[J]. ACI Structural Journal, 2005, 102（3）: 429-437.

[13] Schâfer K. Strut-and-tie models for the design of structural concrete [R]. Tainan: Cheng Kung University, 1996, 32（10）: 1376-1381.

[14] ACI-ASCE Committee 352. Recommendations for design of beam-column joints in monolithic reinforced concrete structures（352R-91）[S]. Farmington Hills, MI: American Concrete Institute, 2002.

附 录

附录A 钢筋混凝土深受弯构件资料

文献	试件编号	f_{cu}/MPa	几何尺寸/mm b	几何尺寸/mm h	有效高度 h_0/mm	净跨 l_0/mm	剪跨比 λ	跨高比 l_0/h	底部纵筋 f_y/MPa	底部纵筋 ρ/%	竖向纵筋 f_{yv}/MPa	竖向纵筋 ρ_v/%	水平腹筋 f_{yh}/MPa	水平腹筋 ρ_h/%	试验值 V_{test}/kN
	1-30	27.22	76	762	724	762	0.35	1.00	286.8	0.50	279.9	2.45			239.0
	1-25	31.14	76	635	597	762	0.43	1.20	286.8	0.60	279.9	2.45			224.0
	1-20	26.84	76	508	470	762	0.54	1.50	286.8	0.80	279.9	2.45			190.0
	1-15	26.84	76	381	343	762	0.74	2.00	286.8	1.10	279.9	2.45			164.0
	1-10	27.47	76	254	216	762	1.18	3.00	286.8	1.70	279.9	2.45			90.0
	2-30	24.30	76	762	724	762	0.35	1.00	286.8	0.50	303.4	0.86			249.0
	2-25	23.54	76	635	597	762	0.43	1.20	286.8	0.60	303.4	0.86			224.0
	2-20	25.19	76	508	470	762	0.54	1.50	286.8	0.80	303.4	0.86			216.0
Kong[1]	2-15	28.86	76	381	343	762	0.74	2.00	286.8	1.10	303.4	0.86			140.0
	2-10	25.44	76	254	216	762	1.18	3.00	286.8	1.70	303.4	0.86			100.0
	3-30	28.61	76	762	724	762	0.35	1.00	286.8	0.50			279.9	2.45	276.0
	3-25	26.58	76	635	597	762	0.43	1.20	286.8	0.60			279.9	2.45	226.0
	3-20	24.30	76	508	470	762	0.54	1.50	286.8	0.80			279.9	2.45	208.0
	3-15	27.72	76	381	343	762	0.74	2.00	286.8	1.10			279.9	2.45	159.0
	3-10	28.61	76	254	216	762	1.18	3.00	286.8	1.70			279.9	2.45	87.0
	4-30	27.85	76	762	724	762	0.35	1.00	286.8	0.50			303.4	0.86	242.0
	4-25	26.58	76	635	597	762	0.43	1.20	286.8	0.60			303.4	0.86	201.0
	4-20	25.44	76	508	470	762	0.54	1.50	286.8	0.80			303.4	0.86	181.0
	4-15	27.85	76	381	343	762	0.74	2.00	286.8	1.10			303.4	0.86	110.0
	4-10	28.61	76	254	216	762	1.18	3.00	286.8	1.70			303.4	0.86	96.0
	5-30	23.54	76	762	724	762	0.35	1.00	286.8	0.50	279.9	0.61	279.9	0.61	240.0
	5-25	24.30	76	635	597	762	0.43	1.20	286.8	0.60	279.9	0.61	279.9	0.61	208.0

续表

文献	试件编号	f_{cu}/MPa	几何尺寸/mm b	几何尺寸/mm h	有效高度 h_0/mm	净跨 l_0/mm	剪跨比 λ	跨高比 l_0/h	底部纵筋 f_y/MPa	底部纵筋 ρ/%	竖向纵筋 f_{yv}/MPa	竖向纵筋 ρ_v/%	水平腹筋 f_{yh}/MPa	水平腹筋 ρ_h/%	试验值 V_{test}/kN
Kong[1]	5-20	25.44	76	508	470	762	0.54	1.50	286.8	0.80	279.9	0.61	279.9	0.61	173.0
	5-15	27.72	76	381	343	762	0.74	2.00	286.8	1.10	279.9	0.61	279.9	0.61	127.0
	5-10	28.61	76	254	216	762	1.18	3.00	286.8	1.70	279.9	0.61	279.9	0.61	78.0
	6-30	33.04	76	762	724	762	0.35	1.00	286.8	0.50			303.4	0.51	308.0
	6-25	31.77	76	635	597	762	0.43	1.20	286.8	0.60			303.4	0.61	266.0
	6-20	33.04	76	508	470	762	0.54	1.50	286.8	0.80			303.4	0.77	245.0
	6-15	33.04	76	381	343	762	0.74	2.00	286.8	1.10			303.4	1.02	173.0
	6-10	33.04	76	254	216	762	1.18	3.00	286.8	1.70			303.4	1.53	99.0
	7-30C	31.77	76	762	724	762	0.35	1.00	286.8	0.50			303.4	0.34	260.0
	7-30D	26.96	76	762	724	762	0.35	1.00	286.8	0.50			303.4	0.68	264.0
	7-30E	26.96	76	762	724	762	0.35	1.00	286.8	0.50			303.4	0.85	297.0
Tan[2]	II-4/1.00	98.73	110	500	441	1750	0.85	3.50	498.9	2.60					500.0
	II-5/1.00	109.24	110	500	441	1750	0.85	3.50	498.9	2.60	353.2	2.86			760.0
	III-4/1.50	109.24	110	500	441	1750	0.85	3.50	498.9	2.60			353.2	1.59	560.0
	III-5/1.50	109.24	110	500	441	1750	0.85	3.50	498.9	2.60			446.7	1.59	580.0
	III-6N/1.50	99.87	110	500	441	1750	0.85	3.50	498.9	2.60			446.7	3.17	775.0
	II-3/1.00	98.73	110	500	441	1750	0.85	3.50	498.9	2.60	446.7	2.86	446.7	1.59	775.0
	III-3/1.50	98.73	110	500	442	2000	1.13	4.00	498.9	2.60					255.0
	II-1/1.00	98.23	110	500	442	2000	1.13	4.00	498.9	2.60	353.2	1.43			520.0
	II-2N/1.00	98.23	110	500	442	2000	1.13	4.00	498.9	2.60			353.2	1.59	390.0
	III-1/1.50	98.23	110	500	442	2000	1.13	4.00	498.9	2.60			446.7	1.59	330.0
	III-2N/1.50	98.23	110	500	442	2000	1.13	4.00	498.9	2.60			446.7	3.17	470.0
	III-2S/1.50	98.23	110	500	442	2000	1.13	4.00	498.9	2.60	353.2	1.43	446.7	1.59	670.0
	II-6N/1.00	95.32	110	500	444	2500	1.69	5.00	498.9	2.60					185.0
	I-4/0.75	80.76	110	500	444	2500	1.69	5.00	498.9	2.60	353.2	1.43			335.0
	I-6S/0.75	75.57	110	500	444	2500	1.69	5.00	498.9	2.60	446.7	1.43			400.0
	I-3/0.75	74.94	110	500	444	2500	1.69	5.00	498.9	2.60			353.2	1.59	200.0
	I-1/0.75	71.27	110	500	444	2500	1.69	5.00	498.9	2.60			446.7	3.17	265.0
	I-2N/0.75	71.14	110	500	444	2500	1.69	5.00	498.9	2.60	353.2	1.43	446.7	1.59	460.0

续表

| 文献 | 试件编号 | f_{cu}/MPa | 几何尺寸/mm | | 有效高度 h_0/mm | 净跨 l_0/mm | 剪跨比 λ | 跨高比 l_0/h | 底部纵筋 | | 竖向纵筋 | | 水平腹筋 | | 试验值 |
			b	h					f_y/MPa	ρ/%	f_{yv}/MPa	ρ_v/%	f_{yh}/MPa	ρ_h/%	V_{test}/kN
刘立新等[3]	LC-4-0.5	33.16	180	400	360	1600	0.50	4.00	300.0	1.50	448.0	0.21	448.0	0.29	420.0
	LC-4-1	24.81	180	400	360	1600	1.00	4.00	300.0	1.50	448.0	0.21	448.0	0.29	300.0
	LCS-4-1	29.11	180	400	360	1600	1.00	4.00	300.0	1.50	448.0	0.13	448.0	0.20	277.3
	LC-5-2	27.09	180	400	360	2000	2.00	5.00	300.0	1.50	448.0	0.21	448.0	0.29	200.0
	LC-5-2.5	24.05	180	400	360	2000	2.50	5.00	300.0	1.50	448.0	0.21	448.0	0.29	138.9
Manuel 等[4]	Beam10	56.73	100	460	410	410	0.30	0.89	520.0	1.00					240.2
	Beam8	49.23	100	460	410	615	0.30	1.34	520.0	1.00					244.6
	Beam9	47.65	100	460	410	820	0.30	1.78	520.0	1.00					226.8
	Beam6	47.39	100	460	410	1025	0.30	2.23	520.0	1.00					231.3
	Beam11	47.04	100	460	410	820	0.65	1.78	520.0	1.00					240.2
	Beam2	44.51	100	460	410	1025	0.65	2.23	520.0	1.00					253.5
	Beam5	43.38	100	460	410	1230	0.65	2.67	520.0	1.00					231.3
	Beam1	42.77	100	460	410	1435	0.65	3.12	520.0	1.00					258.0
	Beam12	42.68	100	460	410	1025	1.00	2.23	520.0	1.00					240.2
	Beam7	40.50	100	460	410	1025	1.00	2.23	520.0	1.00					258.0
	Beam4	40.41	100	460	410	1435	1.00	3.12	520.0	1.00					240.2
	Beam3	38.14	100	460	410	1640	1.00	3.57	520.0	1.00					231.3
Smith 和 Vantsiotis[5]	OA0-44	25.95	102	356	305	710	0.77	1.99							139.5
	OA0-48	26.46	102	356	305	710	0.77	1.99							136.1
	1A1-10	23.67	102	356	305	710	0.77	1.99	520.0	2.00	581.1	0.28	581.1	0.23	161.2
	1A3-11	22.78	102	356	305	710	0.77	1.99	520.0	2.00	581.1	0.28	581.1	0.91	148.3
	1A4-12	20.38	102	356	305	710	0.77	1.99	520.0	2.00	581.1	0.28	581.1	0.68	141.2
	1A4-51	25.95	102	356	305	710	0.77	1.99	520.0	2.00	581.1	0.28	581.1	0.68	170.9
	1A6-37	26.71	102	356	305	710	0.77	1.99	520.0	2.00	581.1	0.28	581.1	0.91	170.9
	2A1-38	27.47	102	356	305	710	0.77	1.99	520.0	2.00	581.1	0.63	581.1	0.23	174.5
	2A3-39	25.06	102	356	305	710	0.77	1.99	520.0	2.00	581.1	0.63	581.1	0.45	170.6

续表

文献	试件编号	f_{cu}/MPa	几何尺寸/mm		有效高度 h_0/mm	净跨 l_n/mm	剪跨比 λ	跨高比 l_0/h	底部纵筋		竖向纵筋		水平腹筋		试验值 V_{test}/kN
			b	h					f_y/MPa	ρ/%	f_{yv}/MPa	ρ_v/%	f_{yh}/MPa	ρ_h/%	
Smith 和 Vantsiotis[5]	2A4-40	25.70	102	356	305	710	0.77	1.99	520.0	2.00	581.1	0.63	581.1	0.68	171.9
	2A6-41	24.18	102	356	305	710	0.77	1.99	520.0	2.00	581.1	0.63	581.1	0.91	161.9
	3A1-42	23.29	102	356	305	710	0.77	1.99	520.0	2.00	581.1	1.25	581.1	0.23	161.0
	3A3-43	24.30	102	356	305	710	0.77	1.99	520.0	2.00	581.1	1.25	581.1	0.45	172.7
	3A4-45	26.33	102	356	305	710	0.77	1.99	520.0	2.00	581.1	1.25	581.1	0.68	178.5
	3A6-46	25.19	102	356	305	710	0.77	1.99	520.0	2.00	581.1	1.25	581.1	0.91	168.1
	OB0-49	27.47	102	356	305	838	1.01	2.35			581.1		581.1		149.0
	1B1-01	27.97	102	356	305	838	1.01	2.35	520.0	2.00	581.1	0.24	581.1	0.23	147.5
	1B3-29	25.44	102	356	305	838	1.01	2.35	520.0	2.00	581.1	0.24	581.1	0.45	143.6
	1B4-30	26.33	102	356	305	838	1.01	2.35	520.0	2.00	581.1	0.24	581.1	0.68	140.3
	1B6-31	24.68	102	356	305	838	1.01	2.35	520.0	2.00	581.1	0.24	581.1	0.91	153.3
	2B1-05	24.30	102	356	305	838	1.01	2.35	520.0	2.00	581.1	0.42	581.1	0.23	129.0
	2B3-06	24.05	102	356	305	838	1.01	2.35	520.0	2.00	581.1	0.42	581.1	0.45	129.0
	2B4-07	22.15	102	356	305	838	1.01	2.35	520.0	2.00	581.1	0.42	581.1	0.68	126.1
	2B4-52	27.59	102	356	305	838	1.01	2.35	520.0	2.00	581.1	0.42	581.1	0.68	149.9
	2B6-32	25.06	102	356	305	838	1.01	2.35	520.0	2.00	581.1	0.42	581.1	0.91	145.2
	3B1-08	20.51	102	356	305	838	1.01	2.35	520.0	2.00	581.1	0.63	581.1	0.23	130.8
	3B1-36	25.82	102	356	305	838	1.01	2.35	520.0	2.00	581.1	0.77	581.1	0.23	158.9
	3B3-33	24.05	102	356	305	838	1.01	2.35	520.0	2.00	581.1	0.77	581.1	0.45	158.3
	3B4-34	24.30	102	356	305	838	1.01	2.35	520.0	2.00	581.1	0.77	581.1	0.34	155.0
	3B6-35	26.20	102	356	305	838	1.01	2.35	520.0	2.00	581.1	0.77	581.1	0.45	166.1
	4B1-09	21.65	102	356	305	838	1.01	2.35	520.0	2.00	581.1	1.25	581.1	0.23	153.5
	OC0-50	26.20	102	356	305	710	1.34	1.99			581.1		581.1		115.6
	IC1-14	24.30	102	356	305	710	1.34	1.99	520.0	2.00	581.1	0.18	581.1	0.23	119.0
	IC3-02	27.72	102	356	305	710	1.34	1.99	520.0	2.00	581.1	0.18	581.1	0.45	123.4
	IC4-15	28.73	102	356	305	710	1.34	1.99	520.0	2.00	581.1	0.18	581.1	0.68	131.0

续表

文献	试件编号	f_{cu}/MPa	几何尺寸/mm		有效高度 h_0/mm	净跨 l_0/mm	剪跨比 λ	跨高比 l_0/h	底部纵筋		竖向纵筋		水平腹筋		试验值 V_{test}/kN
			b	h					f_y/MPa	ρ/%	f_{sv}/MPa	ρ_{sv}/%	f_{sh}/MPa	ρ_h/%	
Smith 和 Vantsiotis[5]	IC6-16	27.59	102	356	305	710	1.34	1.99	520.0	2.00	581.1	0.18	581.1	0.68	122.3
	2C1-17	25.19	102	356	305	710	1.34	1.99	520.0	2.00	581.1	0.31	581.1	0.23	124.1
	2C3-03	24.30	102	356	305	710	1.34	1.99	520.0	2.00	581.1	0.31	581.1	0.45	103.6
	2C3-27	24.43	102	356	305	710	1.34	1.99	520.0	2.00	581.1	0.31	581.1	0.45	115.3
	2C4-18	25.82	102	356	305	710	1.34	1.99	520.0	2.00	581.1	0.31	581.1	0.68	124.5
	2C6-19	26.33	102	356	305	710	1.34	1.99	520.0	2.00	581.1	0.31	581.1	0.91	124.1
	3C1-20	26.58	102	356	305	710	1.34	1.99	520.0	2.00	581.1	0.56	581.1	0.34	140.8
	3C3-21	20.89	102	356	305	710	1.34	1.99	520.0	2.00	581.1	0.56	581.1	0.45	125.0
	3C4-22	23.16	102	356	305	710	1.34	1.99	520.0	2.00	581.1	0.56	581.1	0.68	127.7
	3C6-23	24.05	102	356	305	710	1.34	1.99	520.0	2.00	581.1	0.56	581.1	0.45	137.2
	4C1-24	24.81	102	356	305	710	1.34	1.99	520.0	2.00	581.1	0.77	581.1	0.45	146.6
	4C3-04	23.42	102	356	305	710	1.34	1.99	520.0	2.00	581.1	0.63	581.1	0.34	128.5
	4C3-28	24.30	102	356	305	710	1.34	1.99	520.0	2.00	581.1	0.77	581.1	0.45	152.3
	4C4-25	23.42	102	356	305	710	1.34	1.99	520.0	2.00	581.1	0.77	581.1	0.68	152.6
	4C6-26	26.84	102	356	305	710	1.34	1.99	520.0	2.00	581.1	0.77	581.1	0.91	159.5
	OD0-47	24.68	102	356	305	1372	2.01	3.85	520.0	2.00					73.4
	401-13	20.38	102	356	305	1372	2.01	3.85	520.0	2.00	581.1	0.42	581.1	0.23	87.4
龚绍熙[6]	A1.5-0.75-1.33	23.16	100	600	568	900	0.79	1.50	210.0	1.30					177.4
	A1.5-0.5-1.33	27.85	100	600	568	900	0.53	1.50	210.0	1.30					235.7
	A1.5-0.37-1.33	27.72	100	600	568	900	0.40	1.50	210.0	1.30					393.0
	A1.5-0.5-1.72	24.30	100	600	570	900	0.53	1.50	210.0	1.70					286.7
	A-1.5-0.5-1.5	29.24	100	600	569	900	0.53	1.50	210.0	1.50					245.0
	A2.5-1.25-1.33	27.22	100	600	568	1500	1.32	2.50	210.0	1.30					137.2
	A2.5-0.83-1.33	27.09	100	600	568	1500	0.88	2.50	210.0	1.30					205.8
	A2.5-0.63-1.33	32.41	100	600	568	1500	0.66	2.50	210.0	1.30					269.5
	A2.5-0.83-1.10	30.63	100	600	571	1500	0.88	2.50	210.0	1.10					170.5

续表

文献	试件编号	f_{cu}/MPa	几何尺寸/mm		有效高度 h_0/mm	净跨 l_n/mm	剪跨比 λ	跨高比 l_0/h	底部纵筋		竖向纵筋		水平腹筋		试验值 V_{test}/kN
			b	h					f_y/MPa	ρ/%	f_{yv}/MPa	ρ_v/%	f_{yh}/MPa	ρ_h/%	
龚绍熙[6]	A2.5-0.83-1.72	29.11	100	600	570	1500	0.88	2.50	210.0	1.70					232.8
	A2.5-0.83-1.50	31.14	100	600	569	1500	0.88	2.50	210.0	1.50					232.3
	A4-1.83-1.33	28.10	100	600	568	2400	1.94	4.00	210.0	1.30					67.6
	A4-1.33-1.33	34.18	100	600	568	2400	1.41	4.00	210.0	1.30					139.2
	A4-1.0-1.33	30.38	100	600	568	2400	1.06	4.00	210.0	1.30					172.0
	B1-0.2-1.36	22.03	100	750	692	750	0.22	1.00	210.0	1.50					295.2
	B1-0.333-1.36	31.14	100	750	692	750	0.36	1.00	210.0	1.50					306.3
	B3-1.0-2.02	30.25	100	750	691	2250	1.09	3.00	210.0	2.20					269.5
	B3-1.2-2.02	29.49	100	750	691	2250	1.30	3.00	210.0	2.20					210.7
	B3-1.4-2.02	31.90	100	750	691	2250	1.48	3.00	210.0	2.20					191.1
	B1-0.333-1.07	28.23	100	750	690	750	0.36	1.00	210.0	1.20					337.1
	B1-0.333-1.67	26.96	100	750	690	750	0.36	1.00	210.0	1.80					269.5
	B1-0.333-2.02	26.08	100	750	691	750	0.36	1.00	210.0	2.20					264.6
	B2-0.667-1.36	35.44	100	750	692	1500	0.72	2.00	210.0	1.50					249.9
	B2-0.667-1.67	27.22	100	750	690	1500	0.72	2.00	210.0	1.80					249.9
	B2-0.667-2.02	33.80	100	750	691	1500	0.72	2.00	210.0	2.20					303.8
	B2-1.667-2.62	27.85	100	750	689	1500	0.73	2.00	210.0	2.90					303.8
	C1-0.38	29.49	100	750	692	750	0.36	1.00	210.0	1.50	210.0	0.38	210.0	0.38	343.0
	C1-0.57	31.65	100	750	692	750	0.36	1.00	210.0	1.50	210.0	0.57	210.0	0.57	411.6
	C1-0.84	28.61	100	750	692	750	0.36	1.00	210.0	1.50	210.0	0.84	210.0	0.84	348.9
	C1-1.12	29.49	100	750	692	750	0.36	1.00	210.0	1.50	210.0	1.12	210.0	1.12	360.2
	C2-0.38	35.06	100	750	690	1500	0.72	2.00	210.0	1.80	210.0	0.38	210.0	0.38	355.7
	C2-0.57	27.34	100	750	690	1500	0.72	2.00	210.0	1.80	210.0	0.57	210.0	0.57	323.4
	C2-0.84	25.44	100	750	690	1500	0.72	2.00	210.0	1.80	210.0	0.84	210.0	0.84	323.4
	C2-1.12	29.75	100	750	690	1500	0.72	2.00	210.0	1.80	210.0	1.12	210.0	1.12	277.8
	D2-1	22.03	100	750	690	1500	0.72	2.00	210.0	1.80					249.9

续表

文献	试件编号	f_{cu}/MPa	几何尺寸/mm b	几何尺寸/mm h	有效高度 h_0/mm	净跨 l_0/mm	剪跨比 λ	跨高比 l_0/h	底部纵筋 f_y/MPa	底部纵筋 ρ/%	竖向纵筋 f_{yv}/MPa	竖向纵筋 ρ_v/%	水平腹筋 f_{hv}/MPa	水平腹筋 ρ_h/%	试验值 V_{test}/kN
龚绍熙[6]	D2-2	31.14	100	750	690	1500	0.72	2.00	210.0	1.80					352.8
	D2-3	38.10	100	750	690	1500	0.72	2.00	210.0	1.80					352.8
	B1-0.333-0.6	30.38	100	750	685	750	0.37	1.00	210.0	0.70					205.8
	B2-0.667-0.82	27.97	100	750	692	1500	0.72	2.00	210.0	0.90					274.4
	A0-3-2	26.08	152	337	298	1492	2.50	4.43		3.40					87.7
	A0-7-2	57.22	152	337	298	1492	2.50	4.43		3.40					133.0
	A0-11-2	100.38	152	337	298	1492	2.50	4.43		3.40					125.5
	A0-15-2a	106.08	152	337	298	1492	2.50	4.43		3.40					200.5
	A0-15-2b	87.85	152	337	298	1492	2.50	4.43		3.40					232.0
Mphonde 和 Frantz[7]	A0-3-1	29.24	152	337	298	895	1.50	2.66		3.40					130.8
	A0-7-1	52.91	152	337	298	895	1.50	2.66		3.40					351.2
	A0-11-1	83.16	152	337	298	895	1.50	2.66		3.40					487.7
	A0-15-1a	100.63	152	337	298	895	1.50	2.66		3.40					310.9
	A0-15-1b	102.91	152	337	298	895	1.50	2.66		3.40					558.1
方江武[8]	1	42.78	151	500	465	700	0.75	1.40	333.0	0.90	333.0	0.89	333.0	0.13	472.0
	2	46.84	153	500	465	700	0.75	1.40	333.0	0.90	333.0	0.67	333.0	0.13	470.0
	3	46.84	153	500	465	700	0.75	1.40	333.0	0.90	333.0	1.12	333.0	0.13	468.0
	4	46.84	153	450	415	700	0.84	1.56	333.0	1.00	333.0	0.89	333.0	0.13	434.0
	5	46.84	153	450	415	700	0.84	1.56	333.0	1.00	333.0	1.12	333.0	0.13	435.0
Tan 等[9]	A-0.27-2.15	74.43	110	500	463	1000	0.27	2.00	504.8	1.20	465.0	0.48			675.0
	A-0.27-3.23	65.32	110	500	463	1500	0.27	3.00	504.8	1.20	465.0	0.48			630.0
	A-0.27-3.23	68.23	110	500	463	2000	0.27	4.00	504.8	1.20	465.0	0.48			640.0
	A-0.27-5.38	72.53	110	500	463	2500	0.27	5.00	504.8	1.20	465.0	0.48			630.0
	B-0.54-2.15	70.89	110	500	463	1000	0.54	2.00	504.8	1.20	465.0	0.48			468.0
	B-0.54-3.23	57.85	110	500	463	1500	0.54	3.00	504.8	1.20	465.0	0.48			445.0
	B-0.54-4.30	68.23	110	500	463	2000	0.54	4.00	504.8	1.20	465.0	0.48			500.0

续表

文献	试件编号	f_{cu}/MPa	几何尺寸/mm		有效高度 h_0/mm	净跨 l_0/mm	剪跨比 λ	跨高比 l_0/h	底部纵筋		竖向纵筋		水平腹筋		试验值 V_{test}/kN
			b	h					f_y/MPa	ρ/%	f_{yv}/MPa	ρ_v/%	f_{yh}/MPa	ρ_h/%	
Tan 等[9]	B-0.54-5.38	67.09	110	500	463	2500	0.54	5.00	504.8	1.20	465.0	0.48			480.0
	C-0.81-2.15	64.81	110	500	463	1000	0.81	2.00	504.8	1.20	465.0	0.48			403.0
	C-0.81-3.23	55.70	110	500	463	1500	0.81	3.00	504.8	1.20	465.0	0.48			400.0
	D-1.08-2.15	61.01	110	500	463	1000	1.08	2.00	504.8	1.20	465.0	0.48			270.0
	D-1.08-3.23	55.82	110	500	463	1500	1.08	3.00	504.8	1.20	465.0	0.48			280.0
	D-1.08-4.30	59.24	110	500	463	2000	1.08	4.00	504.8	1.20	465.0	0.48			290.0
	D-1.08-5.38	60.76	110	500	463	2500	1.08	5.00	504.8	1.20	465.0	0.48			290.0
	E-1.62-3.23	64.05	110	500	463	1500	1.62	3.00	504.8	1.20	465.0	0.48			220.0
	E-1.62-4.30	56.46	110	500	463	2000	1.62	4.00	504.8	1.20	465.0	0.48			190.0
	E-1.62-5.38	57.34	110	500	463	2500	1.62	5.00	504.8	1.20	465.0	0.48			173.0
	F-2.16-4.30	52.03	110	500	463	2000	2.16	4.00	504.8	1.20	465.0	0.48			150.0
	G-2.70-5.38	54.18	110	500	463	2500	2.70	5.00	504.8	1.20	465.0	0.48			105.0
Tan[10]	1-2.00/1.50	91.27	110	500	448	1750	0.84	3.50	538.0	2.00	385.0	0.48			545.0
	4-5.80/1.50	91.27	110	500	448	2000	1.12	4.00	538.0	2.00	385.0	0.48			500.0
	1-2.00/0.75	90.13	110	500	448	2500	1.67	5.00	538.0	2.00	385.0	0.48			250.0
	1-2.00/1.00	90.13	110	500	443	1250	0.28	2.50	498.9	2.60	353.2	0.48			835.0
	4-5.80/0.75	90.13	110	500	443	1500	0.56	3.00	498.9	2.60	353.2	0.48			740.0
	4-5.80/1.00	90.13	110	500	443	1750	0.85	3.50	498.9	2.60	353.2	0.48			530.0
	2-2.58/0.25	88.48	110	500	443	2000	1.13	4.00	498.9	2.60	353.2	0.48			250.0
	3-4.08/0.25	88.48	110	500	443	2500	1.69	5.00	498.9	2.60	353.2	0.48			150.0
	2-2.58/1.00	86.20	110	500	420	1250	0.30	2.50	498.9	4.10	353.2	0.48			925.0
	2-2.58/1.50	86.20	110	500	420	1500	0.60	3.00	498.9	4.10	353.2	0.48			720.0
	3-4.08/1.00	86.20	110	500	420	1750	0.89	3.50	498.9	4.10	353.2	0.48			670.0
	3-4.08/1.50	86.20	110	500	420	2000	1.19	4.00	498.9	4.10	353.2	0.48			520.0
	2-2.58/0.75	81.77	110	500	398	1750	0.94	3.50	538.0	5.80	385.0	0.48			700.0
	3-4.08/0.50	81.77	110	500	398	2000	1.26	4.00	538.0	5.80	385.0	0.48			530.0
	3-4.08/0.75	81.77	110	500	398	2500	1.89	5.00	538.0	5.80	385.0	0.48			390.0

续表

文献	试件编号	f_{cu}/MPa	几何尺寸/mm b	h	有效高度 h_0/mm	净跨 l_0/mm	剪跨比 λ	跨高比 l_0/h	底部纵筋 f_l/MPa	ρ/%	竖向纵筋 f_{yv}/MPa	ρ_v/%	水平腹筋 f_{yh}/MPa	ρ_h/%	试验值 V_{test}/kN
Foster 和 Gilbert[11]	B2.0-2	151.90	125	1200	1124	1700	0.87	1.42	520.0	1.30	450.0	0.66	450.0	0.28	2000.0
	B3.0-2	151.90	125	1200	1124	1700	0.87	1.42	520.0	1.30	450.0	0.66	450.0	0.28	2000.0
	B2.0D-7	131.65	125	1200	1124	1700	0.87	1.42	520.0	1.30	450.0	0.66	450.0	0.28	2600.0
	B1.2-2	121.52	125	1200	1124	1700	0.87	1.42	520.0	1.30	450.0	0.66	450.0	0.28	2100.0
	B3.0B-5	112.66	125	700	624	1650	0.88	2.36	520.0	2.40	450.0	0.66	450.0	0.37	950.0
Shin 等[12]	MHB1.5-0	65.82	125	250	215	645	1.50	2.58	414.0	3.80	331.0	0.45			115.6
	MHB1.5-25	65.82	125	250	215	645	1.50	2.58	414.0	3.80	331.0	0.45			160.2
	MHB1.5-50	65.82	125	250	215	645	1.50	2.58	414.0	3.80	331.0	0.91			213.1
	MHB1.5-75	65.82	125	250	215	645	1.50	2.58	414.0	3.80	331.0	1.36			245.5
	MHB1.5-100	65.82	125	250	215	645	1.50	2.58	414.0	3.80	331.0	1.81			263.7
	MHB2.0-0	65.82	125	250	215	860	2.00	3.44	414.0	3.80	331.0	1.81			90.0
	MHB2.0-25	65.82	125	250	215	860	2.00	3.44	414.0	3.80	331.0	0.32			113.4
	HB1.5-0	92.41	125	250	215	645	1.50	2.58	414.0	3.80	331.0	0.45			145.6
	HB1.5-25	92.41	125	250	215	645	1.50	2.58	414.0	3.80	331.0	0.45			219.4
	HB1.5-50	92.41	125	250	215	645	1.50	2.58	414.0	3.80	331.0	0.91			252.1
	HB1.5-75	92.41	125	250	215	645	1.50	2.58	414.0	3.80	331.0	1.36			272.2
	HB1.5-100	92.41	125	250	215	645	1.50	2.58	414.0	3.80	331.0	1.81			287.1
	HB2.0-0	92.41	125	250	215	860	2.00	3.44	414.0	3.80	331.0	1.81			101.9
Tan 和 Lu[13]	1-500/0.50	62.15	140	500	444	1500	0.56	3.00	520.0	2.60					850.0
	4-1750/1.00	56.71	140	500	444	1750	0.84	3.50	520.0	2.60					700.0
	4-1750/0.50	53.92	140	500	444	2000	1.13	4.00	520.0	2.60					570.0
	1-500/0.75	53.80	140	1000	884	2000	0.56	2.00	520.0	2.60	465.0	0.12	465.0	0.12	875.0
	4-1750/0.75	51.14	140	1000	884	2480	0.84	2.48	520.0	2.60	465.0	0.12	465.0	0.12	650.0
	1-500/1.00	47.34	140	1000	884	3000	1.13	3.00	520.0	2.60	465.0	0.12	465.0	0.12	435.0
	3-1400/0.75	45.82	140	1400	1251	2410	0.56	1.72	520.0	2.60	465.0	0.21	465.0	0.21	1175.0
	3-1400/1.00	44.68	140	1400	1251	3100	0.84	2.21	520.0	2.60	465.0	0.21	465.0	0.21	950.0

续表

文献	试件编号	f_{cu}/MPa	几何尺寸/mm b	h	有效高度 h_0/mm	净跨 l_0/mm	剪跨比 λ	跨高比 l_0/h	底部纵筋 f_y/MPa	ρ/%	竖向纵筋 f_{sv}/MPa	ρ_s/%	水平腹筋 f_h/MPa	ρ_h/%	试验值 V_{test}/kN
Tan 和 Lu[13]	3-1400/0.50	41.52	140	1400	1251	3840	1.13	2.74	520.0	2.60	465.0	0.21	465.0	0.21	800.0
	2-1000/0.75	41.39	140	1750	1559	2760	0.56	1.58	520.0	2.60	465.0	0.12	465.0	0.12	1636.0
	2-1000/0.50	39.49	140	1750	1559	3640	0.84	2.08	520.0	2.60	465.0	0.12	465.0	0.12	1240.0
	2-1000/1.00	38.99	140	1750	1559	4520	1.13	2.58	520.0	2.60	465.0	0.12	465.0	0.12	1000.0
Tan 等[14]	1-500/0.75W	41.39	140	500	444	1750	0.84	3.50		2.60	465.0	0.40	581.1	0.82	331.5
	2-1000/0.75W	47.59	140	1000	884	2480	0.42	2.48		2.60	465.0	0.40	581.1	0.80	801.5
	3-1400/0.75W	47.09	140	1400	1243	3100	0.84	2.21		2.60	465.0	0.40	581.1	0.84	1052.0
	4-1750/0.75W	44.68	140	1750	1559	3625	0.84	2.07		2.60	465.0	0.40	581.1	0.89	1305.0
Clark[15]	A1-1	31.14	203	457	390	1829	2.34	4.00	320.6	3.10	331.1	0.38			222.5
	A1-2	29.87	203	457	390	1829	2.34	4.00	320.6	3.10	331.1	0.38			209.1
	A1-3	29.62	203	457	390	1829	2.34	4.00	320.6	3.10	331.1	0.38			222.5
	A1-4	31.39	203	457	390	1829	2.34	4.00	320.6	3.10	331.1	0.38			244.7
	B1-1	29.62	203	457	390	1829	1.95	4.00	320.6	3.10	331.1	0.37			278.8
	B1-2	32.15	203	457	390	1829	1.95	4.00	320.6	3.10	331.1	0.37			256.6
	B1-3	30.00	203	457	390	1829	1.95	4.00	320.6	3.10	331.1	0.37			284.8
	B1-4	29.49	203	457	390	1829	1.95	4.00	320.6	3.10	331.1	0.37			268.1
	B1-5	31.14	203	457	390	1829	1.95	4.00	320.6	3.10	331.1	0.37			241.5
	B2-1	29.37	203	457	390	1829	1.95	4.00	320.6	3.10	331.1	0.73			301.1
	B2-2	33.29	203	457	390	1829	1.95	4.00	320.6	3.10	331.1	0.73			322.2
	B2-3	31.52	203	457	390	1829	1.95	4.00	320.6	3.10	331.1	0.73			334.9
	B6-1	53.29	203	457	390	1829	1.95	4.00	320.6	3.10	331.1	0.37			379.3
	C1-1	32.41	203	457	390	1829	1.56	4.00	320.6	2.10	331.1	0.34			277.7
	C1-2	33.29	203	457	390	1829	1.56	4.00	320.6	2.10	331.1	0.34			311.1
	C1-3	30.38	203	457	390	1829	1.56	4.00	320.6	2.10	331.1	0.34			245.9
	C1-4	36.71	203	457	390	1829	1.56	4.00	320.6	2.10	331.1	0.34			285.9
	C2-1	29.87	203	457	390	1829	1.56	4.00	320.6	2.10	331.1	0.69			290.0

续表

文献	试件编号	f_{cu}/MPa	几何尺寸/mm		有效高度 h_0/mm	净跨 l_0/mm	剪跨比 λ	跨高比 l_0/h	底部纵筋		竖向纵筋		水平腹筋		试验值 V_{test}/kN
			b	h					f_y/MPa	ρ/%	f_{sv}/MPa	ρ_v/%	f_{sh}/MPa	ρ_h/%	
Clark[15]	C2-2	31.65	203	457	390	1829	1.56	4.00	320.6	2.10	331.1	0.69			301.1
	C2-3	30.51	203	457	390	1829	1.56	4.00	320.6	2.10	331.1	0.69			323.7
	C2-4	34.18	203	457	390	1829	1.56	4.00	320.6	2.10	331.1	0.69			288.2
	C3-1	17.85	203	457	390	1829	1.56	4.00	320.6	2.10	331.1	0.34			223.7
	C3-2	17.47	203	457	390	1829	1.56	4.00	320.6	2.10	331.1	0.34			200.3
	C3-3	17.59	203	457	390	1829	1.56	4.00	320.6	2.10	331.1	0.34			188.1
	C4-1	31.01	203	457	390	1829	1.56	4.00	320.6	3.10	331.1	0.34			309.3
	C6-2	57.22	203	457	390	1829	1.56	4.00	320.6	3.10	331.1	0.34			423.8
	C6-3	56.58	203	457	390	1829	1.56	4.00	320.6	3.10	331.1	0.34			434.9
	C6-4	60.25	203	457	390	1829	1.56	4.00	320.6	3.10	331.1	0.34			428.6
	D1-1	33.16	203	457	390	1829	1.17	4.00	335.3	1.60	331.1	0.46			301.1
	D1-2	33.04	203	457	390	1829	1.17	4.00	335.3	1.60	331.1	0.46			356.7
	D1-3	31.01	203	457	390	1829	1.17	4.00	335.3	1.60	331.1	0.46			256.6
	D2-1	30.38	203	457	390	1829	1.17	4.00	335.3	1.60	331.1	0.61			290.0
	D2-2	32.78	203	457	390	1829	1.17	4.00	335.3	1.60	331.1	0.61			312.2
	D2-3	31.39	203	457	390	1829	1.17	4.00	335.3	1.60	331.1	0.61			334.4
	D2-4	31.01	203	457	390	1829	1.17	4.00	335.3	1.60	331.1	0.61			334.9
	D3-1	35.70	203	457	390	1829	1.17	4.00	335.3	2.40	331.1	0.92			394.9
	D4-1	29.24	203	457	390	1829	1.17	4.00	335.3	1.60	331.1	1.22			312.2
Oh 和 Shin[16]	N4200	30.00	130	560	500	2000	0.85	3.57	520.0	1.60	420.0	0.12	581.1	0.43	265.2
	N42A2	30.00	130	560	500	2000	0.85	3.57	520.0	1.60	420.0	0.12	581.1	0.43	284.1
	N42B2	30.00	130	560	500	2000	0.85	3.57	520.0	1.60	420.0	0.22	581.1	0.43	377.0
	N42C2	30.00	130	560	500	2000	0.85	3.57	520.0	1.60	420.0	0.34	581.1	0.43	357.5
	H4100	62.15	130	560	500	2000	0.50	3.57	520.0	1.60	420.0	0.12	581.1	0.43	642.2
	H41A2 (1)*	62.15	130	560	500	2000	0.50	3.57	520.0	1.60	420.0	0.12	581.1	0.43	713.1
	H41B2	62.15	130	560	500	2000	0.50	3.57	520.0	1.60	420.0	0.22	581.1	0.43	705.9

续表

文献	试件编号	f_{cu}/MPa	几何尺寸/mm b	h	有效高度 h_0/mm	净跨 l_0/mm	剪跨比 λ	跨高比 l_0/h	底部纵筋 f_y/MPa	ρ/%	竖向纵筋 f_{yv}/MPa	ρ_v/%	水平腹筋 f_{yh}/MPa	ρ_h/%	试验值 V_{test}/kN
	H41C2	62.15	130	560	500	2000	0.50	3.57	520.0	1.60	420.0	0.34	581.1	0.43	708.5
	H4200	62.15	130	560	500	2000	0.85	3.57	520.0	1.60	420.0	0.34	581.1	0.43	401.1
	H42A2（1）	62.15	130	560	500	2000	0.85	3.57	520.0	1.60	420.0	0.12	581.1	0.43	488.2
	H42B2（1）	62.15	130	560	500	2000	0.85	3.57	520.0	1.60	420.0	0.22	581.1	0.43	456.3
	H42C2（1）	62.15	130	560	500	2000	0.85	3.57	520.0	1.60	420.0	0.34	581.1	0.43	420.6
	H4300	62.15	130	560	500	2000	1.25	3.57	520.0	1.60	420.0	0.34	581.1	0.43	337.4
	H43A2（1）	62.15	130	560	500	2000	1.25	3.57	520.0	1.60	420.0	0.12	581.1	0.43	347.1
	H43B2	62.15	130	560	500	2000	1.25	3.57	520.0	1.60	420.0	0.22	581.1	0.43	380.9
	H43C2	62.15	130	560	500	2000	1.25	3.57	520.0	1.60	420.0	0.34	581.1	0.43	402.4
	H4500	62.15	130	560	500	2000	2.00	3.57	520.0	1.60	420.0	0.34	581.1	0.43	112.5
	H45A2	62.15	130	560	500	2000	2.00	3.57	520.0	1.60	420.0	0.12	581.1	0.43	210.6
	H45B2	62.15	130	560	500	2000	2.00	3.57	520.0	1.60	420.0	0.22	581.1	0.43	237.3
	H45C2	62.15	130	560	500	2000	2.00	3.57	520.0	1.60	420.0	0.34	581.1	0.43	235.3
Oh 和 Shin[16]	H41A0	64.18	120	560	500	2000	0.50	3.57	520.0	1.30	420.0	0.13	581.1	0.43	347.4
	H41A1	64.18	120	560	500	2000	0.50	3.57	520.0	1.30	420.0	0.13	581.1	0.23	397.8
	H41A2（2）	64.18	120	560	500	2000	0.50	3.57	520.0	1.30	420.0	0.13	581.1	0.47	490.2
	H41A3	64.18	120	560	500	2000	0.50	3.57	520.0	1.30	420.0	0.13	581.1	0.94	454.8
	H42A2（2）	64.18	120	560	500	2000	0.85	3.57	520.0	1.30	420.0	0.13	581.1	0.47	392.4
	H42B2（2）	64.18	120	560	500	2000	0.85	3.57	520.0	1.30	420.0	0.24	581.1	0.47	360.6
	H42C2（2）	64.18	120	560	500	2000	0.85	3.57	520.0	1.30	420.0	0.37	581.1	0.47	373.8
	H43A0	64.18	120	560	500	2000	1.25	3.57	520.0	1.30	420.0	0.13	581.1	0.47	213.6
	H43A1	64.18	120	560	500	2000	1.25	3.57	520.0	1.30	420.0	0.13	581.1	0.23	260.4
	H43A2（2）	64.18	120	560	500	2000	1.25	3.57	520.0	1.30	420.0	0.13	581.1	0.47	276.6
	H43A3	64.18	120	560	500	2000	1.25	3.57	520.0	1.30	420.0	0.13	581.1	0.94	291.0
	H45A2（2）	64.18	120	560	500	2000	2.00	3.57	520.0	1.30	420.0	0.13	581.1	0.46	165.0
	U41A0	93.16	120	560	500	2000	0.50	3.57	520.0	1.30	420.0	0.13	581.1	0.46	438.0

续表

文献	试件编号	f_{cu}/MPa	几何尺寸/mm		有效高度 h_0/mm	净跨 l_0/mm	剪跨比 λ	跨高比 l_0/h	底部纵筋		竖向纵筋		水平腹筋		试验值
			b	h					f_y/MPa	ρ/%	f_{yv}/MPa	ρ_v/%	f_{yh}/MPa	ρ_h/%	V_{test}/kN
Oh 和 Shin[16]	U41A1	93.16	120	560	500	2000	0.50	3.57	520.0	1.30	420.0	0.13	581.1	0.23	541.8
	U41A2	93.16	120	560	500	2000	0.50	3.57	520.0	1.30	420.0	0.13	581.1	0.47	548.4
	U41A3	93.16	120	560	500	2000	0.50	3.57	520.0	1.30	420.0	0.13	581.1	0.94	546.6
	U42A2	93.16	120	560	500	2000	0.85	3.57	520.0	1.30	420.0	0.13	581.1	0.47	417.6
	U42B2	93.16	120	560	500	2000	0.85	3.57	520.0	1.30	420.0	0.24	581.1	0.47	410.4
	U42C2	93.16	120	560	500	2000	0.85	3.57	520.0	1.30	420.0	0.37	581.1	0.47	408.0
	U43A0	93.16	120	560	500	2000	1.25	3.57	520.0	1.30	420.0	0.13	581.1	0.47	291.0
	U43A1	93.16	120	560	500	2000	1.25	3.57	520.0	1.30	420.0	0.13	581.1	0.23	310.2
	U43A2	93.16	120	560	500	2000	1.25	3.57	520.0	1.30	420.0	0.13	581.1	0.47	338.4
	U43A3	93.16	120	560	500	2000	1.25	3.57	520.0	1.30	420.0	0.13	581.1	0.94	333.0
	U45A2	93.16	120	560	500	2000	2.00	3.57	520.0	1.30	420.0	0.13	581.1	0.47	213.6
	N33A2	30.00	130	560	500	1500	1.25	2.68	520.0	1.60	420.0	0.12	581.1	0.43	228.2
	N43A2	30.00	130	560	500	2000	1.25	3.57	520.0	1.60	420.0	0.12	581.1	0.43	254.8
	N53A2	30.00	130	560	500	2500	1.25	4.46	520.0	1.60	420.0	0.12	581.1	0.43	207.4
	H31A2	62.15	130	560	500	1500	0.50	2.68	520.0	1.60	420.0	0.12	581.1	0.43	745.6
	H32A2	62.15	130	560	500	1500	0.85	2.68	520.0	1.60	420.0	0.12	581.1	0.43	529.8
	H33A2	62.15	130	560	500	1500	1.25	2.68	520.0	1.60	420.0	0.12	581.1	0.43	377.7
	H51A2	62.15	130	560	500	2500	0.50	4.46	520.0	1.60	420.0	0.12	581.1	0.43	702.0
	H52A2	62.15	130	560	500	2500	0.85	4.46	520.0	1.60	420.0	0.12	581.1	0.43	567.5
	H53A2	62.15	130	560	500	2500	1.25	4.46	520.0	1.60	420.0	0.12	581.1	0.43	362.7
Kani[17]	88	39.80	151	152	132	728	1.03	4.79	520.0	2.80					155.2
	67	38.40	151	152	136	728	1.00	4.79	520.0	2.80					157.7
	3045	35.78	153	305	266	1457	1.02	4.78	520.0	2.80					359.6
	69	34.65	157	610	528	2101	1.03	3.44	407.0	2.80					547.8
	53	33.78	155	610	542	2101	1.00	3.44	373.0	2.70					585.4

续表

文献	试件编号	f_{cu}/MPa	几何尺寸/mm		有效高度 h_0/mm	净跨 l_0/mm	剪跨比 λ	跨高比 l_0/h	底部纵筋		竖向纵筋		水平腹筋		试验值 V_{test}/kN
			b	h					f_y/MPa	ρ/%	f_{yv}/MPa	ρ_v/%	f_h/MPa	ρ_h/%	
Rogowsky 等[18]	1/1.ON	33.04	200	1000	980	2000	1.02	2.00	520.0	0.90	1146.5	0.19			602.0
	1/1.OS	33.04	200	1000	980	2000	1.02	2.00	520.0	0.90					699.0
	2/1.ON	33.92	200	1000	980	2000	1.02	2.00	520.0	0.90	1146.5	0.19	573.3	0.09	750.0
	2/1.0S	33.92	200	1000	980	2000	1.02	2.00	520.0	0.90			573.3	0.09	750.0
	3/1.0	36.58	200	1000	950	2100	1.05	2.10	520.0	0.50	1146.5	0.19			764.0
	4/1.0	36.08	200	1000	950	2100	1.05	2.10	520.0	0.50			573.3	0.09	663.0
	5/1.0	46.71	200	1000	950	2100	1.05	2.10	520.0	0.50	1146.5	0.34			875.0
	6/1.0	46.71	200	1000	950	2100	1.05	2.10	520.0	0.50			573.3	0.21	635.0
	7/1.0	43.67	200	1000	950	2100	1.05	2.10	520.0	0.50					695.0
	2/1.5N	53.67	200	600	580	2000	1.72	3.33	520.0	1.00	1146.5	0.23	573.3	0.09	226.0
	2/1.5S	53.67	200	600	580	2000	1.72	3.33	520.0	1.00			573.3	0.09	348.0
	2/2.0N	54.68	200	500	480	2000	2.08	4.00	520.0	0.80	1146.5	0.19	573.3	0.09	185.0
	2/2.0S	54.68	200	500	480	2000	2.08	4.00	520.0	0.80	1146.5	0.19	573.3	0.09	204.0
	BM1/1.0T1	33.04	200	1000	950	2800	1.05	2.80	380.0	1.00	570.0	0.15			602.0
	BM2/1.0T1	33.92	200	1000	950	2800	1.05	2.80	380.0	1.00	570.0	0.15	570.0	0.90	750.0
	BM1/1.5T1	53.67	200	600	535	2800	1.87	4.67	380.0	1.10	570.0	0.15			303.0
Lu 等[19]	B4	74.05	170	1000	900	1100	0.61	1.10	520.0	2.00			581.1	0.42	1678.0
	B5	74.05	170	1000	900	1100	0.61	1.10	520.0	2.00			581.1	0.42	1870.0
	B6	85.82	200	1000	900	1500	0.83	1.50	520.0	1.70			581.1	0.00	1606.0
	B7	85.82	200	1000	900	1500	0.83	1.50	520.0	1.70			581.1	0.35	1765.0
	B8	85.82	200	1000	900	1500	0.83	1.50	520.0	1.70	463.0	0.13			1722.0
	C1	43.80	200	1000	900	1500	0.83	1.50	520.0	1.70					1156.0
	C2	43.80	200	1000	900	1500	0.83	1.50	520.0	1.70	463.0	0.13	581.1	0.35	1375.0
	C3	74.05	170	1000	900	1100	0.61	1.10	520.0	2.00					1542.0
	C4	74.05	170	1000	900	1100	0.61	1.10	520.0	2.00			581.1	0.42	1859.0
	C5	74.05	170	1000	900	1100	0.61	1.10	520.0	2.00			581.1	0.42	2018.0

续表

文献	试件编号	几何尺寸/mm			有效高度	净跨	剪跨比	跨高比	底部纵筋		竖向纵筋		水平腹筋		试验值
		f_{cu}/MPa	b	h	h_0/mm	l_0/mm	λ	l_0/h	f_y/MPa	ρ/%	f_{yv}/MPa	ρ_v/%	f_{yh}/MPa	ρ_h/%	V_{test}/kN
Lu 等[19]	C6	85.82	200	1000	900	1500	0.83	1.50	520.0	1.70					1474.0
	C7	85.82	200	1000	900	1500	0.83	1.50	520.0	1.70			581.1	0.35	1600.0
	C8	85.82	200	1000	900	1500	0.83	1.50	520.0	1.70	463.0	0.13			1563.0
Teng 等[20]	CO-ST	51.90	175	800	700	3400	1.71	4.25	575.0	1.60	480.0	0.18			275.0
	CO-26	46.84	175	800	700	3400	1.71	4.25	575.0	1.60	480.0	0.18			225.0
	CO-37	43.04	175	800	700	3400	1.71	4.25	575.0	1.60	480.0	0.18			275.0
	CV-ST	50.63	175	800	700	3400	1.71	4.25	575.0	1.60	480.0	0.60			450.0
	CV-25	50.63	175	800	700	3400	1.71	4.25	575.0	1.60	480.0	0.60			275.0
	CV-27	46.84	175	800	700	3400	1.71	4.25	575.0	1.60	480.0	0.60			360.0
Moody 等[21]	III-24a	22.53	178	610	533	2438	1.52	4.00	315.1	2.70					296.5
	III-24b	26.08	178	610	533	2438	1.52	4.00	315.1	2.70					303.2
	III-25a	30.76	178	610	533	2438	1.52	4.00	313.0	3.50					267.6
	III-25b	21.77	178	610	533	2438	1.52	4.00	313.0	3.50					289.8
	III-26a	27.47	178	610	533	2438	1.52	4.00	302.0	4.30					421.1
	III-26b	26.08	178	610	533	2438	1.52	4.00	302.0	4.30					396.6
	III-27a	27.09	178	610	533	2438	1.52	4.00	315.1	2.70					347.7
	III-27b	28.99	178	610	533	2438	1.52	4.00	315.1	2.70					356.6
	III-28a	29.49	178	610	533	2438	1.52	4.00	313.0	3.50					303.2
	III-28b	28.35	178	610	533	2438	1.52	4.00	313.0	3.50					341.0
	III-29a	27.47	178	610	533	2438	1.52	4.00	302.0	4.30					389.9
	III-29b	31.65	178	610	533	2438	1.52	4.00	302.0	4.30					436.6
	III-30	32.15	178	610	533	2438	1.52	4.00	302.0	4.30	326.1	0.52			478.2
	III-31	28.35	178	610	533	2438	1.52	4.00	302.0	4.30	304.0	0.95			507.1
Laupa[22]	BO-1	29.87	203	457	391	1829	1.95	4.00	375.2	1.00					121.0
	BO-2	30.25	203	457	391	1829	1.95	4.00	375.2	1.00					94.2
	BO-3	29.75	203	457	391	1829	1.95	4.00	375.2	1.00					128.0

续表

文献	试件编号	几何尺寸/mm		有效高度 h_0/mm	净跨 l_n/mm	剪跨比 λ	跨高比 l_0/h	底部纵筋		竖向纵筋		水平腹筋		试验值 V_{test}/kN
		b	h					f_y/MPa	ρ/%	f_{yv}/MPa	ρ_v/%	f_{yh}/MPa	ρ_h/%	
		f_{cu}/MPa												
Laupa[22]	CO-1	31.27	203	457	391	1829	1.56	4.00	375.2	1.00					174.3
	CO-2	29.75	203	457	391	1829	1.56	4.00	375.2	1.00					177.6
	CO-3	29.87	203	457	391	1829	1.56	4.00	375.2	1.00					166.9
	DO-1	32.78	203	457	391	1829	1.17	4.00	375.2	1.00					221.6
	DO-2	33.16	203	457	391	1829	1.17	4.00	375.2	1.00					260.0
	DO-3	32.91	203	457	391	1829	1.17	4.00	375.2	1.00					223.2
	B14B2	18.48	305	406	368	1070	0.97	2.63		1.90					367.0
	E2	16.08	305	414	375	1070	0.95	2.58		0.60					278.0
	A4	28.48	305	406	362	1070	0.98	2.63		2.50					511.5
	B4	33.29	305	406	368	1070	0.97	2.63		1.90					500.4
	E4	36.58	305	406	368	1070	0.97	2.63		1.20					511.5
	A6	57.47	305	406	356	1070	1.00	2.63		3.80					900.7
	B6	59.11	305	406	368	1070	0.97	2.63		1.90					778.4
	B21B2	17.59	305	406	367	1070	0.97	2.63		1.90					238.0
Morrow 和 Viest[23]	E2	14.30	305	406	375	1070	0.95	2.63		0.60					211.3
	A4	37.72	305	406	368	1070	0.97	2.63		2.50					522.6
	B4	34.30	305	406	368	1070	0.97	2.63		1.90					395.9
	E4	30.63	305	406	365	1070	0.97	2.63		1.20					422.6
	E4R	40.38	305	406	368	1070	0.97	2.63		1.20					433.7
	F4	39.75	305	406	370	1070	0.96	2.63		1.20					467.0
	G4	40.00	305	406	373	1070	0.95	2.63		0.60					353.6
	A6	57.34	305	406	356	1070	1.00	2.63		3.80					578.2
	B6	57.59	305	406	375	1070	0.95	2.63		1.80					578.2
	B28B2	18.61	305	406	362	1070	0.98	2.63		1.90					200.2
	E2	17.37	305	406	371	1070	0.96	2.63		0.60					129.0
	A4	34.82	305	406	368	1070	0.97	2.63		2.50					322.5
	E4	41.89	305	406	368	1070	0.97	2.63		1.20					266.9

续表

文献	试件编号	f_cu/MPa	几何尺寸/mm b	h	有效高度 h_0/mm	净跨 l_0/mm	剪跨比 λ	跨高比 l_0/h	底部纵筋 f_y/MPa	ρ/%	竖向纵筋 f_yv/MPa	ρ_v/%	水平腹筋 f_yh/MPa	ρ_h/%	试验值 V_test/kN
	A1	30.63	76	381	349	690	0.62	1.81	317.0	0.30					58.0
	A2	25.82	76	508	476	690	0.45	1.36	317.0	0.20					82.5
	A3	29.62	79	572	540	690	0.40	1.21	317.0	0.20					108.5
	A4	34.56	76	762	730	690	0.30	0.91	317.0	0.10					165.5
	A4（R）	15.57	80	762	730	690	0.30	0.91	317.0	0.10					111.0
	B1	25.82	76	381	349	690	0.62	1.81	317.0	0.70					69.0
	B2	26.96	76	508	476	690	0.45	1.36	317.0	0.50					92.0
	B3	31.39	79	572	540	690	0.40	1.21	317.0	0.50					126.0
Ramakrishnan 和 Ananthanarayana[24]	B4	35.95	79	762	730	690	0.30	0.91	317.0	0.30					193.0
	C1	27.22	76	381	349	690	0.62	1.81	317.0	0.70			317.0	0.72	92.0
	C2	30.89	79	508	476	690	0.45	1.36	317.0	0.50			317.0	0.45	143.5
	C3	24.81	76	572	540	690	0.40	1.21	317.0	0.50			317.0	0.39	121.0
	C4	20.76	79	762	730	690	0.30	0.91	317.0	0.30			317.0	0.26	141.0
	K1'	19.62	76	381	343	690	1.00	1.81	317.0	0.30					57.0
	K1'（R）	17.59	76	381	343	690	1.00	1.81	317.0	0.30					40.0
	K2'	18.10	76	508	470	690	0.73	1.36	317.0	0.20					63.0
	K2'（R）	18.48	76	508	470	690	0.73	1.36	317.0	0.20					53.0
	K3'（R）	19.11	76	572	534	690	0.64	1.21	317.0	0.20					61.5
	K4'	17.85	76	762	724	690	0.47	0.91	317.0	0.10					77.0
	K4'（R）	13.67	76	762	724	690	0.47	0.91	317.0	0.10					67.5
	SD-1	42.41	200	1000	900	2800	1.56	2.80	498.0	1.90	529.0	0.50			967.5
Lee[25]	SD-2	37.09	200	1000	863	2800	1.62	2.80	498.0	2.00	529.0	0.50			967.5
	SD-3	35.44	200	1000	825	2800	1.70	2.80	498.0	2.10	529.0	0.50			840.0
	I-1	32.15	203	457	404	1829	1.51	4.00	267.0	3.10					312.9
Mathey 和 Watstein[26]	I-2	29.11	203	457	404	1829	1.51	4.00	267.0	3.10					310.7
	II-3	27.72	203	457	404	1829	1.51	4.00	466.0	1.90					261.8

续表

文献	试件编号	f_{cu}/MPa	几何尺寸/mm b	几何尺寸/mm h	有效高度 h_0/mm	净跨 l_n/mm	剪跨比 λ	跨高比 l_0/h	底部纵筋 f_y/MPa	底部纵筋 ρ/%	竖向纵筋 f_{yv}/MPa	竖向纵筋 ρ_v/%	水平腹筋 f_{yh}/MPa	水平腹筋 ρ_h/%	试验值 V_{test}/kN
Mathey 和 Watstein[26]	II-4	33.42	203	457	404	1829	1.51	4.00	466.0	1.90					312.9
	III-5	32.53	203	457	404	1829	1.51	4.00	490.0	1.90					288.5
	III-6	32.41	203	457	404	1829	1.51	4.00	490.0	1.90					290.7
	IV-7	30.51	203	457	404	1829	1.51	4.00	443.0	1.90					290.8
	IV-8	31.52	203	457	404	1829	1.51	4.00	443.0	1.90					304.0
	V-9	29.24	203	457	404	1829	1.51	4.00	698.0	1.20					224.0
	V-10	34.18	203	457	404	1829	1.51	4.00	698.0	1.20					268.4
	VI-11	32.15	203	457	404	1829	1.51	4.00	698.0	1.20					224.0
	VI-12	32.53	203	457	404	1829	1.51	4.00	698.0	1.20					268.4
	V-13	28.35	203	457	404	1829	1.51	4.00	712.0	0.80					222.4
	V-14	33.80	203	457	404	1829	1.51	4.00	712.0	0.80					224.0
	VI-15	32.28	203	457	404	1829	1.51	4.00	712.0	0.80					179.5
	VI-16	28.86	203	457	404	1829	1.51	4.00	712.0	0.80					188.6
Leonhardt 和 Walther[27]	1	41.01	190	320	270	900	1.00	2.81	465.0	2.10					388.5
	2	41.01	190	320	270	1150	1.48	3.59	465.0	2.10					260.0
	3	41.01	190	320	270	1450	2.00	4.53	465.0	2.10					147.2
Subedi[28]	2B2	37.47	100	500	450	1500	1.53	3.00	493.0	0.90	454.0	0.22	454.0	0.51	175.0
	4G1	52.66	100	900	850	900	0.31	1.00	484.0	1.20	450.0	0.21	450.0	2.48	648.0
	4G2	54.68	100	900	850	1800	0.72	2.00	484.0	1.20	444.0	0.61	444.0	7.04	560.5
	4G3	54.68	100	900	850	900	0.31	1.00	490.0	1.50	444.0	0.61	444.0	7.04	797.5
	4G4	52.66	100	900	850	1800	0.72	2.00	490.0	1.50	445.0	0.21	450.0	2.48	461.0
Walraven 和 Lehwalter[29]	V011	20.38	250	400	360	720	1.00	1.80	420.0	1.10					226.0
	V012	27.59	250	400	360	720	1.00	1.80	420.0	1.10					322.0
	V013	27.97	250	400	360	720	1.00	1.80	420.0	1.10					344.0
	V014	30.76	250	400	360	720	1.00	1.80	420.0	1.10					425.0

续表

文献	试件编号	f_{cu}/MPa	几何尺寸/mm b	几何尺寸/mm h	有效高度 h_0/mm	净跨 l_0/mm	剪跨比 λ	跨高比 l_0/h	底部纵筋 f_y/MPa	底部纵筋 ρ/%	竖向纵筋 f_{yv}/MPa	竖向纵筋 ρ_v/%	水平腹筋 f_{yh}/MPa	水平腹筋 ρ_h/%	试验值 V_{test}/kN
Walraven 和 Lehwalter[29]	V021	17.59	250	400	360	720	1.00	1.80	420.0	1.10					220.0
	V022	25.19	250	400	360	720	1.00	1.80	420.0	1.10					270.0
	V023	25.44	250	400	360	720	1.00	1.80	420.0	1.10					347.0
	V024	31.90	250	400	360	720	1.00	1.80	420.0	1.10					396.0
	V031	25.32	250	400	360	720	1.00	1.80	420.0	1.10					323.0
	V032	23.04	250	400	360	720	1.00	1.80	420.0	1.10					318.0
	V033	25.06	250	400	360	720	1.00	1.80	420.0	1.10					246.0
	V034	33.42	250	400	360	720	1.00	1.80	420.0	1.10					437.0
	V711	22.91	250	200	160	320	1.00	1.60	420.0	1.50					165.0
	V022	25.19	250	400	360	720	1.00	1.80	420.0	1.10					270.0
	V511	25.06	250	600	560	1120	1.00	1.87	420.0	1.10					350.0
	V411	24.56	250	800	740	1480	1.00	1.85	420.0	1.10					365.0
	V211	25.32	250	1000	930	1860	1.00	1.86	420.0	1.10					505.0
	V711/4	24.81	250	200	160	320	1.00	1.60	420.0	1.50					207.0
	V711/4	23.04	250	400	360	720	1.00	1.80	420.0	1.10					317.0
	V511/4	23.67	250	600	560	1130	1.01	1.88	420.0	1.10					465.0
	V411/4	21.52	250	800	760	1480	0.97	1.85	420.0	1.10					467.0
	V711/4	23.16	250	200	160	320	1.00	1.60	420.0	1.50					207.0
	V022/3	24.81	250	400	360	720	1.00	1.80	420.0	1.10					380.0
	V511/3	26.96	250	600	560	1130	1.01	1.88	420.0	1.10					580.0
	V411/3	25.06	250	800	760	1480	0.97	1.85	420.0	1.10					665.0
Adebar[30]	DF-6	26.58	500	1090	1000	4400	2.20	4.04	420.0	1.00					771.0
	DF-11	24.68	250	1090	1000	4000	2.00	3.67		0.80					330.0
	DF-13	25.70	250	1090	1000	3000	1.50	2.75		0.80					550.0
	DF-14	24.68	250	1090	1000	3500	1.82	3.21		0.80					409.0
	DF-15	25.70	250	1090	962	2500	1.75	2.29		1.80					330.0
	DF-16	25.70	250	1090	1000	2850	1.43	2.61		0.80					380.0

续表

文献	试件编号	f_{cu}/MPa	几何尺寸/mm b	几何尺寸/mm h	有效高度 h_0/mm	净跨 l_0/mm	剪跨比 λ	跨高比 l_0/h	底部纵筋 f_y/MPa	底部纵筋 ρ/%	竖向纵筋 f_{yv}/MPa	竖向纵筋 ρ_v/%	水平腹筋 f_{yh}/MPa	水平腹筋 ρ_h/%	试验值 V_{test}/kN
Yang[31]	L5-40	39.75	160	400	355	1000	0.36	2.50	804.0	1.00					446.9
	L5-60	39.75	160	600	555	2100	0.54	3.50	804.0	1.00					535.1
	L5-60R	39.75	160	600	555	1500	0.54	2.50	804.0	1.00					479.2
	L5-75	39.75	160	750	685	1350	0.40	1.80	804.0	1.00					596.8
	L5-100	39.75	160	1000	935	1600	1.41	1.60	577.0	0.90					582.1
	L10-40	39.75	160	400	355	1400	1.13	3.50	804.0	1.00					192.1
	L10-40R	39.75	160	400	355	1400	0.72	3.50	804.0	1.00					311.6
	L10-60	39.75	160	600	555	2100	0.88	3.50	804.0	1.00					375.3
	L10-75	39.75	160	750	685	2100	1.09	2.80	804.0	1.00					271.5
	L10-75R	39.75	160	750	685	2100	0.80	2.80	804.0	1.00					330.3
	L10-100	39.75	160	1000	935	2600	2.82	2.60	804.0	0.90					543.9
	UH5-40	99.37	160	400	355	1000	0.56	2.50	804.0	1.00					733.0
	UH5-60	99.37	160	600	555	2100	0.44	3.50	804.0	1.00					823.2
	UH5-75	99.37	160	750	685	1350	0.40	1.80	804.0	1.00					1010.4
	UH5-100	99.37	160	1000	935	1600	0.53	1.60	577.0	0.90					1029.0
	UH10-40	99.37	160	400	355	1400	1.06	3.50	804.0	1.00					498.8
	UH10-40R	99.37	160	400	355	1400	0.68	3.50	804.0	1.00					385.1
	UH10-60	99.37	160	600	555	2100	1.08	3.50	804.0	1.00					573.3
	UH10-100	99.37	160	1000	935	2600	1.07	2.60	577.0	0.90					769.3
Tanimura 和 Sato[32]	1	29.37	300	450	400	800	0.50	1.78	458.0	2.10					853.0
	2	29.37	300	450	400	800	0.50	1.78	458.0	2.10	370.0	0.21			821.0
	3	29.37	300	450	400	800	0.50	1.78	458.0	2.10	388.0	0.48			833.0
	4	29.37	300	450	400	800	0.50	1.78	458.0	2.10	368.0	0.84			869.0
	5	36.71	300	450	400	1200	1.00	2.67	458.0	2.10					632.0
	6	36.84	300	450	400	1200	1.00	2.67	458.0	2.10	370.0	0.21			731.0
	7	36.96	300	450	400	1200	1.00	2.67	458.0	2.10	388.0	0.48			750.0
	8	37.09	300	450	400	1200	1.00	2.67	458.0	2.10	368.0	0.84			804.0

续表

文献	试件编号	f_{cu}/MPa	几何尺寸/mm		有效高度 h_0/mm	净跨 l_0/mm	剪跨比 λ	跨高比 l_0/h	底部纵筋		竖向纵筋		水平腹筋		试验值 V_{test}/kN
			b	h					f_y/MPa	ρ/%	f_{yv}/MPa	ρ_v/%	f_{yh}/MPa	ρ_h/%	
	9	28.99	300	450	400	1600	1.50	3.56	458.0	2.10					284.0
	10	28.48	300	450	400	1600	1.50	3.56	458.0	2.10	370.0	0.21			464.0
	11	29.11	300	450	400	1600	1.50	3.56	458.0	2.10	388.0	0.48			491.0
	12	29.75	300	450	400	1600	1.50	3.56	458.0	2.10	368.0	0.84			570.0
	13	40.51	300	450	400	1200	1.00	2.67	458.0	2.10					661.0
	14	40.51	300	450	400	1200	1.00	2.67	458.0	2.10	370.0	0.21			751.0
	15	40.51	300	450	400	1200	1.00	2.67	458.0	2.10	388.0	0.48			774.0
	16	40.51	300	450	400	1200	1.00	2.67	458.0	2.10	368.0	0.84			849.0
	17	39.62	300	450	400	1200	1.00	2.67	458.0	2.10	370.0	0.21			570.0
	18	39.87	300	450	400	1200	1.00	2.67	458.0	2.10	388.0	0.48			773.0
	19	40.25	300	450	400	1200	1.00	2.67	458.0	2.10	368.0	0.84			756.0
	20	30.76	300	450	400	1200	1.00	2.67	702.0	2.10	952.0	0.48			665.0
Tanimura 和 Sato[32]	21	34.05	300	450	400	1200	1.00	2.67	702.0	2.10	1051.0	0.84			661.0
	22	33.16	300	450	400	1600	1.50	3.56	702.0	2.10	952.0	0.48			537.0
	23	33.29	300	450	400	1600	1.50	3.56	702.0	2.10	1051.0	0.84			566.0
	24	101.14	300	450	400	800	0.50	1.78	702.0	2.10					1958.0
	25	96.71	300	450	400	1200	1.00	2.67	702.0	2.10					1403.0
	26	99.11	300	450	400	1600	1.50	3.56	702.0	2.10					904.0
	28	32.28	300	450	400	1000	0.75	2.22	458.0	2.10	388.0	0.48			647.0
	29	33.16	300	450	400	1000	0.75	2.22	458.0	2.10	368.0	0.84			666.0
	30	33.42	300	450	400	1000	0.75	2.22	458.0	2.10	389.0	0.88			701.0
	33	31.27	300	450	400	1200	1.00	2.67	458.0	2.10	388.0	0.95			647.0
	34	31.39	300	450	400	1200	1.00	2.67	458.0	2.10	375.0	0.95			598.0
	35	32.03	300	450	400	800	0.50	1.78	1330.0	2.10					588.0
	36	31.01	300	450	400	800	0.50	1.78	1330.0	2.10	388.0	0.48			539.0
	37	32.66	300	450	400	800	0.50	1.78	1330.0	2.10	368.0	0.84			554.0

续表

文献	试件编号	f_{cu}/MPa	b	h	有效高度 h_0/mm	净跨 l_0/mm	剪跨比 λ	跨高比 l_0/h	f_y/MPa	ρ/%	f_{yv}/MPa	ρ_v/%	f_{yh}/MPa	ρ_h/%	试验值 V_{test}/kN
Tanimura 和 Sato[32]	38	31.90	300	450	400	1200	1.00	2.67	1330.0	2.10					358.0
	39	32.15	300	450	400	1200	1.00	2.67	1330.0	2.10	388.0	0.48			470.0
	40	32.78	300	450	400	1200	1.00	2.67	1330.0	2.10	368.0	0.84			470.0
	46	123.42	300	450	400	1200	1.00	2.67	750.0	2.10	957.0	0.21			1243.0
	47	121.90	300	450	400	1200	1.00	2.67	750.0	2.10	953.0	0.48			1300.0
	48	119.62	300	450	400	1600	1.50	3.56	750.0	2.10	957.0	0.21			932.0
	49	119.24	300	450	400	1600	1.50	3.56	750.0	2.10	953.0	0.48			980.0
Salamy 等[33]	B-2	45.82	240	475	400	700	0.50	1.47	376.0	2.00					775.0
	B-3	45.82	240	475	400	700	0.50	1.47	376.0	2.00	376.0	0.40			768.0
	B-4	45.82	240	475	400	700	0.50	1.47	376.0	2.00	376.0	0.80			975.5
	B-6	39.62	240	475	400	1100	1.00	2.32	376.0	2.00					525.0
	B-7	39.62	240	475	400	1100	1.00	2.32	376.0	2.00	376.0	0.40			590.0
	B-8	47.85	240	475	400	1100	1.00	2.32	376.0	2.00	376.0	0.80			750.5
	B-10-1	36.96	240	475	400	1500	1.50	3.16	376.0	2.00					308.0
	B-10-2	29.11	240	475	400	1500	1.50	3.16	376.0	2.00					351.5
	B-11	36.96	240	475	400	1500	1.50	3.16	376.0	2.00	376.0	0.40			512.5
	B-12	39.62	240	475	400	1500	1.50	3.16	376.0	2.00	376.0	0.80			580.5
	B-10.3-1	47.85	360	675	600	2250	1.50	3.33	388.0	2.10					980.0
	B-10.3-2	39.49	360	675	600	2250	1.50	3.33	372.0	2.10					893.5
林辉[34]	UL-1	38.35	250	500	466	1900	1.50	3.80	395.0	1.80	341.0	0.27	369.0	1.69	510.0
	UL-2	39.11	250	500	466	1900	1.50	3.80	395.0	1.80	341.0	0.27	374.0	2.11	520.0
	UL-3	38.86	250	500	466	1900	1.50	3.80	395.0	3.60	341.0	0.27	374.0	0.53	450.0
	UL-4	39.24	250	500	466	1900	1.50	3.80	395.0	3.60			374.0	0.53	420.0
	UL-5	36.20	250	500	466	1900	1.50	3.80	365.0	2.00	334.0	0.27	372.0	0.53	370.0
	UL-6	37.09	250	500	466	1900	1.50	3.80	365.0	2.00	334.0	0.27	372.0	0.53	480.0

续表

文献	试件编号	f_{cu}/MPa	几何尺寸/mm		有效高度 h_0/mm	净跨 l_0/mm	剪跨比 λ	跨高比 l_0/h	底部纵筋		竖向纵筋		水平腹筋		试验值 V_{test}/kN
			b	h					f_y/MPa	ρ/%	f_{yv}/MPa	ρ_v/%	f_{yh}/MPa	ρ_h/%	
林辉[34]	UL-8	37.09	250	500	466	1900	1.50	3.80	368.0	2.70					200.0
	UL-9	37.47	250	500	466	1900	1.50	3.80	351.0	0.50					185.0
	UL-10	38.35	250	500	466	1900	1.50	3.80	368.0	1.30					190.0
	UL-11	39.49	250	500	466	1900	1.50	3.80	368.0	0.80					235.0
	1DB35bw	32.78	80	350	313	1050	1.10	3.00	469.0	1.30	426.0	0.40			99.5
	1DB50bw	34.68	115	500	454	1500	1.10	3.00	507.0	1.30	426.0	0.39			186.5
	1DB70bw	35.82	160	700	642	2100	1.10	3.00	522.0	1.20	370.0	0.45			427.0
	1DB100bw	36.33	230	1000	904	3000	1.10	3.00	534.0	1.20	455.0	0.41			775.0
Zhang 和 Tan[35]	2DB35	34.68	80	350	314	1050	1.10	3.00	469.0	1.30					85.0
	2DB50	41.01	80	500	459	1500	1.10	3.00	501.0	1.20					135.5
	2DB70	31.39	80	700	650	2100	1.10	3.00	507.0	1.30					155.5
	2DB100	38.73	80	1000	926	3000	1.10	3.00	511.0	1.30					241.5
	2DB35b	34.68	80	350	314	1050	1.10	3.00	469.0	1.30					85.0
	3DB50b	35.82	115	500	454	1500	1.10	3.00	507.0	1.30					167.5
	3DB70b	36.33	160	700	642	2100	1.10	3.00	522.0	1.20					360.5
	3DB100b	37.09	230	1000	904	3000	1.10	3.00	534.0	1.20					672.5
Garay 和 Lu[36]	MS1-3	55.70	300	607	506	1700	1.19	2.80	880.0	2.30	410.0	0.33	838.0	0.35	1373.5
	MS2-3	54.43	300	607	506	2300	1.78	3.79	880.0	2.30	410.0	0.33	838.0	0.35	1027.5
Brena 和 Roy[37]	DB1.0-1.00	42.15	165	635	581	1220	1.00	1.92	414.0	0.40	605.0	0.31	605.0	0.62	338.0
	DB1.0-0.75	40.13	173	635	581	1220	1.00	1.92	414.0	0.40	605.0	0.29	605.0	0.59	371.0
	DB1.0-0.5	38.73	157	635	581	1220	1.00	1.92	414.0	0.40	605.0	0.32	605.0	0.65	365.0
	DB1.0-0.32	34.18	152	635	581	1220	1.00	1.92	414.0	0.50	605.0	0.33	605.0	0.67	334.0
	DB1.0-0.75L	37.85	155	635	581	1220	1.00	1.92	414.0	0.60	605.0	0.33	605.0	0.66	371.0
	DB1.5-0.75	41.39	152	457	405	1220	1.50	2.67	414.0	0.70	605.0	0.33	605.0	0.45	229.0
	DB1.5-0.5	43.16	152	457	405	1220	1.50	2.67	414.0	0.70	605.0	0.33	605.0	0.45	211.0

续表

文献	试件编号	f_{cu}/MPa	几何尺寸/mm		有效高度 h_0/mm	净跨 l_0/mm	剪跨比 λ	跨高比 l_0/h	底部纵筋		竖向纵筋		水平腹筋		试验值 V_{test}/kN
			b	h					f_t/MPa	ρ/%	f_{yv}/MPa	ρ_v/%	f_{yh}/MPa	ρ_h/%	
辛左贤二[38]	B-10.1	46.84	180	375	300	1200	1.50	3.20	387.3	2.00					195.0
	B-10.1R	53.54	180	375	300	1200	1.50	3.20	387.3	2.00					325.0
	B-10	36.96	240	475	400	1500	1.50	3.16	376.0	2.00					308.0
	B-10R	29.11	240	475	400	1500	1.50	3.16	376.0	2.00					353.0
	B-10R2	46.84	240	475	400	1500	1.50	3.16	376.0	2.00					390.5
	B-10.2	46.84	300	575	500	1800	1.50	3.13	388.0	2.00					361.5
	B-10.2R	53.54	300	575	500	1800	1.50	3.13	388.0	2.00					759.5
	B-10.3	47.85	360	675	600	2100	1.50	3.11	388.0	2.10					980.0
	B-10.3R	39.49	360	675	600	2100	1.50	3.11	388.0	2.10					893.5
	B-10.3R2	46.84	360	675	600	2100	1.50	3.11	388.0	2.10					562.5
	B-13	40.00	480	905	800	2700	1.50	2.98	398.1	2.10					992.5
	B-13R	30.38	480	905	800	2700	1.50	2.98	398.1	2.10					893.5
	B-14	39.24	600	1105	1000	3300	1.50	2.99	400.1	2.00					1984.5
	B-15	34.18	720	1305	1200	3900	1.50	2.99	401.8	2.00					2695.0
	B-16	34.56	840	1505	1400	4500	1.50	2.99	393.9	2.10					3009.5
	B-11	29.11	240	465	400	1500	1.50	3.23	376.0	2.00	376.0	0.40			512.5
	B-17	36.33	600	1105	1000	3300	1.50	2.99	400.1	2.00	400.0	0.40			2607.0
	B-18	29.75	840	1505	1400	4500	1.50	2.99	393.9	2.10	394.0	0.40			4198.0
Zhang 等[39]	0.60/0.60/P	52.15	150	500	428	1800	1.40	3.60	484.0	1.20	328.0	0.35			250.1
	0.60/0.60/2P	52.15	150	500	428	1800	1.40	3.60	484.0	1.20	328.0	0.35			305.6
	0.60/0.60/5P	52.15	150	500	428	1800	1.40	3.60	484.0	1.20	328.0	0.35			256.8
	0.45/0.75/P	52.15	150	500	428	1800	1.75	3.60	484.0	1.20	328.0	0.35			240.1
	0.30/0.90/5P	52.15	150	500	428	1800	0.70	3.60	484.0	1.20	328.0	0.35			458.1
	0.75/0.75/P	48.48	160	600	527	2200	1.42	3.67	495.0	1.40	369.0	0.42			424.5
	0.75/0.75/2P	48.48	160	600	527	2200	1.42	3.67	495.0	1.40	369.0	0.42			396.6
	0.75/0.75/4P	48.48	160	600	527	2200	1.42	3.67	495.0	1.40	369.0	0.42			440.1

续表

| 文献 | 试件编号 | 几何尺寸/mm | | 有效高度 h₀/mm | 净跨 l₀/mm | 剪跨比 λ | 跨高比 l₀/h | 底部纵筋 | | 竖向纵筋 | | 水平腹筋 | | 试验值 V_test/kN |
		b	h					f_y/MPa	ρ/%	f_yv/MPa	ρ_v/%	f_yh/MPa	ρ_h/%	
Zhang 等[39]	0.75/0.75/6P	160	600	527	2200	1.42	3.67	495.0	1.40	369.0	0.42			307.2
	0.45/1.05/2P	160	600	527	2200	0.85	3.67	495.0	1.40	369.0	0.42			552.7
	0.30/1.2/2P	160	600	527	2200	0.57	3.67	495.0	1.40	369.0	0.42			665.4
Sagaseta 和 Vollum[40]	AG0	135	500	438	1320	1.51	2.64	580.0	3.30	550.0	0.22			326.0
	AG2	135	500	438	1320	1.51	2.64	580.0	3.30	550.0	0.22			563.0
	AL0	135	500	438	1320	1.51	2.64	580.0	3.30	550.0	0.22			366.0
	AL2	135	500	438	1320	1.51	2.64	580.0	3.30	550.0	0.22			532.0
	AL3	135	500	438	1320	1.51	2.64	580.0	3.30	550.0	0.34			481.0
	AL4	135	500	438	1320	1.51	2.64	580.0	3.30	550.0	0.45			602.0
Sahoo 等[41]	BML-0-0	100	450	400	1000	0.50	2.22	400.0	1.10	260.0	0.45			371.2
	BML-85-85	100	450	400	1000	0.50	2.22	400.0	1.10	260.0	0.20	260.0	0.20	359.2
	BML-57-57	100	450	400	1000	0.50	2.22	400.0	1.10	260.0	0.30	260.0	0.30	348.8
	BML-0-57	100	450	400	1000	0.50	2.22	400.0	1.10	260.0	0.30	260.0	0.30	348.8
	BML-57-0	100	450	400	1000	0.50	2.22	400.0	1.10	260.0	0.30			331.2
	BML-0-50	100	450	400	1000	0.50	2.22	400.0	1.10	260.0	0.30	260.0	0.34	360.0
	BML-26-0	100	450	400	1000	0.50	2.22	400.0	1.10	260.0	0.66			303.2
	BML-53-100	100	450	400	1000	0.50	2.22	400.0	1.10	260.0	0.32	260.0	0.17	354.4
	BML-68-83	100	450	400	1000	0.50	2.22	400.0	1.10	260.0	0.25	260.0	0.15	371.2
	BML-0-36	100	450	400	1000	0.50	2.22	400.0	1.10	260.0	0.20	260.0	0.48	360.0
	BMM-125-125	100	450	400	1000	0.50	2.22	400.0	1.10	440.0	0.20	260.0	0.20	365.6
Senturk 和 Higgins[42]	D6.A4.G40#4.S	406	1829	1778	7315	1.37	4.00	470.0	0.60	348.0	0.29			1809.0
	D6.A2.G40#4.S	406	1829	1778	7315	1.37	4.00	478.0	0.30	346.0	0.29			1307.0
Mihaylov 等[43]	S0M	400	1200	1094	3400	1.55	2.83	652.0	0.70	490.0	0.29			721.0
	S0C	400	1200	1094	3400	1.55	2.83	652.0	0.70	490.0	0.29			1162.0
	S1M	400	1200	1094	3400	1.55	2.83	652.0	0.70	490.0	0.10			941.0
	S1C	400	1200	1094	3400	1.55	2.83	652.0	0.70	490.0	0.10			843.0

注：f_cw/MPa 列值依次为 48.48, 48.48, 48.48, 101.52, 101.52, 86.58, 86.58, 86.58, 86.58, 57.22, 51.65, 47.72, 49.75, 51.27, 56.71, 54.68, 56.84, 54.68, 49.24, 45.95, 33.16, 30.89, 43.29, 43.29, 41.77, 41.77。

续表

文献	试件编号	几何尺寸/mm		有效高度 h_0/mm	净跨 l_0/mm	剪跨比 λ	跨高比 l_0/h	底部纵筋		竖向纵筋		水平腹筋		试验值 V_{test}/kN
		b	h					f_y/MPa	ρ/%	f_{yv}/MPa	ρ_v/%	f_{h}/MPa	ρ_h/%	
Mihaylov 等[43]	L0M	400	1200	1094	5000	2.29	4.17	652.0	0.70	490.0	0.10			416.0
	L1C	400	1200	1094	5000	2.29	4.17	652.0	0.70	490.0	0.10			642.0
林云[44]	SL1	160	680	637	1300	1.02	1.91	542.0	0.40	293.0	0.31	293.0	0.63	310.0
	SL2	160	680	613	1300	1.06	1.91	383.0	0.50	293.0	0.31	293.0	0.66	260.0
	SL3	160	600	552	950	0.86	1.58	493.0	0.70	293.0	0.31	293.0	0.74	455.0
	SL4	160	600	528	950	0.90	1.58	383.0	0.80	293.0	0.31	293.0	0.79	460.0
Gedik 等[45]	B3-0.5	100	300	240	390	0.50	1.30	372.2	3.20					300.0
	B3-0.5-VS	100	300	240	390	0.50	1.30	372.2	3.20					329.0
	B3-1.0	100	300	240	630	1.00	2.10	372.2	3.20					226.0
	B3-1.0-VS	100	300	240	630	1.00	2.10	372.2	3.20					232.0
	B3-1.5	100	300	240	870	1.50	2.90	372.2	3.20					104.0
	B3-1.5-VS	100	300	240	870	1.50	2.90	372.2	3.20					137.0
	B3-2.0	100	300	240	1110	2.00	3.70	372.2	3.20					65.0
	B3-2.0-VS	100	300	240	1110	2.00	3.70	372.2	3.20					110.0
Aguilar 等[46]	ACI-1	305	915	791	4065	1.16	4.44	420.0	1.30	450.0	0.31	450.0	0.35	1357.0
	STM-1	305	915	718	4065	1.27	4.44	420.0	1.40	450.0	0.31	450.0	0.13	1134.0
	STM-H	305	915	801	4065	1.14	4.44	420.0	1.30	450.0	0.31	450.0	0.06	1286.0
	STM-M	305	915	801	4065	1.14	4.44	420.0	1.30	450.0	0.10			1277.0
Quintero-Febres 等[47]	A1	150	460	370	1530	1.42	3.33	462.0	2.80	407.0	0.28	407.0	0.10	251.0
	A2	150	460	370	1530	1.42	3.33	462.0	2.80	407.0	0.28	407.0	0.10	237.0
	A3	150	460	370	1530	1.42	3.33	462.0	2.80					221.0
	A4	150	460	370	1530	1.42	3.33	462.0	2.80					196.0
	B1	150	460	375	1630	0.89	3.54	427.0	2.00	545.0	0.23	545.0	0.10	456.0
	B2	150	460	375	1630	0.89	3.54	427.0	2.00	545.0	0.23	545.0	0.10	426.0
	B3	150	460	375	1630	0.81	3.54	427.0	2.00					468.0
	B4	150	460	375	1630	0.81	3.54	427.0	2.00					459.0

注：表中 f_{cu}/MPa 列数值分别为：L0M 36.84，L1C 47.85，SL1 32.66，SL2 32.66，SL3 38.10，SL4 38.10，B3-0.5 41.27，B3-0.5-VS 41.27，B3-1.0 45.19，B3-1.0-VS 45.19，B3-1.5 28.10，B3-1.5-VS 28.10，B3-2.0 28.10，B3-2.0-VS 28.10，ACI-1 40.51，STM-1 40.51，STM-H 35.44，STM-M 35.44，A1 27.85，A2 27.85，A3 27.85，A4 27.85，B1 41.01，B2 41.01，B3 41.01，B4 41.01。

续表

| 文献 | 试件编号 | f_{cu}/MPa | 几何尺寸/mm | | 有效高度 h_0/mm | 净跨 l_0/mm | 剪跨比 λ | 跨高比 l_0/h | 底部纵筋 | | 竖向纵筋 | | 水平腹筋 | | 试验值 V_{test}/kN |
			b	h					f_y/MPa	ρ/%	f_{yv}/MPa	ρ_v/%	f_{yh}/MPa	ρ_h/%	
Quintero-Febres 等[47]	HA1	63.67	100	460	380	1630	1.57	3.54	434.0	4.10	586.0	0.38	586.0	0.15	265.0
	HA3	63.67	100	460	380	1630	1.43	3.54	434.0	4.10	586.0	0.38	586.0	0.15	292.0
	HB1	63.67	100	460	380	1630	0.89	3.54	434.0	4.10	586.0	0.67	586.0	0.15	484.0
	HB3	63.67	100	460	380	1630	0.82	3.54	434.0	4.10	586.0	0.67	586.0	0.15	460.0
	1A1	32.53	100	500	446	500	0.43	1.00	382.0	0.20	454.0	0.24	454.0	0.51	239.5
	1A2	36.96	100	500	442	500	0.43	1.00	493.0	0.90	454.0	0.24	454.0	0.51	375.0
	1B1	31.01	100	500	446	1500	1.55	3.00	382.0	0.20	454.0	0.22	454.0	0.51	78.0
	1B2	36.96	100	500	442	1500	1.56	3.00	493.0	0.90	454.0	0.22	454.0	0.51	149.5
Subedi 等[48]	1C1	31.01	100	900	844	900	0.46	1.00	326.0	0.30	454.0	0.21	454.0	0.35	292.5
	1C2	35.44	100	900	838	900	0.47	1.00	330.0	1.20	454.0	0.21	454.0	0.35	485.0
	1D1	45.06	100	900	844	2700	1.53	3.00	326.0	0.30	454.0	0.20	454.0	0.35	123.5
	1D2	41.52	100	900	838	2700	1.54	3.00	330.0	1.20	454.0	0.20	454.0	0.35	211.0
	2A2	28.35	100	500	442	500	0.43	1.00	322.0	0.90	438.0	0.24	438.0	0.51	307.5
	2C1	34.94	100	900	844	900	0.46	1.00	334.0	0.30	438.0	0.21	438.0	0.35	303.0
	2D1	43.42	100	900	844	2700	1.53	3.00	334.0	0.30	438.0	0.20	438.0	0.35	90.0
	2D2	39.37	100	900	838	2700	1.54	3.00	303.0	1.20	438.0	0.20	438.0	0.35	199.0

注：此文献数据仅供参考。未归入深梁试验数据库。

* 为另行收集试验数据，未归入深梁试验数据库。

附录B　轻骨料混凝土深受弯构件计算结果对比

试件编号	V_{test}/kN	各国规范				无先验模型	无信息先验模型				共轭概率模型				MCMC模型			
		V_{test}/V_{GB}	V_{test}/V_{CSA}	V_{test}/V_{EC2}	V_{test}/V_{ACI}	V_{test}/V_B	$V_{test}/V_{GB,B}$	$V_{test}/V_{CSA,B}$	$V_{test}/V_{EC2,B}$	$V_{test}/V_{ACI,B}$	$V_{test}/V_{GB,B}$	$V_{test}/V_{CSA,B}$	$V_{test}/V_{EC2,B}$	$V_{test}/V_{ACI,B}$	$V_{test}/V_{GB,B}$	$V_{test}/V_{CSA,B}$	$V_{test}/V_{EC2,B}$	$V_{test}/V_{ACI,B}$
HSLCB-1	655.0	2.07	1.58	1.54	1.54	1.12	1.34	2.32	1.25	1.15	1.75	2.25	1.15	1.06	1.65	1.10	0.95	0.83
HSLCB-2	605.0	1.47	1.46	1.43	1.42	1.03	0.95	2.32	1.37	1.21	1.24	2.08	1.29	0.98	0.94	0.82	0.87	0.77
HSLCB-3	615.0	1.94	1.57	1.52	1.53	1.65	1.51	1.41	1.23	1.21	1.93	1.44	1.13	1.22	1.55	1.09	1.08	0.88
HSLCB-4	575.0	1.57	1.47	1.42	1.43	1.55	1.22	1.43	1.36	1.30	1.56	1.35	1.29	1.14	1.00	0.82	1.01	0.82
HSLCB-5	465.0	1.47	1.38	1.32	1.34	1.63	1.27	0.93	1.07	1.11	1.61	0.98	0.98	1.17	1.17	0.96	1.03	0.80
HSLCB-6	470.0	1.41	1.40	1.33	1.36	1.65	1.22	1.02	1.28	1.28	1.54	0.99	1.21	1.19	0.90	0.78	1.04	0.81
HSLCB-7	318.0	1.01	1.13	1.07	1.10	1.35	0.94	0.62	0.87	0.93	1.18	0.67	0.80	1.02	0.80	0.79	0.89	0.68
HSLCB-8	360.0	1.16	1.28	1.21	1.25	1.53	1.08	0.76	1.16	1.21	1.36	0.76	1.10	1.16	0.74	0.71	0.99	0.77
I-800-0.75-130	1099.0	1.72	1.20	1.31	1.22	1.16	0.95	0.80	0.99	1.18	1.34	0.84	1.09	1.16	1.17	0.72	1.04	0.79
I-1000-0.75-130	1346.0	1.67	1.20	1.36	1.22	1.14	0.93	0.79	0.96	1.16	1.32	0.82	1.09	1.13	1.20	0.76	1.05	0.79
I-1400-0.75-130	1580.0	1.41	1.28	1.36	1.30	1.03	0.78	0.83	0.85	1.18	1.13	0.85	1.01	1.13	1.08	0.86	1.01	0.84
I-500-1.00-130	673.3	1.78	1.13	1.77	1.14	1.27	1.06	0.66	1.68	1.28	1.45	0.68	1.76	1.23	0.99	0.55	1.56	0.75
II-800-1.00-130	814.1	1.34	0.96	1.55	0.97	0.99	0.81	0.54	1.28	1.04	1.13	0.56	1.42	1.00	0.84	0.52	1.31	0.65
II-1000-1.00-130	923.4	1.26	0.96	1.56	0.97	0.96	0.76	0.53	1.18	1.00	1.07	0.54	1.36	0.95	0.82	0.54	1.28	0.65
II-1400-1.00-130	1121.9	1.08	1.00	1.51	1.01	0.87	0.65	0.55	1.04	1.01	0.93	0.55	1.25	0.94	0.74	0.60	1.20	0.68
III-500-1.00-200	703.2	1.88	0.98	1.52	0.98	1.35	1.12	0.57	1.43	1.10	1.53	0.59	1.50	1.06	1.04	0.47	1.34	0.65
III-800-1.00-200	1066.7	1.73	1.04	1.70	1.04	1.28	1.05	0.58	1.41	1.12	1.46	0.61	1.57	1.08	1.09	0.57	1.43	0.70
III-1000-1.00-200	1117.1	1.53	1.01	1.64	1.02	1.16	0.92	0.56	1.24	1.05	1.29	0.57	1.43	1.00	1.00	0.57	1.35	0.68
III-1400-1.00-200	1368.9	1.32	1.07	1.62	1.08	1.06	0.79	0.59	1.11	1.08	1.13	0.59	1.35	1.00	0.91	0.64	1.29	0.72
IV-500-1.50-130	479.1	1.37	1.06	3.53	1.07	1.14	0.92	0.49	3.75	1.37	1.24	0.50	3.97	1.29	0.68	0.46	3.40	0.75
IV-800-1.50-130	557.2	1.05	0.93	3.02	0.95	0.91	0.70	0.42	2.74	1.13	0.97	0.42	3.11	1.05	0.57	0.44	2.78	0.65
IV-1000-1.50-130	679.2	1.06	0.98	3.20	0.99	0.95	0.71	0.43	2.69	1.16	0.98	0.43	3.17	1.05	0.59	0.47	2.88	0.68
IV-1400-1.50-130	880.0	1.05	1.04	3.12	1.05	0.90	0.70	0.46	2.42	1.20	0.99	0.44	2.99	1.06	0.61	0.52	2.71	0.73
均值		1.45	1.18	1.76	1.17	1.20	0.97	0.85	1.49	1.15	1.26	0.75	1.71	1.08	0.96	0.69	1.46	0.74
标准差		0.30	0.20	0.69	0.19	0.24	0.23	0.53	0.70	0.10	0.24	0.41	0.87	0.09	0.27	0.19	0.70	0.07

注：此文献数据仅供参考。

附录 C　钢筋混凝土框架节点资料及计算结果

参考文献	试件编号	s_{pro}/s_{req}	b_b/b_c	$A_{sh,ratio}$	h_b/h_c	JI	BI	f_c'/MPa	τ_{test}/MPa	$v_{j,test}/v_{j,ACI}$	$v_{j,test}/v_{j,B}$
Abrams[49]	LIJ1	1.27	1.00	1.79	0.75	0.10	0.25	25.5	3.79	0.60	0.877
	LIJ2	1.27	1.00	1.39	0.75	0.07	0.19	32.8	4.86	0.68	1.086
	LIJ3	1.27	1.00	1.46	0.75	0.08	0.20	31.1	4.61	0.66	1.032
	LIJ4	1.27	1.00	1.33	0.75	0.07	0.14	34.3	5.03	0.69	1.258
Endoh 等[50]	A1	1.25	0.67	0.88	1.00	0.04	0.68	30.6	6.88	1.24	0.940
	HC	1.67	0.67	0.29	1.00	0.02	0.28	41.5	5.81	0.90	1.045
	HLC	1.67	0.67	0.30	1.00	0.02	0.28	40.6	5.81	0.91	1.066
	LA1	1.25	0.67	0.69	1.00	0.04	0.61	34.8	7.32	1.24	0.940
Hayashi 等[51]	Aa-1	2.50	0.75	0.53	1.50	0.02	0.10	41.1	3.10	0.39	0.944
	Aa-2	2.50	0.75	0.53	1.50	0.02	0.10	41.1	2.97	0.37	0.904
	Aa-4	2.50	0.75	0.72	1.50	0.03	0.14	30.4	3.19	0.46	1.013
	Aa-7	2.50	0.75	0.57	1.50	0.02	0.11	38.1	3.08	0.40	0.957
	Aa-8	2.50	0.75	0.57	1.50	0.02	0.11	38.1	3.19	0.41	0.992
	Ab-1	2.50	0.75	0.53	1.50	0.02	0.10	41.1	3.06	0.38	0.932
	Ab-2	2.50	0.75	0.53	1.50	0.02	0.10	41.1	2.85	0.36	0.868
Hayashi 等[52]	HNO10	1.04	0.75	3.09	1.00	0.08	0.18	87.9	9.80	0.84	0.903
	HNO8	1.04	0.75	3.09	1.00	0.08	0.18	87.9	9.61	0.82	0.885
	NHO9	1.04	0.75	3.09	1.00	0.08	0.17	87.9	10.12	0.86	0.959
	NO43	0.83	0.75	3.66	1.00	0.05	0.13	54.3	5.05	0.55	0.910
	NO44	0.83	0.75	3.66	1.00	0.05	0.15	54.3	5.63	0.61	0.944
	NO45	0.83	0.75	3.66	1.00	0.05	0.28	54.3	6.71	0.73	0.823
	NO46	0.83	0.75	3.66	1.00	0.05	0.15	54.3	5.05	0.55	0.847
	NO47	0.83	0.75	3.66	1.00	0.05	0.20	54.3	6.48	0.70	0.941
	NO48	0.83	0.75	3.66	1.00	0.05	0.22	54.3	7.57	0.82	1.048
	NO49	0.83	0.75	3.66	1.00	0.05	0.35	54.3	9.57	1.04	1.049
	NO50	0.83	0.75	3.66	1.00	0.05	0.22	54.3	7.33	0.80	1.014
Joh 等[53]	B10	1.43	0.67	18.68	1.17	0.32	0.18	24.9	4.06	0.81	0.948
	B11	1.43	0.67	17.96	1.17	0.31	0.18	25.9	4.14	0.81	0.938
	B2	2.44	0.93	3.47	1.17	0.06	0.13	22.5	3.09	0.52	1.203
	B8LH	2.44	0.67	0.89	1.17	0.03	0.17	26.9	3.28	0.63	1.056
	B8MH	1.25	0.67	2.78	1.17	0.06	0.16	28.1	3.14	0.59	0.901
Meinheit 等[54]	U1	1.96	0.85	1.43	1.00	0.08	0.50	26.2	5.38	0.84	0.888
	U2	1.96	0.85	0.89	1.00	0.05	0.31	41.8	7.87	0.97	1.162
	U3	1.96	0.85	1.40	1.00	0.08	0.49	26.6	6.03	0.94	0.992
	U5	1.96	0.85	1.30	1.38	0.06	0.37	35.9	7.57	1.01	1.142
	U12	0.62	0.85	3.54	1.00	0.28	0.37	35.2	9.58	1.29	1.162
	U13	0.65	0.85	2.71	1.00	0.15	0.32	41.3	7.66	0.95	0.951
	U14	0.65	0.89	3.54	1.38	0.19	0.27	33.2	7.59	1.05	1.207

参考文献	试件编号	s_{pro}/s_{req}	b_b/b_c	$A_{sh,ratio}$	h_b/h_c	JI	BI	f_c'/MPa	τ_{test}/MPa	$v_{j,test}/v_{j,ACI}$	$v_{j,test}/v_{j,B}$
Noguchi 等[55]	J1	1.39	0.67	2.07	1.00	0.10	0.36	70	10.84	1.30	0.837
	J3	1.39	0.67	1.35	1.00	0.07	0.30	107	13.75	1.33	0.837
	J4	1.39	0.67	2.07	1.00	0.10	0.36	70	11.44	1.37	0.884
	J6	1.39	0.67	2.70	1.00	0.13	0.45	53.5	9.98	1.36	0.844
Oka 等[56]	J1	1.39	0.80	3.15	1.00	0.06	0.23	81.2	11.58	1.03	1.059
	J4	1.39	0.80	3.52	1.00	0.07	0.26	72.8	11.94	1.12	1.107
	J5	1.39	0.80	3.52	1.00	0.07	0.34	72.8	13.38	1.25	1.084
	J7	1.39	0.80	2.02	1.00	0.04	0.19	79.2	9.87	0.89	1.081
	J10	1.39	0.80	2.84	1.00	0.06	0.53	39.2	8.83	1.13	1.027
Otani 等[57]	C2	1.39	0.67	2.60	1.00	0.13	0.30	25.6	5.36	1.06	1.084
	C3	0.83	0.67	3.77	1.00	0.25	0.30	25.6	5.08	1.00	0.930
	J1	2.08	0.67	0.52	1.00	0.04	0.41	25.7	4.32	0.85	0.891
	J2	2.08	0.67	1.11	1.00	0.09	0.44	24	4.48	0.91	0.838
	J4	2.08	0.67	0.52	1.00	0.04	0.41	25.7	4.22	0.83	0.870
	J5	2.08	0.67	0.46	1.00	0.04	0.37	28.7	5.04	0.94	0.990
	J6	1.94	0.67	0.83	1.00	0.05	0.19	28.7	3.7	0.69	0.982
Teraoka 等[58]	HJ1	0.83	0.75	4.36	1.00	0.05	0.13	53.9	5.05	0.55	0.916
	HJ2	0.83	0.75	4.36	1.00	0.05	0.16	53.9	5.63	0.61	0.920
	HJ3	0.83	0.75	4.36	1.00	0.05	0.15	53.9	5.05	0.55	0.853
	HJ4	0.83	0.75	4.36	1.00	0.05	0.20	53.9	6.48	0.71	0.947
	HJ5	0.83	0.75	4.36	1.00	0.05	0.23	53.9	7.59	0.83	1.034
	HJ6	0.83	0.75	4.36	1.00	0.05	0.23	53.9	7.33	0.80	0.999
	HJ7	1.04	0.75	3.08	1.00	0.07	0.18	88.3	9.62	0.82	0.901
	HJ8	1.04	0.75	3.08	1.00	0.07	0.17	88.3	10.12	0.86	0.975
	HJ9	1.04	0.75	3.08	1.00	0.07	0.18	88.3	9.80	0.83	0.917
	HJ10	1.04	0.75	3.08	1.00	0.07	0.19	88.3	11.38	0.97	1.037
	HJ11	1.04	0.75	3.08	1.00	0.07	0.25	88.3	14.87	1.27	1.180
	HJ13	1.04	0.75	2.31	1.00	0.05	0.14	117.8	13.86	1.02	1.194
	HJ14	1.04	0.75	2.31	1.00	0.05	0.26	117.8	18.29	1.35	1.154
Teraoka 等[59]	HNO1	1.04	0.75	2.61	1.00	0.07	0.18	88.7	9.91	0.84	0.924
	HNO3	1.04	0.75	2.61	1.00	0.07	0.25	88.7	13.01	1.11	1.028
	HNO4	1.04	0.75	2.61	1.00	0.07	0.35	88.7	14.87	1.26	0.993
	HNO5	1.04	0.75	1.98	1.00	0.05	0.14	116.9	12.39	0.92	1.074
	HNO6	1.04	0.75	1.98	1.00	0.05	0.26	116.9	16.11	1.19	1.024
傅剑平[60]	J-1	1.04	0.71	4.38	1.14	0.08	0.15	40.5	4.37	0.55	0.890
	J-2	1.04	0.71	5.15	1.14	0.10	0.18	34.5	4.71	0.64	0.978
	J-3	1.67	0.71	2.26	1.14	0.07	0.15	30.7	3.39	0.49	0.905
	J-5	1.11	0.71	5.10	1.14	0.13	0.19	39.2	5.54	0.71	0.958
	J-6	1.11	0.71	7.52	1.14	0.19	0.28	27.5	5.53	0.84	1.024
	J-7	0.93	0.71	7.46	1.14	0.19	0.23	33.2	5.52	0.77	0.951
	J-8	1.11	0.71	5.69	1.14	0.18	0.25	30.2	5.54	0.81	1.006
	J-9	1.67	0.71	2.83	1.14	0.11	0.18	31.4	4.15	0.59	0.925

续表

参考文献	试件编号	s_{pro}/s_{req}	b_b/b_c	$A_{sh,ratio}$	h_b/h_c	JI	BI	f_c'/MPa	τ_{test}/MPa	$v_{j,test}/v_{j,\,ACI}$	$v_{j,test}/v_{j,B}$
傅剑平等[61]	J-10	1.67	0.71	3.50	1.14	0.13	0.22	26.3	4.14	0.65	0.955
	J-11	0.93	0.71	10.19	1.14	0.25	0.26	28.3	5.51	0.83	0.989
	J-12	1.39	0.71	4.87	1.14	0.18	0.28	26.3	5.29	0.83	1.028
	J-13	0.93	0.71	8.96	1.14	0.23	0.29	31.1	7.04	1.01	1.113
	J-14	1.11	0.71	6.47	1.14	0.20	0.30	29.9	6.48	0.95	1.066
	J-15	0.79	0.71	14.78	1.14	0.31	0.37	26.6	6.97	1.08	1.073
	J-16	0.93	0.71	10.49	1.14	0.26	0.36	27.5	7.23	1.10	1.125
胡庆昌[62]	I	2.43	0.60	1.05	1.40	0.03	0.21	29.2	4.15	0.77	1.115
	I-1	2.43	0.60	1.03	1.40	0.03	0.18	32.1	4.16	0.73	1.108
	I-2	2.43	0.60	1.01	1.40	0.03	0.28	37.7	5.1	0.83	0.941
	SJ1-1	2.24	0.60	1.07	1.40	0.03	0.21	37.5	5.53	0.90	1.184
	SJ1-2	2.24	0.60	0.99	1.40	0.03	0.19	40.7	5.82	0.91	1.217
	SJ2-2	0.97	0.60	8.05	1.40	0.13	0.23	33.6	6.17	1.07	1.115
	SJ5-1	2.43	0.60	0.81	1.40	0.03	0.22	44.7	6.47	0.97	1.155
	SJ-3	1.17	0.60	5.20	1.40	0.11	0.24	40.7	6.41	1.00	0.977
	SJ-B	1.19	0.56	5.15	1.11	0.09	0.32	31.9	5.49	0.97	0.932
赵成文等[63]	J3-50	1.25	0.75	2.28	1.50	0.05	0.19	55.6	7.14	0.77	1.041
	J4-30	0.78	0.75	5.74	1.50	0.07	0.19	56.5	7.92	0.84	1.081
	J4-50	1.25	0.75	2.21	1.50	0.04	0.18	57.4	7.83	0.83	1.179
	J6-50	1.25	0.75	2.43	1.50	0.05	0.21	52.1	8.29	0.92	1.219
	J8-30	0.78	0.75	6.18	1.50	0.08	0.21	52.4	8.38	0.93	1.141
平均值 θ										0.854	1.005
方差 σ^2										0.059	0.011

注：此文献数据仅供参考。

参 考 文 献

[1] Kong F K, Robins P J, Cole D F. Web reinforcement effects on deep beams [J]. ACI Journal Proceedings, 1970, 67（12）: 1010-1018.

[2] Tan K H, Kong F K, Teng S, et al. Effect of web reinforcement on high-strength concrete deep beams[J]. ACI Structural Journal, 1997, 94（5）: 572-582.

[3] 刘立新, 谢丽丽, 陈萌. 钢筋混凝土深受弯构件受剪性能的研究[J]. 建筑结构, 2000, 30（10）: 19-22,46.

[4] Manuel R F, Slight B W, Suter G T. Deep beam behavior affected by length and shear span variations[J]. Am Concrete Institution Journal and Proceedings, 1971, 68（12）: 954-958.

[5] Smith K N, Vantsiotis A S. Shear strength of deep beams [J]. ACI Journal Proceedings, 1982, 79（3）: 201-213.

[6] 龚绍熙. 钢筋混凝土深梁在对称集中荷载下抗剪强度的研究[J]. 郑州工学院学报, 1982（1）: 52-68.

[7] Mphonde A G, Frantz G C. Shear tests of high-and low-strength concrete beams without stirrups[C]// ACI Journal Proceedings, 1984, 81（4）: 350-357.

[8] 方江武. 钢筋混凝土深梁抗剪强度的试验研究[J]. 石家庄铁道学院学报, 1990, 3（1）: 15-24.

[9] Tan K H, Kong F K, Teng S, et al. High-strength concrete deep beams with effective span and shear span variations [J]. ACI Structural Journal, 1995, 92（4）: 395-405.

[10] Tan K H, Teng S, Kong F K, et al. Main tension steel in high strength concrete deep and short beams[J]. ACI Structural Journal, 1997, 94（6）: 752-768.

[11] Foster S J, Gilbert R I. Experimental studies on high-strength concrete deep beams[J]. ACI Structural Journal, 1998,

95（4）：382-390.

[12] Shin S W, Lee K S, Moon J I, et al. Shear strength of reinforced high-strength concrete beams with shear span-to-depth ratios between 1.5 and 2.5 [J]. ACI Structural Journal, 1999, 96（4）：549-556.

[13] Tan K H, Lu H Y. Shear behavior of large reinforced concrete deep beams and code comparisons[J]. ACI Structural Journal, 1999, 96（5）：836-845.

[14] Tan K H, Cheng G H, Zhang N. Experiment to mitigate size effect on deep beams[J]. Magazine of Concrete Research, 2008, 60（10）：709-723.

[15] Clark A P. Diagonal tension in reinforced concrete beams[J]. ACI Journal Proceedings, 1951, 48（10）：145-156.

[16] Oh J K, Shin S W. Shear strength of reinforced high-strength concrete deep beams [J]. ACI Structural Journal, 2001, 98（2）：164-173.

[17] Kani G N J. How safe are our large reinforced concrete beams[J]. ACI Journal Proceedings, 1967, 64（3）：128-141.

[18] Rogowsky D M, MacGregor J G, Ong S Y. Tests of reinforced concrete deep beams[C]// ACI Journal Proceedings, 1986, 83（4）：614-623.

[19] Lu W Y, Lin I J, Yu H W. Shear strength of reinforced concrete deep beams[J]. ACI Structural Journal, 2013, 110（4）：671-680.

[20] Teng S, Ma W, Wang F. Shear strength of concrete deep beams under fatigue loading[J]. ACI Structural Journal, 2000, 97（4）：572-580.

[21] Moody K G, Viest I M, Elstner R C, et al. Shear strength of reinforced concrete beams Part 1-Tests of simple beams [C]// ACI Journal Proceedings, 1954, 51（12）：317-332.

[22] Laupa A, Siess C P, Newmark N M. Strength in shear of reinforced concrete beams[M]. Urbana:University of Illinois, 1955.

[23] Morrow J D, Viest I M. Shear strength of reinforced concrete frame member without web reinforcement[C]// ACI Journal Proceedings, 1957, 53（3）：833-869.

[24] Ramakrishnan V, Ananthanarayana Y. Ultimate strength of deep beams in shear[C]// ACI Journal Proceedings, 1968, 65（2）：87-98.

[25] Lee D. An experimental investigation in the effects of detailing on the shear behaviour of deep beams[D]. Toronto: University of Toronto, 1982.

[26] Mathey R G, Watstein D. Shear strength of beams without web reinforcement containing deformed bars of different yield strengths [C]// ACI Journal Proceedings, 1963, 60（2）：183-208.

[27] Leonhardt F, Walther R. The stuttgart shear tests [J]. Cement and Concrete Association Library, 2005, 11（28）：134.

[28] Subedi N K. Reinforced concrete deep beams: A method of analysis [C]// ICE Proceedings, 1988, 85（1）：1-30.

[29] Walraven J, Lehwalter N. Size effects in short beams loaded in shear [J]. ACI Structural Journal, 1994, 91（5）：585-593.

[30] Adebar P. One way shear strength of large footings [J]. Canadian Journal of Civil Engineering, 2000, 27（3）：553-562

[31] Yang K H, Chung H S, Lee E T, et al. Shear characteristics of high-strength concrete deep beams without shear reinforcements [J]. Engineering Structures, 2003, 25（7）：1343-1352.

[32] Tanimura Y, Sato T. Evaluation of shear strength of deep beams with stirrups [J]. Quarterly Report of RTRI, 2005, 46（1）：53-58.

[33] Salamy M R, Kobayashi H, Unjoh S. Experimental and analytical study on RC deep beams [J]. Asian Journal of Civil Engineering, AJCE, 2005, 104（2）：409-422.

[34] 林辉. 纵筋布置形式对剪跨比为 1.5 的钢筋混凝土深受弯梁受剪性能的影响[D]. 重庆：重庆大学，2006.

[35] Zhang N, Tan K H. Size effect in RC deep beams: experimental investigation and STM verification [J]. Engineering Structures, 2007, 29（12）：3241-3254.

[36] Garay J D, Lu A S. Behavior of concrete deep beams with high strength reinforcement [J]. Structures Congress, ASCE, 2008, 4（26）：1-10.

[37] Brena S F, Roy N C. Evaluation of load transfer and strut strength of deep beams with short longitudinal bar anchorages [J]. ACI Structural Journal, 2009, 106（63）: 678-689.

[38] 幸左賢二. 鉄筋コンクリート深ビーム試験解析についての検討[C]. 東京: 土木学会論文集, 2009, 65（2）: 368-383.

[39] Zhang N, Tan K H, Leong C L. Single-span deep beams subjected to unsymmetrical loads [J]. Journal of Structural Engineering, ASCE, 2009,135（3）: 239-252.

[40] Sagaseta J, Vollum R L. Shear design of short-span beams [J]. Magazine of Concrete Research, 2010, 62（4）: 267-282.

[41] Sahoo D K, Sagi M S V, Singh B, et al. Effect of detailing of web reinforcement on the behavior of bottle-shaped struts [J]. Journal of Advanced Concrete Technology, 2010, 8（3）: 303-314.

[42] Senturk A E, Higgins C. Evaluation of reinforced concrete deck girder bridge bent caps with 1950s vintage details: laboratory tests [J]. ACI Structural Journal, 2010, 107（5）: 534-543.

[43] Mihaylov B I, Bentz E C, Collins M P. Behavior of large deep beam subjected to monotonic and reversed cyclic shear [J]. ACI Structural Journal, 2010, 107（6）: 726-734.

[44] 林云. 钢筋混凝土简支深梁的试验研究及有限元分析[D]. 长沙: 湖南大学, 2011.

[45] Gedik Y H, Nakamura H, Yamamoto Y, et al. Effect of stirrups on the shear failure mechanism of deep beams [J]. Journal of Advanced Concrete Technology, 2012, 10（1）: 14-30.

[46] Aguilar G, Matamoros A B, Parra-Montesinos G J, et al. Experimental evaluation of design procedures for shear strength of deep reinforced concrete beams [J]. ACI Structural Journal, 2002, 99（4）: 539-548.

[47] Quintero-Febres C G, Parra-Montesinos G, Wight J K. Strength of struts in deep concrete member designed using strut-and-tie method [J]. ACI Structural Journal, 2006, 103（4）: 577-586.

[48] Subedi N K, Vardy A E, Kubotat N. Reinforced concrete deep beams some test results [J]. Magazine of Concrete Research, 1986, 38（137）: 206-219.

[49] Abrams D P. Scale relations for reinforced concrete beam-column joints [J]. ACI Structural Journal, 1987, 84(6): 502-512.

[50] Endoh T, Kamura T, Otani S,Aoyama H. Behavior of reinforced concrete beam column connections using light-weight concrete [J]. Transactions of Japan Concrete Institute, 1991, 13: 319-326.

[51] Hayashi M, Teraoka M, Mollick A A, et al. Bond properties of main reinforcing bars and restoring force characteristics in RC interior beam-column subassemblages using high strength materials [C]// Proceedings of the 2nd US-Japan-New Zealand-Canada Multilateral Meeting on Structural Performance of High Strength Concrete in Seismic Regions, 1994: 15-27.

[52] Higashi, Ohwada Y. Failing behaviors of reinforced concrete beam-column connections subjected to lateral load [J]. Memories of Faculty of Technology Tokyo Metropolitan University, Tokyo, Japan, 1969, 19: 91-101.

[53] Joh O, Goto Y, Shibata T. Influence of transverse joint and beam reinforcement and relocation of plastic hinge region on beam column joint stiffness deterioration [C]// Proceedings of the Design of Beam-Column Joints for Seismic Resistance, 1991: 187-224.

[54] Meinheit D F, Jirsa J O. The shear strength of reinforced concrete beam-column joints [R]. Technical Report CESRL Report No.77-1, University of Texas, Austin, 1977.

[55] Noguchi H, Kashiwazaki T. Test on high-strength concrete interior beam-column joints [C]// Proceedings of the 10th World Conference on Earthquake Engineering, 1992: 3163-3168.

[56] Oka K, Shiohara H. Test on high-strength concrete interior beam-column subassemblages [C]// Proceedings of the 10th World Conference on Earthquake Engineering, 1992: 3211-3217.

[57] Otani S, Kitayama K, Aoyama H. Reinforced concrete interior beam-column joints under simulated earthquake loading [C]. Proceedings of US-New Zealand-Japan Seminar on Design of Reinforced Concrete Beam-Column Joints, 1984: 48-62.

[58] Teraoka M, Kanoh Y, Hayashi K, et al. Behavior of interior beam-and-column subassemblages in an RC frame [C]//

Proceedings of the 1st International Conference on High Strength Concrete, 1997: 93-108.

[59] Teraoka M, Kanoh Y, Tanaka K, et al. Strength and deformation behavior of RC interior beam-and-column joints using high strength concrete[C]//Proceedings of the 2nd US-Japan-New Zealand-Canada Multilateral Meeting on Structural Performance of High Strength Concrete in Seismic Regions, 1994: 1-14.

[60] 傅剑平. 钢筋混凝土框架节点抗震性能与设计方法研究[D]. 重庆：重庆大学，2002.

[61] 傅剑平，陈小英，陈滔，等. 中低剪压比框架节点抗震机理的试验研究[J]. 重庆建筑大学学报，2005，27(1): 41-47.

[62] 框架节点专题研究组. 低周反复荷载作用下钢筋混凝土框架梁柱节点核心区抗剪强度的试验研究[J]. 建筑结构学报，1983，4(6): 1-17.

[63] 赵成文，张殿惠，王天锡，等. 反复荷载下高强混凝土框架内节点抗震性能试验研究[J]. 沈阳建筑工程学院学报，1993，9(3): 260-268.